中国轻工业“十三五”规划立项教材

高等学校食品系统工程专业教材

食品工程伦理

钱建亚　编著

中国轻工业出版社

图书在版编目（CIP）数据

食品工程伦理/钱建亚编著．—北京：中国轻工业出版社，2020.10

中国轻工业“十三五”规划立项教材　高等学校食品系统工程专业教材

ISBN 978-7-5184-3014-7

Ⅰ.①食…　Ⅱ.①钱…　Ⅲ.①食品工程-高等学校-教材　Ⅳ.①TS2

中国版本图书馆 CIP 数据核字（2020）第 085142 号

责任编辑：钟　雨

策划编辑：钟　雨　　责任终审：白　洁　　封面设计：锋尚设计

版式设计：锋尚设计　　责任校对：吴大鹏　　责任监印：张　可

出版发行：中国轻工业出版社（北京东长安街 6 号，邮编：100740）

印　　刷：三河市国英印务有限公司

经　　销：各地新华书店

版　　次：2020 年 10 月第 1 版第 1 次印刷

开　　本：787×1092　1/16　印张：16.5

字　　数：360 千字

书　　号：ISBN 978-7-5184-3014-7　定价：48.00 元

邮购电话：010-65241695

发行电话：010-85119835　传真：85113293

网　　址：http://www.chlip.com.cn

Email：club@chlip.com.cn

如发现图书残缺请与我社邮购联系调换

190224J1X101ZBW

序

人类的行为需要规范和约束以形成和维持稳定的秩序，在法律的强制约束之外，更多地要靠社会组成单位（组织或个人）的自我修为，形成普遍的行为准则。伦理就是这样一种秩序，是善行的实践和对善果的追求，中国先贤和西方哲人对此都有不少的论述。古今中外的科学巨匠都具有全面的知识体系和丰厚的文化艺术修养，中华文化更是一种以伦理道德为特征的文化。

工程是人类对科学和技术的应用，是人类发明和创造的成果，在一系列工程的建设过程中和建成后，如何处理人与人、工程与人、工程与社会、工程与自然、工程与生态环境等的相互关系是值得认真思考的。无论何种工程，其实施和存在的目的应该是为人类服务，同时也应该与环境和谐相伴。食品工程是作为第一大支柱产业的食品产业的实践，不仅涉及的产业链条长、环节多，对国民生产总值的贡献率大，而且与人类的健康、营养和安全直接相关，其过程自然受到极大的关注，尤其是食品生产经营中不断暴露出令消费者不能放心的事件。

工业革命之后，发达的工业化国家都面临过发展与环境、资方与劳方等关系的处理等问题，从而引发了对科技发展、工程建设等伦理问题的讨论，在高等学校和相关社团组织的工程专业教育体系中引入了工程伦理的内容或课程，并逐渐建立起工程伦理规范。在科技无国界、经济全球化的时代，我国的工业和高等教育也早已融入国际大背景中。食品工程伦理课程的开设不仅是为了适应国际工程教育认证的需要，也符合《中华人民共和国教育法》“高等教育的任务是培养具有社会责任感、创新精神和实践能力的高级专门人才，发展科学技术文化，促进社会主义现代化建设”的要求。

钱建亚教授从事高等教育30余年，始终秉承学生素质教育和能力培养的教学理念。他经常很认真地说：“我们有知识没文化”，这其实是他对文理分科教育的思考。现如今的教育确实存在知识结构不均衡的现象，文理科分界明显，工科类学生学习科学知识和技术较多，而进行哲学社会科学的思考很少，食品工程伦理课程的开设，将有助于培养食品类专业学生的社会责任感。

希望《食品工程伦理》的出版能够促进我国食品工程伦理教育的开展，加快食品工程伦理建设的步伐。

中国工程院院士

江南大学校长

前　言

中国传统中普通百姓在打招呼时很多都会说“吃了吗”，历史上西方的大哲学家如让-雅克·卢梭（Jean-Jacques Rousseau，1712—1778 年）、伊曼努尔·康德（Immanuel Kant，1724—1804 年）、卡尔·马克思（Karl Marx，1818—1883 年）、弗里德里希·尼采（Friedrich Nietzsche，1844—1990 年）等从食品的美味、营养、配料及形式方面也进行了不少的辩论，而且意见不统一。当然，他们的谈论充满了学术的味道。随着社会发展和技术进步，从果腹、营养、美味、健体、防病到延年益寿，人们对食品功能作用的理解和要求也发生相应变化。可以说，对食品的理解反映了人类文明的发展历程。

社会工业化后，随着自然科学研究成果的不断出现和应用速度加快，技术飞速发展，食品工业变成了第一大产业，而且这一位置不会改变。新技术如转基因技术的应用、20 世纪末 21 世纪初频频出现的食品安全问题等给人们带来了很多疑问——“吃什么?”“怎么吃?”面对消费者的疑问，食品生产和经营者也应该自问“做什么?”“怎么做?”“可不可以想怎么做就怎么做?”

伦理体现在社会生活的方方面面，工程建设与运行过程中无时无刻不出现伦理相关的思考。中华五千年的文明屹立于世界之林，文化基因中的“道德”和“中庸”是很重要的原因。伦理讲的是秩序，有不同的学派和观点，但其基本出发点应该还是“责任”，虽然责任对象主客体的重点不同。所以，伦理评价并没有简单的对与错、是与非的唯一答案，这也是社会科学的特点。

工程涉及范围很广，专业分类也非常细，食品工程更像是“组装”工程，借用了很多其他工程学科的知识。但是食品工程有其特殊性，其产品与人类的生存密切相关，终生使用，不可一日或缺，因此，关注点更多。世界上主要的工业国家和地区将工程伦理的教育作为工科教育的基本组成。我国这方面起步较晚，本书是为了满足工程教育的要求而编写的，尤其是越来越多的食品专业需进行国际工程教育认证。

目前既有的伦理学著作，包括工程伦理类的书籍，几乎都是哲学社会科学类学者所著，理论性和学术性非常强，不易理解。本书编者和潜在的读者都不具备哲学社会科学的学术背景，因此内容表述和结构编排几乎都没有显示出明显的伦理学特质的学术性。本书考虑了工科生的特点，尽可能提供了相关信息。

本书为满足食品工程教育的要求而编写，全书分为七章，分别介绍了伦理和食品工程伦理的背景知识、工程管理与伦理、食品企业伦理、食品工业相关产业的伦理、文化宗教饮食伦理、工程师伦理、食品工程伦理典型案例分析。本书可作为本科和研究生食品科学与工程专业教材或教学参考书，也可供食品和烹饪相关行业从业人员、政府部门监管人员参考。

本书采用了很多其他学科和研究者的成果，这些都是为了学生知识面的扩展所用，有些进行了标注，有些无法明确标注。所有的成果都为原作者所有，在此向他们表示由衷的感谢，编者只是做了文字收集工作，没有剽窃他人成果的故意。书中所引用的案例均来自媒体和门户网站的公开报道，其中的单位和人物名称非编者杜撰，而是直接引述。希望读者更多地进行思考，为深化食品工程伦理研究和推进食品工程伦理建设共同努力。在书稿编写的过程中，国家层面在法律法规、政策规定和举措方面都有新的变化，书中不能全部提及。

由于学科跨度较大，成书的时间较短，书中不足和疏漏之处恳请读者不吝赐教，以便修订补正。

衷心感谢中国工程院院士、江南大学校长陈卫教授在百忙中为本书作序。

本书得到扬州大学本科专业品牌化建设与提升工程项目（食品科学与工程专业）和扬州大学出版基金的经费支持。

钱建亚

于月亮城·扬州

2020 年 2 月

目　录

第一章

绪　论

人是自然界的重要组成，既具有创造力也可有破坏力。从人的观点和看法出发，在描述社会生活中的人、物和事的时候，习惯上用“好的”或“坏的”来表示，人们总是从“善”与“恶”的视角来评价和理解世界上发生的种种事情或社会现象。如何界定“好”与“坏”或“善”与“恶”需要设定参考标准。在人类社会中，人与人之间如何相处，除了个体的因素外，群体（社会）需要有一定的规则和做法的约定，大家都应该遵守一些最基本的约定。对于个体具体的做法，不应低于这些基本约定要求的水平。不管人们追求什么样的生活方式或价值目标，都有一些基本的规则不能违反，有一些基本的界限不能逾越，也就是所谓的“底线”，如不能强迫他人做不愿做的事，不能杀人越货，不能坑蒙拐骗等。平时待人接物最起码也要做到“己所不欲，勿施于人”“己欲立而立人，己欲达而达人”。

图 1-1 孔子（公元前 551—公元前 479 年）

中国古代思想家、教育家、儒家学派的创始人孔子（公元前 551—公元前 479 年，图 1-1）将“智、仁、勇”称为“三达德”，又将“仁、义、礼”组成一个系统，曰：“仁者人（爱人）也，亲亲为大；义者宜也，尊贤为大；亲亲之杀，尊贤之等，礼所生焉。”著名的思想家、政治家、教育家，孔子学说的继承者，儒家的重要代表人物孟子（约公元前 372—公元前 289 年，图 1-2）将“恻隐之心，仁之端也；羞恶之心，义之端也；辞让之心，礼之端也；是非之心，智之端也”的“仁、义、礼、智”四种情感总结而成的“心之四端”，是儒家倡导的四种德行。综合起来，儒家“五常”——仁、义、礼、智、信——是中华民族数千年来倡导和践行的社会生活的基本规范。

图 1-2 孟子（约公元前 372—公元前 289 年）

人的行为为何要遵守一定的准则？人为什么要讲道德？人可不可以不讲道德？这些问题似乎有些奇怪，因为任何人都能明确回答。作为社会中的一员，人们知道，道德是个人的修身之本，生活在社会环境中，就必须遵守基本的道德规范。作为从事一定职业的社会人有没有道德的约束呢？答案是肯定的。对于工科学生而言，其职业与工程相关，食品科学与工程及相关专业的学生的工作，专业性质更明确更具体，就是食品工程。本书要探讨的就是与食品工程相关的伦理问题。

第一节 伦理

伦理（Ethic）和伦理学（Ethics）是关于道德的科学，又称道德学、道德哲学。在西方，伦理学一词源于希腊文 ηθικ ，意为风俗、习惯、性格等。古希腊哲学家亚里士多德（Αριστοτέλης，Aristotélēs，Aristotle，公元前 384—公元前 322 年，图 1-3）最先赋予伦理、德性（Virtue）和德行（Morality）含义，所著《尼各马可伦理学》（*Ethika Nikomachea*）探讨了道德行为（德行）发展的各个环节和道德关系的各种规定等问题。该书是西方伦理学史上第一部伦理学专著，书中系统阐述了德性在于合乎理性的活动，至善就是幸福等观点，成为西方近现代伦理学思想的主要渊源之一。关于伦理学一词在中国的使用，有两种说法：一种说法认为古代没有这个词，19 世纪后才广泛使用；另一种说法则认为，在 49 篇的《礼记》中的第十九篇《乐记》中最早出现伦理一词，认为音乐通伦理。伦理是文明的象征，中国伦理思想的启蒙和发展与世界其他文明是同步的，由于中国的发展所经历的过程与其他社会（国家）不同，例如，非常短的资本主义社会时期，所以从作为学问研究的角度来看，我国的伦理学研究起步较晚，大约始于 20 世纪初。

图 1-3　亚里士多德（Aristotle 公元前 384—公元前 322 年）

“伦理”的“伦”指人伦，即人与人之间的关系，既指“类”或“辈”，又指“条理”或“次序”；“理”即道理、规则。“伦理”是处理人与人、人与社会和人与自然的相互关系应遵循的规则。以人与人的关系为例，家庭中亲人间的关系有血缘关系、法律关系；生产劳动中的关系有亲属关系、上下级关系和合作伙伴关系等。长幼尊卑，有规矩有顺序。伦理是人们认可的社会行为规范和道德准则（标准），伦理对人与人之间的关系进行调整，调整的范围包括整个社会。伦理是一系列指导行为的观念，从概念角度对道德现象的哲学思考，它不仅包含人与人、人与社会和人与自然之间关系处理中的行为规范，而且也蕴涵依照一定原则来规范行为的深刻道理。

伦理是社会现实的反映，社会环境和发展水平、政治经济体制和制度、科学技术认知水平和能力、文化宗教与民族背景等都会影响对伦理的理解。美国批判性思考研究中心主任理查德·保罗（Richard Paul）和执行主任也是批判性思考基金会主席琳达·埃尔德（Linda Elder）所著的《批判性思维：管理你的学习和生活的工具》（图 1-4）（*Critical Thinking*：*Tools for Taking Charge of Your Learning and Your Life*）认为“大部分人把伦理和社会惯例、宗教信仰和法律等混为一谈”，而没有把伦理视为一套独立的概念。保罗和埃尔德把伦理定义为“指导我们去判断什么行为对具有感情的生物是有益或是有害的一套概念和原则。”美国《韦氏大辞典》（*Merriam-Webster's Collegiate Dictionary*）对伦理的解释：一门探讨什么是好什么是坏，以及讨论道德责任义务的学科。剑桥哲学辞典指出伦理的英语用词“ethics 普遍跟 morality（道德）交替使用，有时亦被用以狭义地指出某种传统、群体或个人所抱有的道德原则”，是对自愿性人类行为所设的道德规范或规则。也有人认为“伦理是处于道德底线的一种人与人之间的关于性、爱以及普遍自然法则的行为规范。这种行为规范不便明文规定，而是约定俗成的，并且随着道德标准的普遍上升而呈上升趋势。”

理查德·保罗 (Richard Paul)　琳达·埃尔德 (Linda Elder)

图 1-4　《批判性思维：管理你的学习和生活的工具》（Richard Paul, Linda Elder 著）

我国近代杰出的教育家蔡元培（1868—1940 年，图 1-5）先生在伦理学的开山之作《中国伦理学史》（1937 年）中说：“盖伦理学者，知识之径途；而修身书者，则行为之标

图1-5 蔡元培
(1868—1940年)

准。”蔡元培将中国伦理学史划分为先秦、汉唐和宋明理学三个时代（论及孔子、孟子、董仲舒和王阳明等中国古代哲学史上的重要人物）。古代无专门的“伦理学家”一说，蔡元培只是挑出这些思想家著作中涉及伦理的部分择而述之。而这些思想家的学说，涉及政治、军事、教育和美学诸多方面，所以蔡元培说，伦理学是“我国唯一发达之学术矣”。

一、伦理立场

如果通俗地去理解伦理的概念，那么可以简单地将伦理看作是从善、行善、做好事的行为，“行善就是讲伦理”。然而，一个人的性格、经历、阅历、文化水平、受教育程度和生活环境等决定着其自身基本的价值观和世界观，因此，实际上，对“善”的理解会有不同的看法和侧重点，自己认为好的，他人不一定认为好，极端的例子就是常说的“好心办坏事”。

从伦理学研究的角度看，所谓行善实际上是指的伦理立场，这些立场有的重起因，有的重结果，有的重过程；有的重个体，有的重整体，正如关于对价值的追求是道义至上还是功利至上，古代圣贤就有不同的回答。在儒家的价值体系中，“义至上”；墨家学派主张以义取利；法家学派倡导公利；道家学派则超越利与义。从学术的角度来看，伦理立场主要可以总结为功利论、义务论、契约论和德性论四个伦理观。

1. 功利论

功利论（Utilitarian Theory）认为，一种行为如有助于增进幸福，则为正确的；一种行为如果导致了与幸福相反的东西，则为错误的。幸福不仅涉及行为的当事人，也涉及受该行为影响的每一个人。最好的结果是达到“最大的善”，只有当一个人的行为能够达到最大化的善时，才是道德上正确的。

功利论的代表人物主要有伊壁鸠鲁（'Επίκουρος，Epicurus，公元前341—公元前270年，古希腊，图1-6）、约翰·斯图尔特·穆勒（John Stuart Mill，1806—1873年，图1-7）和杰里米·边沁（Jeremy Bentham，1748—1832年，图1-8）等。在18世纪和19世纪，功利论被发展成为系统的和有影响的伦理学理论。

图1-6 伊壁鸠鲁
(Epicurus，公元前341—公元前270年)

图1-7 约翰·斯图尔特·穆勒(John Stuart Mill，1806—1873年)

图1-8 杰里米·边沁
(Jeremy Bentham，1748—1832年)

在工程中，“将公众的安全、健康和福利放在首位”是大多数工程伦理规范的核心原则，功利主义是解释这个原则最直接的方式。功利论在工程伦理学中产生很大影响，尤其是其责任观念对工程伦理规范的制定发挥着重要的作用。比如，“工程师在履行职业责任时不得受到利益冲突的影响”“工程师应为自己的职业行为承担个人责任”“接受使工程决策符合公众的安全、健康和福利的责任”等原则的确定。

2. 义务论

义务论（Deontology）强调，行为正当与否不应该仅依据行为产生好的后果来判定，行为本身也具有道德意义。也就是说，在评价某一行为时，不仅要考虑到后果是好的，也要考虑出发点和过程都是好的。

图 1-9 伊曼努尔 · 康德（Immanuel Kant， 1724—1804 年）

图 1-10 戴维 · 罗斯（David Ross， 1877—1971 年）

义务论的代表人物有德国著名哲学家伊曼努尔·康德（Immanuel Kant，1724—1804年，图 1-9）和英国著名伦理学家戴维·罗斯（David Ross，1877—1971 年，图 1-10）。前者认为道德法则的使命是“自己为自己立法”，人的自由意志是要实践道德法则，即道德自律。后者提出了直觉主义义务论的思想以克服康德的绝对主义的弊端，认为应该遵循的道德原则是自明的，人们通常可以依赖直觉而去发现正确的道德原则。在食品生产经营过程中，做食品就该做安全健康的食品，不应该使用不合格原材料、不按标准使用和添加违禁添加物，保证食品的真实性、安全性和健康性应该是天经地义的，不应该是为了通过检查和监督才按规定生产和经营。

3. 契约论

契约论（Contract Theory）是用一个规则性的框架体系把个人行为的动机和规范伦理看作一种社会协议。契约论既允许理性的多元性存在，又能够从多元理性中获得重叠和共识的价值支持。

图 1-11 托马斯 · 霍布斯（Thomas Hobbes， 1588—1679 年）

契约论的代表人物有伊壁鸠鲁、托马斯·霍布斯（Thomas Hobbes，1588—1679 年，图 1-11）、约翰·洛克（John Locke，1632—1704 年，图 1-12）、让-雅克·卢梭（Jean-Jacques Rousseau，1712—1778 年，图 1-13）和约翰·罗尔斯（John Rawls，1921—2002 年，图 1-14）。伊壁鸠鲁将国家和法律视为人们相互约定的产物。托马斯·霍布斯和约翰·洛克发展出了一套与托马斯·霍布斯的自然状态不同的理论，主张政府只有在取得被统治者的同意并保障人民拥有生命、自由和财产的自然权利时，其统治才有正当性。约翰·洛克相信，只有在取得被统治者的同意时，社会契约才会成立；如果缺乏了这种同意，那么人民便有推翻政府的权利。卢梭等进一步发展了契约论的思想，提出社会契约论。约翰·罗尔斯认为“契约”或“原始协议”订立的目的是确立一种指导社会基本结构设计的根本道德原则，即正义，进而提出了正义伦理学的两个基本原则：第一，每个人都有平等的权利享有最广泛的基本自由，但这种自由不悖于其他人的类似自由。第二，社会的和经济的不平等应这样安排：使它们既能够符合每个人的利益，又与地位和职务平等地向所有人开放相关联。约翰·罗尔斯最引以为傲的正义学说，是以约翰·洛克、卢梭和康德的社会契约论为基础论证西方民主社会的道德价值，反对传统的功利主义。他认为，正义是社会制度的主要美德，就像真理对思想体系一样；非正义的法律和制度，无论如何有效，都应加以改造和清除。他还认为，正义与社会合作密切联系，并指出，应当区别对制度来说的正义原则和对个人来说的正义原则。生产经营者为消费者提供的产品在消费者购买后就应该视为形成了契约，生产经营者应提供货真价实的产品，消费者应该认可所购买的产品。

图 1-12　约翰·洛克（John Locke，1632—1704 年）

图 1-13　让-雅克·卢梭（Jean-Jacques Rousseau，1712—1778 年）

图 1-14　约翰·罗尔斯（John Rawls，1921—2002）

4. 德性论

德性论（Tugendlehre，Virtue Theory）强调伦理学的核心不是“我应该做什么”，而是“我必须具有何种品德”。由此出发，德性论关心的主要是人的内心品德的养成，而不是人外在行为的规则。它反对把伦理学当作一种能够提供特殊行为指导规则或原则的汇集，强调要培养和产生高尚、卓越的人，这种人是出于他们高尚、卓越的品格来自发地行动的。德性论者更注重个人的自我修养，行为是主动的行动过程，不把适应环境和接受环境影响作为目标。这应该是更加高级层次的伦理实践者。

图 1-15　阿拉斯代尔·查莫斯·麦金泰尔（Alasdair C. MacIntyre，1929—）

德性论的代表人物有古希腊的哲学家、科学家、教育家和思想家亚里士多德和当代的哲学家阿拉斯代尔·查莫斯·麦金泰尔（Alasdair Chalmers MacIntyre，1929—，图 1-15）。亚里士多德把道德的本质特征定义为“实践智能”和“卓越”，认为“人的德性就是一种使人成为善良，并获得其优秀成果的品质”。麦金泰尔认为并不存在抽象的、超越历史的德性，德性只有通过实践才能达到自我实现。

功利论聚焦于行动的后果，义务论则关注行为的本身。功利论或义务论以“行为”为中心，关注的是“我应该如何行动”，德性论以“行为者”为中心，关注的是“我应该成为什么样的人”，而契约论则是各方的承诺，守信是义务。

二、伦理原则

当一个道德问题涉及至少两种不可能同时完全遵从的规范时，困境就会出现。价值标准的多元化以及现实的人类生活本身的复杂性，常常导致在具体情境之下的道德判断与抉择的两难困境，即“伦理困境”（Ethical Dilemma）。“伦理困境”是伦理问题的极端表现，往往预示着突破传统伦理规范的可能性。

日常生活中经常会碰到很难做出判断和选择的问题，例如传统文化中的忠孝不能两全问题、能力与情感的见义勇为等。伦理学领域最为知名的思想实验之一如“电车难题”（图 1-16），其内容大致是：一个疯子把 5 个无辜的人绑在电车轨道上，一辆失控的电车朝他们驶来，并且很快就要碾压到他们，不过，在绑着人的轨道的前方有一岔道，而且可以通过一个拉杆扳道，让电车开到另一条轨道上。但是，那个疯子在那另一条轨道上也绑了一个人，此时该如何拉这个拉杆？又如，经常碰到的实际发生的情况，如果一个不会游泳的 8 岁小学生见到一个 3 岁的孩子或一个 70 岁的老人在深水中溺水，他/她要不要下水施救？即便他/她会游泳，结果也不会有什么变化的情形，那又该如何？

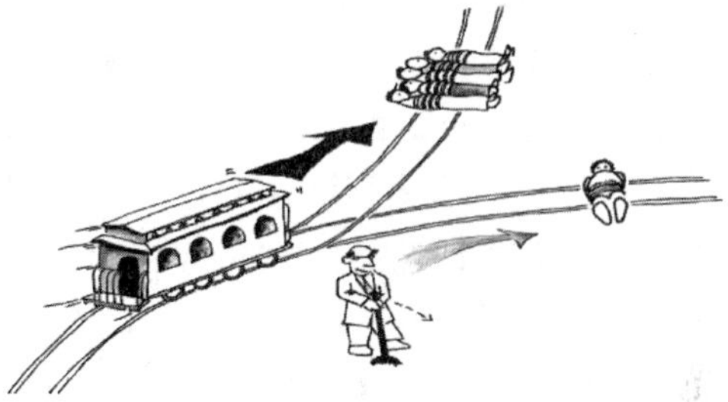

图 1-16　伦理困境——电车难题

图 1-17　欧文·克里斯托（Irving Kristol，1920—2009 年）

人们对问题的判断往往基于自身的经验、阅历和知识，很多情况下并没有绝对的正确与错误，或者“非黑即白”的简单答案。美国犹太裔学者、新保守主义之父欧文·克里斯托（Irving Kristol，1920—2009 年，图 1-17）认为“真正困难的道德议题不是出于善与恶的对抗，而是出于两种善的冲突”。战争中要救战友首先要保证自己不受（重）伤，飞行安全须知广播中强调遭遇紧急情况时，自己先戴好氧气面罩再帮助他人。这些例子都说明，应该从实际能力和可行性出发采取行动。看问题可以从多个角度进行，在涉及多方利益时也必须从多角度进行思考，对人或事的简单评判有时是不合理甚至是不公平的，“见死不救”不是简单通用的指责别人的道德或法律理由。伦理学不能告诉你答案，但会教你如何判断，其基本的原则是，将公众的安全、健康和福祉放在首位，实践中将其诉诸于遵循社会伦理和公序良俗中，进行职业伦理与职业精神个人美德及对规则的反思、探索和实践。

台湾地区的“工程伦理手册”要求，在面对伦理两难的问题时，采用以下顺序进行。①适法性：检视事件本身是否已触犯法律规定。②符合群体共识：检视相关专业规范、守则、组织章程及工作规则等，检核事件是否违反群体规则及共识。③专业价值：依据自己本身的专业价值观判断其合理性，并以诚实、正直的态度检视事件的正当性。④阳光测试：假设事件公诸于世，你的决定可以心安理得地接受社会公论吗？这可以看作是从法律到良心的过程检视，也是责任程度由重到轻的检视。在一一回答了这些问题并得到清楚的说明后，做出的决定应该可以得到各方包括自己的认同。

三、伦理、道德与法律

1. 法律

法律是法典和律法的统称。法律反映由特定社会物质生活条件所决定的统治阶级意志，是以权利和义务为内容，以确认、保护和发展对统治阶级有利的社会关系和社会秩序为目的的行为规范体系，分别规定公民在社会生活中可进行的事务和不可进行的事务。法律是维护国家稳定、各项事业蓬勃发展的最强有力的武器，是捍卫民众权利和利益的工具，也是统治者统治被统治者的手段。法律是一系列的规则，通常需要经由一套制度来落实。法律的明示作用主要是以法律条文的形式明确告知人们，什么是可以做的，什么是不可以做的，哪些行为是合法的，哪些行为是非法的，违法者将要受到怎样的制裁等。法律规定对所有公民一概适用，不允许有法律规定之外的特殊，即“法律面前人人平等”。法律所规定的权利和义务是由专门的国家机关以强制力保证实施的，若触犯法律，则会受到相应的惩处，轻则受到教育、矫正、改良，重到人身自由受到限制甚至生命被剥夺。

2. 道德

“道德”可追溯到道教始祖老子（李耳，约公元前571—公元前471年，图1-18）的《道德经》：“道生之，德畜之，物形之，器成之。是以万物莫不尊道而贵德。道之尊，德之贵，夫莫之命而常自然。”“道德”是由“道”和“德”合成的，“道”是一种良好的选择，“德”是一种素养或习惯。“德”是“道”在伦常领域的发展与表现，因此，由道进入德是由自然秩序通向社会秩序的一道屏障，即转而论述人的行为规范。“德”和“道”二者合起来就构成它的定义，即一种良好的选择习惯，其中习惯是“核”和出发点，良好的选择是结果。人的活动或实践，其目的是获得幸福。道德定律与自然定律或逻辑定律不同，由于道德定律对应的题材本身的不确定性造成产生结果的不确定性，所以也有人因此而怀疑道德定律存在的真实性。

图1-18　老子（约公元前571—约公元前471年）

有教养的人只寻求与题材的确定度相匹配的定律，对于道德定律不可强求其确定度，关于道德的知识只要有助于人们的活动或实践就足够了。然而，知道了什么是良好的选择并不能使人们都成为有道德的人，其重点在于实践，即习惯的养成。由于道德的存在，才使得建立起相对稳定的人际关系、较为合理的伦理秩序以及较为理想的长远的社会预期成为可能。

3. 伦理

伦理学的研究起源于西方，虽然在古代的中国有类似的领域，但没有成为系统的学科。英语中伦理（Ethic）起源于希腊语 ηθικ　，道德（Morality）起源于拉丁文 moralis，古罗马著名政治家、演说家、雄辩家、法学家和哲学家马库斯·图留斯·西塞罗（Marcus Tullius Cicero，公元前106—公元前43年，图1-19），曾用Moralis作为ηθικ的对译。

学界普遍存在着对“道德”与“伦理”“道德认同”与“伦理认同”等概念的混用现象，但实际上道德与伦理这两个概念是存在差异的。从自由的维度来看，道德关注和涉及的是“每个人（我）应该如何自由生活”的特殊性问题，伦理关注和涉及的则是“所有人（我们）应该如何自由生活”的普遍性问题。早在德国著名的哲学家康德和黑格尔（Georg Wilhelm Friedrich Hegel，1770—1831年，图1-20）那里就已经有了表达关于“道德”与“伦理”的概念辨析。道德立足于个人意志，缺少绝对性，因此，不存在认同问题。伦理强调的是“人类”的自由，是彼此的认同与通约，因此，“认同”是伦理的一种内在要求和必然逻辑，“认同”只能与“伦理”相配搭。伦理认同就是基于人的本性，寻找价值共识和普遍自由，搭建精神共同体。从道德（自由）走向伦理（认同）的过程就是将人从个体性的单一物提升为普遍物的超越过程。伦理认同不是取消道德自由，而是包容并超越道德自由，也并不是否定价值差异与价值多元，而是推行统一的价值观。

图1-19 马库斯·T. 西塞罗（Marcus T. Cicero，公元前106—公元前43年）

图1-20 格奥尔格·威廉弗里德里希·黑格尔（Georg Wilhelm Friedrich Hegel，1770—1831年）

图1-21 梁漱溟（1893—1988年）

我国著名的思想家、哲学家、教育家、社会活动家、国学大师、儒学大家梁漱溟先生（1893—1988年，图1-21）在《中国文化要义》中指出：道德和伦理二者都包含传统风俗、行为习惯之义，都强调值得倡导和遵循的行为方式，都以善为追求的目标。道德是个体性、主观性的精神，伦理则是社会性、客观性的精神，是“社会意识”。道德更突出个人因为遵循规则而具有“德性”，伦理则突出以之依照规范来处理人与人、人与社会、人与自然之间的关系。伦理是一种自然法则，是有关人类关系（尤其以姻亲关系为重心）的自然法则。这个概念也是与道德及法律的绝对分界线。道德是人类对于人类关系和行为的柔性规定，这种柔性规定以伦理为大致范本，但又不同于伦理这种自然法则，甚至经常与伦理相悖。法律则是人类对于人类关系和行为的刚性规定，这种刚性规定是以法理为基础原则的，法理与伦理的关系则比道德与伦理的关系更远，也因此人们对于法理的争议更大——长期自然法则与短期自然法则的冲突在法理上最甚。

4. 法律、 伦理、 道德的关系

伦理、道德、法律会随时代变化而变化，受社会、政治和经济发展及大众的教育程度水平等影响。中国人的理想是天下太平、家庭和睦、邻里和谐。人人讲道德，守法纪，在伦理关系上都各自做到好处，大家则相安相保。伦理的范围包罗万象，如政治伦理、环境论理、生态伦理、动物伦理、生物（自然）伦理、工程伦理等。伦理是相对论，多从对方立场着眼，替对方考虑，以对方为重，才能产生均衡。梁漱溟说“不呆板地以团体为重，亦不呆板地以个人为重，而是一活道理，于必要时自能随其所需而伸缩。伦理因情而有义，法律多基于义务观念而立，不基于权利观念”。中国自古就是人情社会，其间的关系超出了本课程的范围，不在此赘述。

第二节　食品工程与伦理

一、工程的内涵及影响因素

1. 工程的概念

“工程”一词始见于18世纪的欧洲。从欧洲历史来看，17—18世纪是欧洲从封建社会开始转型为资本主义社会的过渡期，在这二百年间，欧洲大国的争霸战争不断，先是法国霸主路易十四，后是瑞典、丹麦争霸，30年战争（第一次欧洲国际战争），普鲁士崛起，沙皇俄国面向欧洲（彼得一世的改革），波兰由盛转衰，俄国、普鲁士和奥匈帝国3家瓜分波兰，土耳其衰落等。因此，工程的本来含义是有关兵器制造、具有军事目的的各项劳作，后来扩展到许多其他领域，如建筑房屋、制造机器、架桥修路等。从自然科学角度理解，工程是科学和数学的某种具体应用，通过这种应用，自然界的物质和能源的特性经由各种结构、机器、产品、系统和过程，以最短的时间和最少的人力、物力做出高效、可靠且对人类有用的东西。工程也可定义为将自然科学的理论应用到具体工农业生产部门中所形成的各学科的总称。

工程是人类以利用和改造客观世界为目标的实践活动，是人类将基础科学的知识和研究成果应用于自然资源的开发和利用，以创造出具有使用价值的人工产品或技术活动的有组织的活动。随着人类文明的发展，人们可以建造出复杂性很大的产品，这些产品不再是结构或功能单一的东西，而是各种各样的所谓“人造系统”，例如，建筑物、轮船、铁路、地铁和飞机等，于是就产生了具有现代意义的工程的概念，并且逐渐发展为独立的学科。

工程活动包含两个层次的含义：第一，工程活动必须包含技术的应用，即将科学认知成果转化为现实的生产力；第二，工程活动应当是一种有计划、有组织的生产性活动，其宗旨是向社会提供有用的产品。从系统学角度分析，工程活动作为一个系统具有如下特征：①工程活动是科技改变人类生活、影响人类生存环境、决定人类前途命运的具体而重大的社会经济、科技活动，通过工程活动人类可改变物质世界。换言之，工程活动是科学技术转化为生产力的实施阶段，是社会组织的物质文明的创造活动，工程的本质基础是科技的特征和专业特征。②工程活动是复杂的体系，规模大，涉及因素多。现代社会的大型工程都具有多种基础理论学科交叉、复杂技术综合运用、众多社会组织部门和复杂的社会管理系统纵横交织、复杂的从业者个性特征的参与、广泛的社会时代影响等因素的综合运作的特点。

在现代社会中，“工程”一词有广义和狭义之分。狭义的工程定义为“以某组设想的目标为依据，应用有关的科学知识和技术手段，通过有组织的一群人将某个（或某些）现有实体（自然的或人造的）转化为具有预期使用价值的人造产品的过程”，这是具象的、“物化”的产品转化（创造、制造、加工和生产等）过程。广义的工程则被定义为：由一群（个）人为达到某种目的，在一个较长时间周期内进行协作（单独）活动的过程，如希望工程、菜篮子工程、扶贫工程、南水北调工程和航天工程等。本书所讨论的工程仅限于狭义的工程。

2. 工程的职能

工程的主要依据是数学、物理学、化学和生物学等基础科学，以及材料科学、固体力学、流体力学、热力学、输运过程和系统分析等。依照工程与科学的关系，工程的所有分支领域都具有如下主要职能。

（1）研究　应用数学等自然科学的概念、原理和实验技术等，探求新的工作原理和方法。

（2）开发　解决把研究成果应用于实际过程中所遇到的各种问题。

（3）设计　选择不同的方法、合适的材料、符合技术要求和性能的规格以及过程控制的措施，优化技术路线和可行的实施方案，以满足结构或产品的要求。

（4）施工　准备场地、材料存放和购置，确定经济、安全并能达到质量要求和符合规范的工作步骤以及人员组织和设备利用。

（5）生产　在考虑人、环境和经济因素的情况下，根据工厂布局、生产设备、工具、材料、组件和工艺流程，进行产品的试验和检查。

（6）操作　控制机器、设备以及动力供应、运输和通信，使各类设备经济可靠地运行。

（7）管理　人力、物力与财产管理及其他职能。

（8）物流　原材料、产品的中间运输和贮藏流通职能。

（9）商品学与市场营销职能等。

工程活动能够最快最集中地将科学技术成果运用于社会生产，并对社会产生巨大而广泛的影响。影响是全方位的，因素很多，包括政策因素、环境因素、自然生态因素、法律规章因素、标准规范因素、伦理道德因素、文化习俗因素及地理和宗教因素等。

3. 科学与技术的概念

工程的实现离不开“科学”和“技术”的应用。科学就是分科而学，是关于探索自然规律的学问，是人类探索研究感悟宇宙万物变化规律的知识体系的总称，也指获取知识的体系。在 17 世纪和 18 世纪，科学家们较多地寻求自然法则，如牛顿运动定律。在 19 世纪，“科学”一词变得越来越与科学方法本身相关联，研究自然世界的规律和现象的本质，除了传统的物理、化学、地质学和生物学等外，学科的划分越来越细。通常所说的科学指自然科学，并不包括社会学、人文科学和思维学的内容。因此，平时所说的科学技术中的科学也特指自然科学。“技术”是一个内涵很丰富的词，来源于两个希腊词根“techne

（技能）”和“logus（研究）”，在17世纪的早期，技术的含义仅仅限定在技术工艺研究方面，从20世纪30年代开始，技术才变得具象化，用作表示使用技能生产的产品。世界知识产权组织（World Intellectual Property Organization，WIPO）在1977年版的《供发展中国家使用的许可证贸易手册》（*Licensing guide for developing countries: a guide on the legal aspects of the negotiation and preparation of industrial property licenses and technology transfer agreements appropriate to the needs of developing countries*）中，给技术下的定义为：“技术是制造一种产品的系统知识，所采用的一种工艺或提供的一项服务，不论这种知识是否反映在一项发明、一项外形设计、一项实用新型或者一种植物新品种，或者反映在技术情报或技能中，或者反映在专家为设计、安装、开办或维修一个工厂或为管理一个工商业企业或其活动而提供的服务或协助等方面。”这是国际上给技术所下的最为全面和完整的定义。实际上，知识产权组织把世界上所有能带来经济效益的科学知识的应用都定义为技术。

二、食品工程

食品工程是农牧渔业产品、粮食和油料加工、食品制造和饮料制造等工程技术领域，涉及作为原料的农产品的生产和食品工业生产中所用的加工和制造方法、过程、设备、装备、管理、营销、物流等产业链的过程。《食品工业基本术语》GB/T 15091—1994规定了食品工业常用的基本术语，用于食品工业生产、科研、教学及其他有关领域，是行业专用语言，说明食品工业主要以农业、渔业、畜牧业、林业或化学工业的产品或半成品为原料，制造、提取、加工成食品或半成品，具有连续而有组织的经济活动工业体系。物料输送、清洗、分级、破碎、分离、混合、乳化、传热、传质、传能、浓缩、脱水、干燥、制冷、真空操作和包装等食品工程基本单元操作过程产生的中间产品、副产品和废弃物与资源的利用、自然生态环境和人们的生产生活环境可能产生矛盾，高效合理利用资源，降低噪声污染，减少废弃物排放，回收再利用中间产品和副产品，缩短生产过程和工艺路线，采用新能源、清洁能源，采用先进技术，适度、综合加工，优化操作单元，保证食品质量和安全是食品工程组织和实施必须考虑的基本问题。国家统计局对行业的分类法将食品工业定义为“直接以农、林、牧、渔业产品为原料进行的谷物磨制、饲料加工、植物油和制糖加工、屠宰及肉类加工、水产品加工，以及蔬菜、水果和坚果等食品的加工活动。”

《国民经济行业分类》（GB/T 4754—2017）参照联合国《所有经济活动的国际标准产业分类》（ISIC Rev. 4），采用经济活动的同构型原则划分国民经济行业，即每一个行业类别按照同一种经济活动的性质划分，而不是依据会计制度或部门管理等划分。

考虑到食品科学与工程大学课程教学体系中不会涵盖食品的所有方面，这里节选列出与食品相关的国民经济的行业分类及代码，如附录一所示，供扩展学习参考。动物饲料（又称动物食品）和烟草制品业在国民经济统计时虽然经常与食品联系在一起，但是，烟草永远不是食品，而是嗜好品。食品严格限定于指人类的食品，食品工程严格限定于指与人类的食品相关的工程。其他物种的食品不在此列。

从行业体系的角度看，食品专业人才应该放眼整个食品产业链，其组成部分包括：农业种植业，家禽家畜养殖业，水产养殖和捕捞业，农产品初步加工业，食品加工和制造业，农、副产品食品流通业，餐饮业（中央厨房及配送系统），相关的信息、机械、化工、包装、生物等产业，政府的进出口、监督管理、教育等行政部门，社会的检测和科学研究与开发部门等。食品产业体系组成复杂、系统庞大，涉及社会的方方面面，虽然对于某个具体的产品而言，其生产加工过程并不复杂，但是对于一个食品企业，尤其是大型企业来说，涉及的产品种类、工程过程、管理部门和程序、采用的技术和标准等纷繁复杂，这对食品工程的实施提出了非常高的要求。

三、工程伦理

1. 工程伦理的概念

工程伦理（学）定义涉及对工程和伦理这两个概念的理解。在美国教育和学术界，对工程的理解通常又不可避免地涉及工程师，工程（Engineering）和工程师（Engineer）似乎是一对术语，这对术语总是成对地出现在对这两个术语的定义中。这就像伦理（Ethics）与道德（Morality）成对地出现在对它们各自的定义中一样，人们总是习惯于用其中的一个来定义另外一个。如何定义工程，至今仍有争议。

工程伦理指在工程中获得辩护的道德价值，美国机械工程师协会（The American Society of Mechanical Engineers，ASME）给的定义较为通俗："伦理是在没有别人注视的情况下也会做正确的事"。自 20 世纪 70 年代起，工程伦理学在美国等一些发达国家开始兴起，经历了 20 世纪的最后 20 年，工程伦理学的教学和研究逐渐走入建制化阶段。在英文中，工程伦理（学）有两种表述：Engineering Ethics 和 Ethics in Engineering，在美国最为流行的两本教科书的书名分别用的就是这两个术语。从使用的频率看，前一种表述略多些，但是在这两个短语之间不存在任何显著性的差别。所以"工程伦理"和"工程伦理学"这两个短语经常混用，不作区分。

2. 工程伦理的内涵

总体而言，对工程伦理的理解可以从两个方面进行，一是从科学和技术的角度看工程，二是从职业和职业活动的角度看工程。第一个视角容易导致还原论，即，将工程作为技术应用的一个部分，而不是作为一种有其自身特征的相对独立的社会实践行为。在这种视野下，工程伦理被消融为技术伦理，因而也就没有独立存在的必要。在 20 世纪 80 年代的美国学术界就曾经流行这种观点。第二种视角又容易将工程伦理与其他职业伦理混为一谈，从而抹杀了科学技术在工程职业中的特殊地位。从这种视角看则容易将工程伦理局限于工程师的职业伦理，而忽略了工程活动的伦理维度。显然，对工程伦理的不同理解是因为对伦理的理解不同。美国著名行为管理学家基思·戴维斯（Keith Davis）认为，"伦理"至少有三种含义：第一种是通常所说的道德的同义词；第二种是一个哲学的领域（道德理论，试图把道德理解成一种理性的事业）；第三种是那些仅适用于组织成员的特殊行为的标准。他认为工程伦理中的"伦理"是指第二种和第三种含义。

3. 工程的负面效应

一般认为，科学精神就是求真，工程精神就是精确和效率，科学工作者和工程师要做的就是求真、求实和求精，把本职工作做好。自科学概念出现数百年以来，人们一直认为科学价值是中性的，并普遍认为科学知识并不反映价值观，科学技术活动的动机和目的仅在于科学技术活动本身，而不掺杂科技工作者个人的价值观。科学工作者对科学技术成果的社会后果不应当承担责任。因此，长期以来，人们理所当然地认为工程与伦理无关，工程对社会产生什么样的后果不是工程师需要或者应该考虑的问题，这种观点产生的直接后果是，对工程活动中存在或出现的种种问题视而不见，甚至为了个人私利而人为地进行制假造假。现代科技的发展已经昭示人们，科学探索是必要的，发展技术可以为人类提供更多的便利和享受，但是没有限制和控制的科学探索也可能存在很大的风险和危险。

科学技术永远都是双刃剑，虽然其本身是中性的，但是，世界是由人主导的，有人就会有事。一切事物、现象、过程都可分为两个互相对立和互相统一的部分。就整个物质世界的发展过程而言，一分为二是普遍的，但不能机械地理解，应该看到事物可分性的内容、形式是多种多样的。正确认识和把握一分为二的思想，就必须既要看到矛盾双方的对立和排斥，也要看到双方的联系和统一，以及在一定条件下的相互转化。例如，有的国家允许有条件地进行人兽杂交胚胎的科学研究，这些条件如何掌握是很难控制的。价值观、文化习俗、宗教信仰、经济发达水平和政治体制决定了不同的人的种群具有不同的伦理观，而且差距会很大。

科学家和工程师的伦理责任是其自身属性，是在进行工程伦理教育时必须解决的理论问题。1962 年，美国科学家雷切尔·卡逊女士（Rachel Carson）以密歇根州东兰辛市为消灭伤害榆树的甲虫所采取的措施为例，披露了杀虫剂 DDT（滴滴涕，双对氯苯基三氯乙烷，Dichlorodiphenyltrichloroethane）危害其他生物的种种情况。该市大量使用 DDT 喷洒树木，树叶在秋天落在地上，蚯蚓吃了树叶，大地回春后知更鸟吃了蚯蚓，一周后全市的知更鸟几乎全部死亡。雷切尔·卡逊女士在《寂静的春天》（图 1-22）中写道：“全世界广泛遭受治虫药物的污染，化学药品已经侵入万物赖以生存的水中，渗入土壤，并且在植物上布成一层有害的薄膜……已经对人体产生严重的危害。除此之外，还有可怕的后遗祸患，可能几年内无法查出，甚至可能对遗传有影响，几个世代都无法察觉。”雷切尔·卡逊女士的论断无疑给全世界敲响了警钟。DDT 进入食物链，是导致一些食肉和食鱼的鸟接近灭绝的主要原因。因此，从 20 世纪 70 年代以后，DDT 逐渐被世界各国明令禁止生产和使用。卡逊的这本里程碑式的警世之作，开启了人类的环保事业，同时也引发了旷日持久的“反‘寂静的春天’运动”。

图 1-22 《寂静的春天》
（Rachel Carson 著）

2004 年，作家迈克尔·克莱顿（Michael Crichton）在《恐怖状态》（*State of Fear*，图 1-23）中写道：用 DDT 导致的死亡比希特勒杀害的人更多。虽然 DDT 在二次世界大战中，作为药物，在疟疾、痢疾等疾病的治疗方面发挥了有效作用，救治了不少生命，也确实曾经为农业带来了很多收获，但是，它对环境的危害要持续 200 年以上。

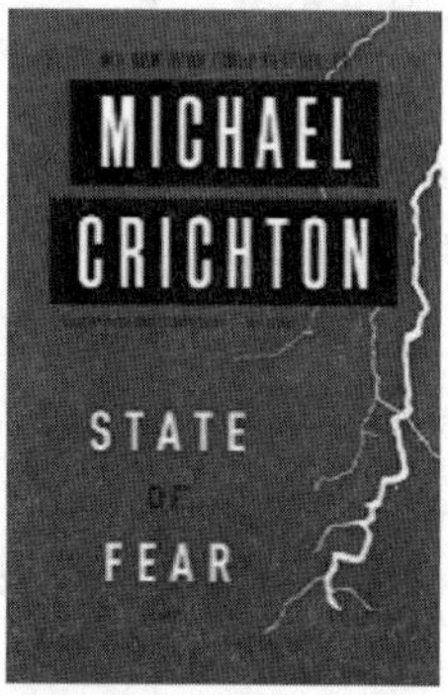

图 1-23 《恐怖状态》
（Michael Crichton 著）

发展是需要的，科学技术的应用也需谨慎评估。孰轻孰重的分量需要把握得当。

4. 工程伦理的认识过程

作为最早研究工程伦理的专家之一，迈克·马丁（Mike Martin，1946—）创立和完善了“工程作为社会试验”的思想，主张以“社会实践”为框架整合、重构工程伦理研究的“共识范式”，积极推进工程中的道德创造研究，诠释工程活动中“什么是善”“能不能做到善”和“怎样做到善”等伦理问题。马丁和罗兰·幸津格（Roland Schinzinger，1926—2004 年，图 1-24）所著的《工程伦理》（*Ethics in Engineering*）（第四版），2005 年对伦理的用法进行了区分，他们称之为规范的用法和描述的用法。在规范的用法中，伦理是指获得辩护的价值和选择，不仅是希望的事，而且是赏心悦意的事。这种用法上的伦理与道德同义，指合理的道德价值，道德上要求的或道德上允许的正当的和良好的行为和政策就是伦理的。在伦理的描述性用法上，伦理则是对道德的研究，是过程和结果描述的研究。根据伦理等同于道德的概念，工程伦理由责任和权利构成，这些责任和权利得到了从事工程的人认可。工程伦理由工程中人们期待的理想和个体承诺构成，研究道德辩护的目标、原则和行为，人们只是描述和解释特殊的个体或群体相信什么和如何行为，并不需要考察信念或行为是否获得辩护。马丁等认为，描述性研究为舆论调查、行为描述、职业社团文献考察和构成工程伦理的社会力量的揭示提供了可能。

图 1-24 罗兰·幸津格（Roland Schinzinger，1926—2004 年）

工程实施的关键要素是人，更多的是工程师，工程师的伦理是工程伦理重要组成部分。与医生和律师等专门（业）人员具有的相关团体组织不同，早期的工程职业并没有统一的社团组织，现代工程伦理的历史可以认为始于美国的职业注册制度。1907 年，为了抑制频繁发生的银矿事故，美国怀俄明州通过了美国历史上首部规定申请职业工程师执照（或注册）所必须满足的标准的法案。此后，每个州都陆续颁布了类似的法律，要求工程师申请职业工程师（Professional Engineer，PE）执照。各州注册委员会负责管理工程师注册法案的实施，由各州注册委员会所组成的国家工程与测量考试委员会（National Council of Examiners for Engineering and Surveying，NCEES）作为职业工程师规范化考试的管理机构。执照考试由两个独立的考试构成：基础部分和职业实践。在基础部分中，工程伦理方面的试题占到了一定的比例。但是，大多数美国工程师是没有 PE 执照的，这就意味着在面对伦理问题时，没有执照而数量占多数的这部分工程师不存在被吊销 PE 执照的风险，因此，他们也就不需要去对参与不道德的行为进行抵制。为了规范工程师的管理，工程社团的建立和社团伦理章程的制定就成为了较好的补充选项。要注意与州注册委员不同的是，工程社团属于非政府组织，因此，其章程不具法律效力。美国的工程社团大致可以分成两类：以学术研究为导向的社团和以职业发展（实践）为导向的社团。前者如电气与电子工程师协会（Institute of Electrical and Electronics Engineers，IEEE）、美国土木工程师协会（American Society of Civil Engineers，ASCE）、美国机械工程师学会（American Society of Mechanical Engineers，ASME）和美国化学工程师学会（American

Institute of Chemical Engineers，AIChE）等，后者如美国环境工程师学会（Institute of Environmental Engineers，IEE）和汽车工程师协会（Society of Automotive Engineers，SAE）等。在促进工程伦理的建设中，工程社团是探讨技术争论和伦理纷争的最好的场所。例如，美国全国职业工程师协会（National Society of Professional Engineers，NSPE）下设伦理评价委员会（Board for Ethical Review，BER），该委员会定期地出版刊物《伦理评价委员会评论》（*Opinions of the Board of Ethical Review*），在该刊物上，经常刊登一些从现实生活中收集到的典型案例，而对这些案例的道德评价是有争议的。州注册委员会是执法机构，它所颁布的规章制度是具有法律效力的，因此，其维护纪律的行为也是一种执法行为，相比之下，职业社团是不能实施这种维纪行为的。尽管如此，职业社团仍然可以在多方面促进（而不是实施）工程伦理建设。

工程社团制定伦理章程的目的在于确立工程师应关注的主要伦理领域，企业伦理政策的制定与实施是工程伦理的具体制度化操作。一些企业制定了企业的伦理政策，并设有称作“伦理专员”的专职人员负责解释和实施企业的伦理章程和政策。成立于 1932 年的美国工程师职业发展委员会（Engineers′ Council for Professional Development，ECPD）在 1985 年公布的鉴定程序对申请鉴定的工程学科的要求中就包括了努力培养学生“对工程职业和实践的伦理性质的理解”的要求。2000 年起，ECPD 更名为工程与技术认证委员会（Accreditation Board for Engineering and Technology，ABET），ABET 更加具体地要求工程学科应当培养它们的毕业生不仅具有与当代工程相关的知识，而且能够在全球社会背景下来理解工程的影响，除了经济、环境、社会和政治的因素外，学生还必须拥有额外的伦理“设计经历”。该组织对工程伦理学教育的发展起了极大的推动作用，世界上越来越多的工程教育机构（高等学校）积极响应，纷纷将工程伦理课程纳入到其课程体系中去，作为高等教育必须的内容。

5. 工程伦理的属性

工程和道德分属两个不同的社会系统。道德系统的结构一般可分为道德观念、道德规范和道德行为三个层次。①道德观念，即在社会道德实践活动中形成并影响到道德活动的具有善恶价值的观念形式。②道德规范，即在一定历史条件下，指导和评估社会成员价值取向的“善”“恶”准则。③道德行为，即人类生活中一切具有善恶价值的活动。道德系统结构的核心是道德价值观念，道德系统的实践行为和规范处于道德系统结构的外围，没有道德观念，就不可能形成道德规范，更不可能实践道德行为。工程伦理具有技术性、社会性和系统性的属性。

工程技术伦理可以界定为“作为工程师职业伦理的狭义工程伦理与研究和讨论工程活动中伦理问题的广义工程伦理”，即工程技术伦理可分为针对工程师而言的责任伦理和针对工程实践而言的团体伦理，并且认为后者因为工程的复杂性而更应该成为工程技术伦理的主要研究内容。工程伦理是指在实施工程行为时，工程主体所具备的真善美的道德精神，以及具体化为对工程行为的使命感、责任心、自觉心理与习俗等一系列道德心理与道德规范。工程伦理是考察工程活动的价值维度，以工程活动中的道德问题为研究对象，其核心是一种职业伦理和社会精神，也可以被简单理解为工程中的价值观。显然，科学、技术和工程之间的关系是互相协调、互相影响和互相促进的关系，科学伦理、工程伦理和技术伦理往往也有很多的交集，在后续讨论中，将不把“工程伦理”局限于纯粹的工程的范畴。

工程伦理具有社会性。工程伦理虽然有着共性的任务和目标，有着共同的伦理价值追求，但因不同地区的经济发展条件、政治文明程度和文化状况不同而存在巨大的差异，具有地方特色，体现出社会性。一定历史条件下的社会组成、经济发展水平、科学发达程度、民众的受教育程度和文化程度、区域性的民风民俗及人文环境等因素会影响和制约工程道德精神和工程行为的价值取向。经济落后、科学文化不发达的地区和社会，人们文化程度低，道德觉悟和工程道德意识就较低。政治状况和社会生存方式也直接影响着人们对待工程的伦理态度和伦理方式，制度文明落后、社会组织约束方式松散，社会行为者往往很少考虑行为的伦理问题，实行先发展后治理的工程政策，一味追求高指标的经济增长，建设政治色彩浓厚的所谓工程如政绩工程、形象工程、面子工程和献礼工程等，结果是污染严重，工程建造偷工减料，以次充好，抢时间节点轻工程质量，存在只管建不管用的现象，严重妨碍工程道德意识的提高和工程设计道德原则的进步。

工程伦理具有系统性特征。工程伦理学产生于美国，其具有深厚的思想文化渊源：专家治国思想、职业伦理传统。中国文化与西方文化截然不同，缺乏鲜明的职业传统，社会组织和分工没有系统的职业特征。

6. 工程伦理的组成

工程伦理不同于一般的伦理学，它属于应用伦理，它是随着工程实践的展开而开始的、随着工程实践的变化发展而不断完善的、没有完成而且永远不会完成的伦理规范。工程伦理学由两部分组成：①作为工程师职业伦理的狭义工程伦理学——责任伦理；②研究和讨论工程活动中的伦理问题的广义工程伦理学——团体伦理。责任伦理属于传统伦理学范畴，其行为主体是个体；团体伦理属于现代伦理学范畴，其行为主体是团体。一般工程伦理主要关注的是工程师的角色行为，包括工程师的伦理规范和工程师的环境伦理，前者涉及主体间性，反映的是工程师与道德共同体——社会公众、客户、雇主和使用者等相关方之间的互惠关系；后者反映工程师与环境之间的关系，这里的环境不仅仅是自然环境，而是所有与工程师的工作相关的自然环境、人文环境和生态环境等。工程伦理主体实质上是具体存在之间互相关联而构成的整体系统。它有特定的组织形式（结构）和展示方式（功能），是关于工程伦理本体的个体论（责任伦理）和整体论（团体伦理），也是两者的简单相加所不能代替的。工程伦理研究既不能局限于作为个体的责任伦理，也不能局限于作为整体的团体伦理。虽然工程伦理具有明确的团体伦理属性，但其研究不应该停留在某一静止的点上（即便是团体这一超越某一工程行业范围的大伦理主体），而应该是以动态系统性的研究。因为工程伦理主体范围涵盖了专家、行政人员、普通参与者甚至社会大众，客体范围涵盖了政治、经济、管理和生态等领域，是一个复杂的系统。对工程伦理理解的本质存在于人的理解活动这一不断变动的历史过程之中，这也是对工程伦理进行研究的意义所在。

作为应用伦理学的工程伦理研究的目的不是建立一套完整系统的理论，而是具体探讨和解决工程实践中涉及的道德问题。虽然这些问题的解决可以遵循一些共同的原则和思路，但要做出简单一致的判断往往是困难的，因为差异存在于不同的个案中，应区别对待具体情况。工程伦理不仅是一种应用伦理，而且是一种境域伦理。工程伦理来源于人类生存的需要，并为了更好地生存而采取工程这样的实践方式和生存方式。工程共同体中的工程师是工程相关的直接承担者和提供者，因此学术界尤其是西方学者通常把工程伦理简化为工程师的职业伦理与环境伦理。工程师伦理规范具有民族性和地域性，即文化的差异性特点，最明显的表现就是不同的信仰会产生不同的工程伦理要求。

7. 工程伦理的研究方法

工程伦理学应该是“职业化的”，职业化包括专业上的卓越和伦理上的完整两个方面。专业上的卓越意为过硬的职业技术与完善的人格，包含职业水平、职业标准和职业地位。伦理上的完整则意味着在遵守法律与职业规范的基础上，承担更多的社会责任。

工程伦理作为一种职业伦理或实践伦理，是伦理的专业化具体化，伦理学的研究方法自然地就被引入了工程伦理学研究中。一般，功利主义伦理学、康德的尊重人的伦理学和德性论是常用的三种方法。对于同一个工程问题，都可以用这三种方法分别进行分析。应用这三种方法有时可得出相同的结论，而在更多的时候会得出不同的结论。结论相同时，道德辩护的力量会增加；而结论不同时，可能有两种或三种不同结论，此时工程中的伦理问题会令人迷茫。工程中伦理问题的性质决定了不同方法分析得出的结论是否一致以及不一致时的差异程度。与工程中的技术问题相比，工程伦理问题往往具有不确定性，即不能在正确与错误、是与非之间进行抉择，而通常只能从特定的视角出发，做出不同程度的“应当”或“最好”之类的价值判断。

工程伦理学起源于对技术的批判，对工程师的质疑以及工程本身对社会和环境的影响。所以，从工程伦理学的建立来看，既可称其为“技术伦理学”，也可称其为“工程师伦理学”。技术伦理学主要是针对技术的负面影响和技术的消极作用，即技术应用带来的不良后果；工程师伦理学主要针对工程共同体，工程师在工程活动中对于技术设计、改进等方面起到重要和关键的作用，同时也面临着工程相关各方的利益冲突以及对雇主的忠诚等道德困境。因此，要进行工程伦理研究，必须①加快工程师的职业化进程，制定现实合理的伦理规范，促进工程师伦理制度化发展。②加快速工程伦理教育的发展，在工程类院校开设工程伦理的相关课程，加强对工程类学生的工程伦理教育，提高其职业工作的道德敏感性。

由于工程的境域性特征，在工程活动中，不仅工程师面临着道德困境，其他工程共同体，如管理者、工人、企业和公众等都要面对多种道德选择。所以，在工程伦理学发展过程中，同时需要关注其他工程共同体的道德困境。

著名的农业和食品伦理学家、食品伦理学领域的开创者、《追问膳食：食品哲学与伦理学》（*Before Dinner：Philosophy and Ethics of Food*）作者、荷兰瓦赫宁根大学（Wageningen University）的米歇尔·科尔萨斯（Michiel Korthals，图 1-25）教授认为，食品伦理学的研究也有三种常用方法。第一种是成本效益分析法（Cost-Benefit Analysis），这种方法是政府常用方法，在所应用的技术有争议时，政府对其优缺点进行评估，此时经济效益是最主要的考虑要素。第二种方法是功利主义方法（Utilitarianism Approach）。第三种方法是义务论的方法（Deontological Approach），后两种方法是伦理学研究的传统方法。

图 1-25　米歇尔·科尔萨斯（Michiel Korthals）

四、食品工程伦理教育

1. 工程伦理教育的必要性

技术的进步和发展对人类社会产生了深远而广泛的影响，技术在带来益处的同时，也产生了环境破坏、生态失衡等负面影响，严重破坏了社会和自然环境，甚至危及人类自身的生存。技术可能存在潜在的风险，例如，对月球和火星的探索是对外空间探索工程的胜利，但美国 1986 年挑战者号和 2003 年哥伦比亚号航天飞机的爆炸都是忽视风险的悲剧。技术的风险不应该被技术的好处所掩盖，然而技术的负面影响也很难被简单地完全预见。除了基本的和可以预见的负面影响外，技术风险对环境、生态等潜在的二次影响问题将会长期存在，正在遭受伤害的人们还将长期受到危害。在 20 世纪初、20 世纪 30 年代大萧条时期以及 20 世纪 70 年代和 80 年代，技术的负面结果都受到很多的批评。一些工程师一方面积极地进行辩护，另一方面也从伦理角度对工程活动进行深刻的反思，工程伦理学由此应运而生。工程师通过强调工程的根本道德任务，以促进工程师的职业化进程。在工程师协会章程中增加了伦理方面的要求，几乎所有的工程师协会都把“工程师的首要义务是把人类的安全、健康、福祉放在至高无上的地位”作为章程的根本原则。美国全国工程师职业协会（NSPE）设立了伦理审查委员会，积极鼓励工程师利用伦理理论进行工程活动评估。工程伦理学的产生，提高了工程师在工程中有效处理复杂的道德问题的能力，使工程师理性地思考以道德关注为基础的伦理问题，增强了工程师的道德自治。伦理标准成为工程师必备的品质之一。

工程伦理学以增进人类福祉为目的，加强工程师职业责任为要求，规范约束工程师的行为，提高工程师的道德敏感性，使工程师更清晰仔细地审视工程中的伦理问题，审视道德困境。社会的进步和发展，技术的创新和对科学现象新的认识，必然带来对生活更美好的向往和要求，全人类都有共同的追求。中国正逐渐由工程大国转向工程强国，“强”不仅指质量、水平和创新能力，更包括价值和理念的提升，让专业的人做专业的事。技术的应用并不是越先进越好，也不是最先进的就是最好的，应该具体问题具体分析，综合考虑技术应用的合理性和合适性。尊重科学，道法自然，不能无限夸大“不怕做不到就怕想不到”的思维。工程的进度应科学安排，做好预设计，不能为了某种形象或政绩而定节点、抢工期。工程伦理思考的缺位现象是系统性的和社会性的，不只是学生、政府官员、行业和企业管理者以及工程项目执行者，消费者和工程的受益者也都需要进行足够的伦理思考。在企业发展过程中，应有相应的价值判断，把伦理概念，即公众的健康安全福祉放在首位。如果一些事件发生前考虑全面，做好预案，出现问题后及时采取措施，发生严重事件的可能性将会大幅度降低。但是，当事人通常害怕承担责任和损失，往往会选择回避问题，由此而付出的代价更惨重。

工程伦理涉及工程各方的职业道德，因工程的系统性、规模性和社会性等具有区别于其他职业的重要特征，所以，开展工程伦理教育是必需的。现代化大工程对专业间合作的要求很高，社会效应和社会影响大，对环境和人类未来的影响是长远和渐显的。经济的快速发展和许多重大工程项目的实施，越来越多地显现出工程伦理问题。公共安全、工程与环境、工程与生态、工程质量、工程师的科学态度和职业精神等，已经成为社会关注的伦理问题。随着人工智能工程的发展和普及化，工厂车间具体操作的任何岗位都可以由机器人替代人来完成，人类的地位和行为准则是否要与机器人相同必将成为伦理研究的课题。工程的控制是否能完全由人类掌握的问题，也许人类自己都不能回答。技术的不正确或不正当使用，必将带来灾难，工程伦理是任何具体项目都绕不开的命题。

工程师应该在实践中塑造、整合自己的价值观，在实践环节的现实中使所学的经济、法律、环境等相关知识和社会碰撞，进而提升伦理水平。企业是最有力量的工程伦理行动者，也是伦理实践的主要参与者。促进工程伦理的发展，制度的建设首当其冲，只有首先从制度上明确界定和厘清责任所在，才能真正规范工程师的行为。在校的学生是将来的工程师，可能是工程的组织者、设计者、执行者和管理者，因此有必要将伦理教育贯穿于工程学科教育的课堂内外，使毕业生在工程的社会责任感和工程的职业道德上达到基本要求。工程师所面对的大部分道德议题都来自利益冲突、工程职业的伦理规范和伦理行为的法律必要性、雇主与雇员的关系、生态环境意识以及技术应用带来的影响等，必须明确工程中道德问题的复杂性和道德责任。20 世纪 60 年代掀起“社会责任运动”以后，作为发明创造的工程师由后台被推向了前台，成为社会责任的主要载体而倍受瞩目。工程师作为雇员，在工程中扮演的角色缺少对履行任务所负道德责任的自治，需要政府行政管理部门和工程协会团体进行约束。

图 1-26　珍妮弗·杜德纳（Jennifer Doudna）

技术研究、开发和应用人应该负责任，他们有义务告知公众技术的可能结果。基因编辑技术的先驱珍妮弗·杜德纳（Jennifer Doudna，图 1-26）说：“伦理问题让我彻夜难眠。我惊愕于世界范围内的实验室如此快速地将这一技术应用于生物学的各个领域，从改造植物到改变蝴蝶翅膀的花纹，再到构建人类疾病的大鼠模型。与此同时，我却忽略了对这一被广泛采用的基因改造技术在哲学和伦理学方面的思考。有一些诸如基因编辑技术是否应该被用于非医学领域的问题，在我看来更多陷于主观思考，离我所熟知的以客观实在为依据的科研工作相距甚远。我认为生物伦理学家们更擅长处理这样的课题。跟其他研究者一样，我更想致力于通过技术实现更多可能的科研工作。然而随着利用 CRISPR-Cas9 方法操控细胞和组织的研究不断增加，研究者们不可避免地要在人类卵细胞、精子或者胚胎上试验这一技术，以获得可遗传的改变。从 2014 年的春天开始，我总是在夜晚醒来，思考着在这场由我所推进的技术所引发的伦理学风暴，我应否心安理得地置身事外。”在工程活动中，工程师不是单纯的工程设计者，其角色是复杂的、多重的，作为雇员的工程师与作为项目管理者的工程师，对于风险、安全和忠诚的认识是完全不同的，其活动受到其他多种因素的影响和制约，角色间可能产生冲突。美国国家科学院（National Academy of Sciences，United States，NAS）和国家工程院（National Academy of Engineering，United States，NAE）在《2020 年的工程师：新世纪工程学发展的远景》中指出：工程师应该成为接受全面教育的人、有全球公民意识的人、在商业和公众事务中有领导能力的人、有伦理道德的人。

随着技术发展和工程应用的国际化，工程伦理学研究出现了新的课题和趋势，工程伦理学将反思全球化经济时代围绕技术发展所关涉的所有主要问题：①关于计算机的伦理问题。计算机与隐私是否造成价值冲突？软件所有权是否应该得到保护？计算机发展所产生的道德责任，是个体责任还是共同责任？②关于环境伦理问题。工程伦理学把环境伦理作为研究重要内容之一，环境伦理必须与个体的反思联系起来，并制定负有责任的社会政策与计划。工程师应当如何在增加人类财富与破坏环境之间求得平衡？在面对潜在的环境问题时，在什么情况下工程师应当为客户保密？③关于工程应用的国际问题。跨国公司对于技术转移所产生的国际权利问题，武器发展与保护工业问题，以及超文化规范、跨文化规范在工程活动应用中的伦理问题，如行贿、索贿、建立超越感情范围的不正常关系等现象。由于工程技术的应用，还可能会产生世界性局部贫困问题等。

传统国学启蒙经典《三字经》中说“人之初，性本善。性相近，习相远”。虽然人们生来都是善者，而且天性相近，但是后天的环境会改变人的思想和行为。又说“苟不教，性乃迁”“人不学，不知义”，可见后天被动的教育和主动的学习都是很重要的。

伦理无处不在，没有伦理不成世界。只有通过学习，了解和掌握伦理研究方法和思维方法，学生毕业走上工作岗位后才能正确处理涉及到的伦理问题。

2. 工程伦理教育的现状

工程伦理教育是工程伦理学发展的途径，是培养工程师伦理道德的重要手段，并在一定程度上推动了美国工程伦理建制化发展。1985 年，美国工程与技术认证委员会（Accreditation Board for Engineering Technology，ABET）要求美国的工程院校，必须把培养学生“工程职业和实践的伦理特征的认识”作为接受认证的一个条件。2000 年，工程与技术认证委员会制定更为具体的方针，当前工程类院校和专业正在按照这些方针进行操作。我国越来越多的工科高校积极参与工程教育认证，毫无疑问，工程伦理课程的开设是必要的。我国工程伦理领域的研究开展较晚，工程伦理教育无论是经验还是水平都亟待积累和提高。

工程伦理缺失的根本原因在于工程伦理教育的缺位，而要推动工程伦理的发展，首先就要补上教育的“短板”。国际上，工程伦理的重要性很早就为人所知，美国工程师职业发展委员会 1974 年就颁布了伦理章程。在美国工程教育界，工程伦理教育是工程教育的一部分。工程伦理是美国大学工程专业普遍开设的课程，一般 1 学分～3 学分必修课，有些学校则通过开设诸如工程与社会之类的其他必修课的方式来实施工程伦理教育，也有些学校并不单独开设工程伦理或类似的课程，而要求在工程学课程的授课内容中包含工程伦理的内容。美国排名前 9 位的工程学科名校，都开设工程伦理课程。根据 ABET 的要求，“凡欲通过认定的工程教育计划都必须包括工程伦理教育的内容”。美国职业（注册）工程师（PE）执照的考试中包含了工程伦理的内容，美国和日本的各类工程学会的伦理章程中也明确规定了从业人员的职业道德要求。

工程教育是我国高等教育的重要组成部分，在高等教育体系中占有很大的比例和很重要的位置。我国普通高校工科毕业生每年数约 30 万人，本科工科在校生数约 500 万人，本科工科专业布点数超过 1.5 万个，总规模已位居世界第一。工程教育在国家工业化进程中具有不可替代的作用，工业的发展离不开工程技术人员，工程技术人员的培养必须由工程教育实行。工程教育专业认证是国际通行的工程教育质量保障制度，也是实现工程教育国际互认和工程师资格国际互认的重要基础。工程教育专业认证的核心是要确认工科专业毕业生达到行业认可的既定质量标准要求，以学生产出为培养目标，以学生能力培养为导向。

我国工程伦理教育的课程最早是从台湾开始的，20 世纪中叶，台湾清华大学、中原大学、新竺交通大学等开设“工程伦理学”，之后，台湾有更多的工科学校和专业开设了此课。大陆高校中，西南交通大学和北京科技大学（原北京钢铁学院）最早于 1999 年开设了“工程伦理学”选修课。开设工程伦理课程的大陆高校不多，主要开设的层次为工程硕士，越来越多的工科专业为了积极参加国际工程教育认证而开设工程伦理课程。随着国际工程教育专业认证在我国逐步展开，北京理工大学、清华大学、西安交大大学和广东工业大学等高校逐渐在本科生中开设此类课程。随着经济建设的快速发展，社会上不断出现各种各类工程，在大众创业、万众创新的时代，从事工程相关的人员越来越多，工程人员的职业道德问题日趋突出，工程专业的学生进行职业道德教育是社会的要求，也是学校育人的目标。虽然高校强调教书育人，但在课程体体系的结构设计方面通识教育课程的设计仍然显得文理不兼容，理工科的课程多是由科技知识或工具知识构成的，人文知识或者称为价值知识的教育严重不足，这不仅是因为课时数的限制，也是教育理念的原因。社会高度发展的今天，纯粹单一的人文教育和科技教育都不能满足人才培养的要求。虽然专业知识可以学得很好，但学生若缺乏应有的道德敏感性和伦理价值观，在实际的工程实践中往往不能很好地处理涉及社会伦理的相关问题、导致社会矛盾和科技发展不能协调的问题。

2014 年初，全国工程专业学位研究生教育指导委员会明确指出：工程教育不仅要继续重视知识和能力，还要重视价值观、诚信人格的培养，加强工程伦理教育，促进工程人才的全面成长和发展，育人之正本，筑国之根基。过去的工程教育，更多地注重器物化、工程化和技术化的教育，人文精神和社会科学关怀的教育很少。

3. 工程伦理教学法

工程伦理的教学方法一般分为两种：一种是将一般的伦理理论应用到具体的场景或案例之中，称为“从上至下”的方法。在 20 世纪 90 年代初，学者们就意识到这种教学方法对于工程学学生和工程实践者是不适用的，至少，不适用于面向工程学学生的教学。在 20 世纪最后 10 年间，由美国国家人文基金（National Endowment for the Humanities，NEH）和美国国家科学基金（National Science Foundation，NSF）资助的项目主要集中在研究如何或以何种方法将工程伦理引入工程学学科教育体系中。案例分析法就是其中一种获得 NSF 资助并获得广泛认可的教学与研究方法，这种方法称为“从下至上”的方法。我国学者和实际开设课程的学校也更推崇这种教学方法。其实，工程伦理学的诞生也是出自对引起社会高度关注的著名案例的研究，在 20 世纪 70 年代，引起全世界关注的美国福特斑马车（Ford Pinto）油箱事件和土耳其航空公司的麦道（麦克唐纳-道格拉斯公司，McDonnell-Douglas Corporation）DC-10 飞机坠毁事件的原因，就在于从事研发活动的科学家和工程师将利润和效率放在了首位，而忽略了对公众的安全和福祉的关注。

1986 的美国挑战者号航天飞机事件中，工程师的责任和权利问题，以及由于缺失这种责任所带来的灾难，促使自 20 世纪 90 年代以后，案例分析研究主要关注灾难性的案例和“样板（或善举）工程”的案例。案例所提供的是一些具体的和特殊的场景，但仍然需要一般的原则和规则，并将这些原则和规则应用于其中。基于案例研究而提出的方法主要有决疑法（casuistry，指取得一致意见）、划界法（line-drawing，指设定一定的限定条件）和中间解决方法（指妥协和折中）。

4. 食品工程伦理教育

我国大陆高校开设食品相关工科专业的普通教育高等本科以上的学校有300余所，每年招收数以万计学习食品工程学科的学生。人的第一生存需求是食品，无论身份、地位、职务、出生如何，民以食为天，每个人都要吃饭，食品产业是第一大产业，原因正在于此。食品产业包括很多部门，从食品原料的生产甚至品种的选育，到产品加工、制造、流通运输和销售，涉及的范围很广。国家层面上对食品安全提出了严格的要求，制定了相关法律和国家标准，然而，法律和标准只是一种底线要求，食品企业的目标并不能仅仅是符合或者达到了其要求。日常生产、管理监督、技术应用、废弃物排放、物流运输等，如何把每一步做好，都存在伦理道德关注的问题。目前最受关注的严重的问题之一就是重（卫生）安全，轻质量，只要产品不出安全问题，生产企业就高枕无忧。政府的监督检测通常多数针对安全指标，企业执行的标准往往也就是要求最低的食品安全国家标准，而没有针对产品类别和性质提出具体有效或者更高的质量要求。

有钱人、城里人就该吃得安全放心？贫困的、农村的人们就不要讲究食品的安全？“零添加”就是“好”的？含添加剂的食品就不能吃？有些食品生产企业主为何不吃自己的产品？“黄金大米”能补充维生素A，为什么会受抵制？国家对食品安全有严格的法律规定和相关标准要求，食品安全事件为何还频频发生？转基因食品能不能大范围推广？食品能治病吗？“法无禁止即可为”在食品工程领域适用吗？要回答类似这样的问题，食品工程伦理的教育显得尤为重要。

农业集约化生产和加工，造成了产品中农兽药残留、土地、水和空气污染问题。集约化养殖改变了传统的放养、散养方式，由人们去照顾动物，不仅改变了人们对待动物的态度和行为方式，提出了动物福利和伦理要求，而且日益增多的人与动物的近距离接触，大量加工、食用动物制品，极大地增加了人兽共患病的传播和健康风险。设施农业种植改变了农耕季节性特点，产品的食味质量发生了很大变化，施药过程中种植者中毒和农药残留问题等农业和食物伦理成为食品工程伦理的重要组成部分。

20世纪末至21世纪初，全球发生过很多食品安全事件。社会大众对于食品安全有很高的要求，国家也很重视食品的安全，2009年2月28日第十一届全国人民代表大会常务委员会第七次会议通过的《中华人民共和国食品安全法》，于2015年4月24日第十二届全国人民代表大会常务委员会第十四次会议进行了修订，又于2018年12月29日第十三届全国人民代表大会常务委员会第七次会议进行了修正。为配合《中华人民共和国食品安全法》的实施。国务院于2009年7月20日发布《食品安全法实施条例》（以下简称《条例》），其后与《中华人民共和国食品安全法》的修订和修正同步，于2016年2月6日和2019年10月31日进行了修订，最新的《食品安全法实施条例》于2019年12月1日起正式实施。最新修订的《食品安全法实施条例》，坚持以人民为中心，坚持“四个最严”（最严谨的标准、最严格的监管、最严厉的处罚、最严肃的问责）要求，围绕夯实主体责任、强化全过程监管、提高违法成本等重点内容，在食品安全法的基础上，补短板、强弱项。修订的重点集中在五个方面。①细化食品安全法的原则规定。例如，细化了食品生产经营企业主要负责人的责任等。②强化对违法违规行为的惩罚。例如，提高违法成本，增设“处罚到人”制度；建立严重违法食品生产经营者“黑名单”制度，实施信用联合惩戒；

健全食品安全行政执法与公安机关行政拘留衔接机制等。③实化针对具体问题的监管举措。例如，禁止利用会议、讲座、健康咨询等任何方式对食品进行虚假宣传；对特殊食品检验、销售、标签说明书、广告等管理作出规定；禁止发布没有法定资质的检验机构所出具的检验报告；明晰了进口商对境外出口商和生产企业审核的内容等，解决监管执法中遇到的问题。④优化风险管理制度机制。坚持预防为主、源头治理，促进食品安全科学监管。例如，完善农业投入品的风险评估制度；建立食品安全风险监测会商机制；明确了风险交流的内容、程序和要求等，推动食品安全社会共治共享。⑤固化实践中行之有效的做法。例如，建设食品安全职业化检查员队伍；对企业内部举报人给予重奖；制定并公布食品中非法添加物质名录、补充检验方法等，进一步提高监管工作效能。2009 年颁布《中华人民共和国食品安全法》后，国务院食品安全委员会办公室于 2011 年印发《食品安全宣传教育工作纲要（2011—2015 年)》，要求生产经营单位负责人和主要从业人员每人每年接受食品安全法律法规、科学知识和行业道德伦理等方面的集中培训不得少于 40h（2011 年 5 月 9 日《新京报》)，首次提出食品从业人员的行业道德伦理培训要求。而实际情况是，各级食品安全监管部门在组织相关培训时，几乎不涉及伦理问题。

法律的生命力在于实施。食品安全法规制度重在执行。考虑到社会各种关系错综复杂，无论是政府监管人员，还是企业生产经营人员，工作的重点和目的很多放在应付检查和对付检查方面，认识的高度远远没有达到职业和行业的要求。市场监管部门除了加大《条例》宣传贯彻力度，加快配套规章制度立改废工作，严格监管执法，严守安全底线，督促食品生产经营者履行主体责任，促进食品产业高质量发展，努力让人民群众买得安心、吃得放心外，教育和引导是必须且急迫的。

本课程从伦理、工程、食品工程、工程伦理、工程师伦理等基本概念和原理入手，参考和借鉴我国学者在工程伦理、技术伦理研究方面的成果和见解，在此基础上，引入我国食品生产、经营与监管的实际情况，运用食品工业领域的典型案例，分析食品工程的特殊要求，详细阐明原则规范的社会价值依据和规范的公正性、合理性、合法性，使学生对规范体系的价值原则有较准确和深入的理解。注重理论联系实际，不回避社会问题，注重工科思维方式的教学，对科技界、工程界出现的学术腐败问题、工程质量问题、工程的经济效益和社会效益的关系问题、工程与社会可持续发展的关系问题等进行深入探讨，让学生学会审（思）辨性思维（Critical Thinking，过去一般翻译成“批判性思维”)，综合运用伦理学知识对现实问题进行分析，培养学生的职业责任感和道德感，使其在遭遇工程问题时能够进行伦理思考，做出评价和选择。

第二章

工程管理与伦理

现代社会的发展趋势是社会分工越来越细，专业化倾向越来越明显。从人力资源管理的角度来看，现代社会生产越来越需求复合型的人才，即既掌握较扎实的专业基础知识，又具有广博的知识面，不仅懂技术，而且懂管理。单纯的具有管理技能或者工程技术的人才，不能适应社会的发展。中小型企业，往往希望一人多能、一专多能的雇员。管理学是综合性的科学，系统研究管理活动的基本规律和一般方法，研究在既有条件下，如何通过合理的组织和配置人、财、物等因素，以提高生产力的水平。工程的涉及面广，因此，了解工程管理（Engineering Management）的知识是必须的。工程管理通常需要人文科学知识、社会科学知识、自然科学知识、语言和计算及信息等工具知识和专业知识，工程管理的专业知识则由工程领域基础、管理学理论和方法、经济学理论和方法、法律和标准等知识体系组成。工程管理的起源可能是土木工程领域，土木工程知识不是食品工程专业学生必须掌握的，因此，本章并不采用具体例子说明如何管理，而是进行管理学和工程管理学相关的背景知识介绍，作为今后使用时进一步学习的路引。

管理的本质是对人的管理，是人与人之间关系的处理与调整，是社会意识，是管理过程中个人与社会利益、环境效益关系的认识、处理和调整。除了“管理出效益”外，管理中也包含对公平、公正、诚信、责任、公益等道德价值和目标追求的内涵。管理活动不是管理者的单向行为，直接的被管理者和被管理利益相关方都应该参与到管理中，使管理更加科学化、民主化、人本化、系统化、制度化、效益化、公益化、合理化，以适应现代管理的目标和要求，促进管理遵循公正、平等伦理的原则。

第一节　工程管理的定义及内涵

正如第一章所述，工程的概念并不具有唯一性，因此，工程的管理也具有广义的特征。工程管理就是对某个具体工程的管理。如果要给定义的话，参照中国工程院的界定：工程管理是指为实现预期目标，有效地利用资源，对工程进行决策、计划、涉及、组织、协调和调控。美国工程管理学会（American Society for Engineering Management，ASEM）认为：工程管理是对具有成分的活动进行计划、组织、资源分配以及指导和控制的科学和艺术。美国电气和电子工程师协会（Institute of Electrical and Electronics Engineers，IEEE）工程管理学会则认为：工程管理是关于各种技术及其相互关系的战略和战术决策的制定和实施。工程活动不仅受到工程理念、决策设计、构建、组织运行等过程的支配，也关联到资源、材料、资金人力土地、环境和信息等要素的合理配置。同时，一个工程往往有多种技术、多个方案、多种路径可被选择，如何有效地利用各类资源，用最小的投入获得最大的回报，实现在一定边界条件下的综合集成和多目标优化。工程管理必须在正确的理念指导下进行。

工程管理是对工程或工程建设进行管理，具体而言，就是对一个工程从概念设想到正式运营的全过程，包括：投资机会研究、初步可行性研究、最终可行性研究、勘察设计、招标、采购、施工、试运行等的全面管理。“工程管理＝工程技术＋经济管理”，工程管理包括工程建设管理、国际工程管理、投资与造价管理等方向。工程建设管理涉及工程建设项目的全过程管理工作，如工程建设项目可行性研究、一般土木工程设计和施工建设、工程建设项目全过程的投资、进度、质量控制及合同管理、信息管理和组织协调。国际工程管理涉及国际工程项目管理工作，如国际工程项目的招标与投标、合同管理、投资与融资、风险与索赔管理、信息管理及国际工程项目全过程系统化、集成化管理及较强的外语运用。投资与造价管理涉及投资与融资和工程造价全过程管理工作，如项目评估、工程造价管理，编制项目招投标档和投标书综合评定，审核工程建设项目估算、概算、预算和决算。工程管理工程师应具备管理学、经济学和土木工程技术的基本知识，具有工程技术、管理、经济、法律、外语及计算机应用方面的坚实基础。项目管理工程师应具备管理学、经济学和土木工程技术的基本知识，具备工程项目管理专业知识和技能，熟悉和了解与国际工程咨询和承包相关的法律及国际惯例，掌握现代管理科学的理论方法和手段。

第二节　工程经济学

工程经济学（Engineering Economics）又称费用-效益分析，是研究如何使工程技术方案（或投资项目）取得最佳经济效果的一种科学的评价体系。工程经济学通常以工程项目为研究对象，报建的可以是一工程项目，也可以包括工程项目以外的经济活动。工程经济学中的工程既包括工程技术方案、技术措施，也包括工程项目。

工程经济学是在资源有限的条件下，运用工程经济学分析方法，对工程技术、工程项目的各种可行方案进行分析比较，选择并确定最佳方案的科学。工程经济学的核心任务是对工程项目技术方案的经济决策，对象研究是工程项目技术经济分析的最一般方法，即为了实现工程中资源的合理配置和有效使用，研究采用何种方法、建立何种方法和指标体系，才能正确估价工程项目的有效性，达到技术上可行、经济上合理的最佳结合点。工程经济学为具体工程项目分析提供方法基础，而工程经济分析的对象则是具体的工程项目。工程经济学的分析方法主要包括：①理论联系实际的方法；②定量分析与定性分析相结合的方法；③系统分析和平衡分析的方法；④静态评价与动态评价相结合的方法；⑤统计预测与不确定分析的方法。

一、工程经济要素

任何工程的实施都具有目的性，涉及投入和产出效率的比较，在进行经济分析时必然要进行考察和评估。投入方面的经济要素主要包括投资、成本及相关费用；产出方面的经济要素主要包括收入、利润及税金等。

建设项目投资是指在工程项目建设阶段所需要的全部费用的总和，生产性建设项目总投资包括建设投资、建设期贷款利息和流动资金 3 部分，非生产性建设项目总投资包括建设投资和建设期利息两部分。工程造价的主要构成是建设投资，包括工程费用、工程建设其他费用和预备费三部分。建设项目的总投资构成可以用图 2-1 直观地说明。

项目投资估算是对整个工程项目投资总额的估算，指项目从筹建、施工直至建成投产的全部费用。投资估算的主要依据：项目任务书、建设规模、设计方案、设备价格及运杂

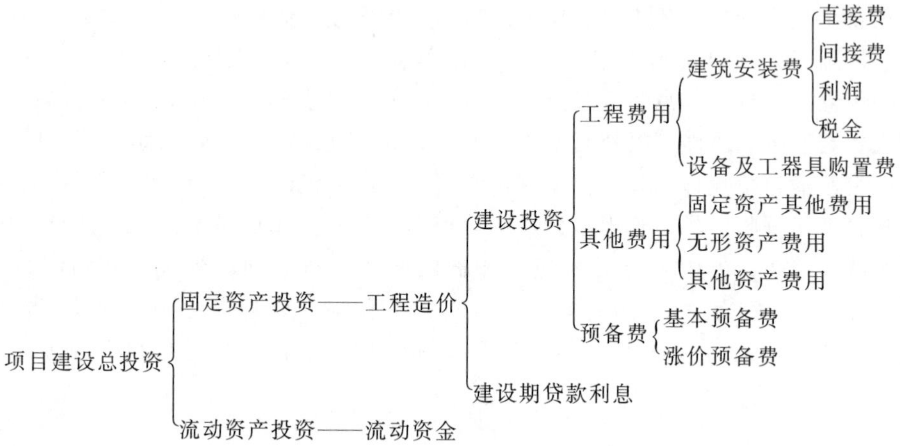

图 2-1 建设项目总投资构成示意图

费和材料价格等。总投资的估算有几种不同的方法，工程概算法是我国应用较多的一种方法，可根据工程特点和估算的精度要求等选用。

工程项目投入使用后即进入生产经营阶段，将产生生产成本和期间费用。生产成本包括：①直接材料——原材料、辅助材料、设备配件、外购半成品、燃料、动力、包装物、低值易耗品及其他直接材料；②直接工资——直接从事产品生产的人员的工资、奖金、津贴和补贴等；③其他直接支出——直接从事产品生产的人员的福利等；④制造费用——用于产品生产但不能直接计入产品成本、按一定的标准分摊后才能计入成本的那部分费用，如管理人员工资、设备折旧、维修、物料消耗、低值易耗品、劳动保护、办公、差旅、运输、保险、租赁、设计制图、实验检验、环境保护及其他费用等。直接材料、直接工资和其他直接支出通常称为直接成本，制造费用称为间接成本。期间费用是当期发生的与生产经营没有直接关系和关系不密切的管理费用、财务费用和营业费用。期间费用不能归属于某种产品的成本，其发生时间容易确定但归属产品难以判断，因此直接计入当期损益。有一个特定概念在工程经济中常用但会计学中没有，那就是“经营成本”。经营成本涉及产品生产及销售、企业管理过程中的物料、人力和能源投入费用，反映企业的生产和管理水平，在工程项目的经济分析中被用于现金流量的分析。还有一个很重要的工程经济要素是税金。

我国现行税制包括以下几个。①流转税类。增值税，消费税、营业税和关税；②资源税类：资源税和城镇土地使用税；③特定目的税类：城市维护建设税、土地增值税和车辆购置税等；④财产税类：包括房产税、车船使用税和船舶吨税；⑤行为税类：包括购置税、印花税、契税和环境保护税；⑥农业税：包括烟草税和耕地占用税；⑦所得税类：企业所得税和个人所得税，个人所得税与生产经营者的利润和个人收入相关。

二、工程经济预测

工程项目的规划实施以科学的预测结果为基础，对项目投资、经营费用、市场前景及销售收入进行评价是工程经济分析必要的步骤和决策的依据。

对项目进行工程经济预测的主要原则：

（1）惯性原则——项目各个阶段在时间上具有连续性；
（2）类推原则——“举一反三”；
（3）相关原则——利用实物的关联性观察到某些经济现象进行预测；
（4）概率推断原则——利用统计学手段，确定发生的概率——希望的或不希望的。
项目工程经济预测的分类法有多种，例如：
（1）根据规模分为宏观经济预测和微观经济预测；
（2）根据时间分为长期经济预测，中期经济预测，短期经济预测和近期经济预测；
（3）根据性质和数量分为定性经济预测和定量经济预测；
（4）根据状态分为静态经济预测和动态经济预测等。
预测的步骤通常包括：
（1）确定预测目标；
（2）收集和分析资料；
（3）选择预测方法；
（4）建立预测模型并实施预测；
（5）分析预测结果。

三、资金的时间价值

从字面看就很容易理解，资金的时间价值是指资金的价值会随时间发生变化，“钱”在不同的时间具有不同的价值。资本必须运作才会实现价值，资金存入银行可以产生利息，资金投入生产可以扩大规模或提高生产效率也会产生价值。借贷关系中资金的时间价值（增值）通常用利息来度量。在项目经济分析中，一般不用会计利润而用现金流量描述。现金流量是指企业现金流入和流出的数量，在一定时间内，现金流入量减去包括税金在内的现金流出数量以后的差额为净现金流量。现金流量的构成有 2 种表述法：一是按现金流量发生的时间；二是按现金的流入流出表述。资金的时间等值在向银行贷款时会产生不同的效果。例如，1 笔 100 万元的 10 年期贷款，以 6%的参考利率计算，按照不同的还款方式，其实际还款的数额是不等的。表 2-1 所示为 4 种还款方式的比较，方案 1 为只还利息，方案 2 为等额本金还款，方案 3 为等额本息还款，方案 4 为到期一次还清。可以看出，虽然偿还贷款所付出的总额数值不同（“合计”行），但其价值是相同的，即 100 万元的贷款额。

四、现金流量法

1. 现金流量表

某项工程立项后，其生产规模、产品结构、生产工艺和主要设备等因素都会影响建设的方案。技术经济评价的方法是对多个方案进行优选，有些方案是唯一的，有些则是可以相互替代而又相互排斥的。对方案的评价并无绝对标准，但对经济效果的考察无疑应优先进行，也就是说，投资建项目，效益至上是通行的优先考虑项。根据现金流量可以评价获取现金的能力、偿债的能力、支付的能力、收益的质量以及投资活动和筹资活动，因此，

表 2-1　　　　偿还贷款方案的等值效果

贷款年	贷款额（元）	方案 1	方案 2	方案 3	方案 4
0	1000000				
1		60000	160000	135900	
2		60000	154000	135900	
3		60000	148000	135900	
4		60000	142000	135900	
5		60000	136000	135900	
6		60000	130000	135900	
7		60000	124000	135900	
8		60000	118000	135900	
9		60000	112000	135900	
10		60000	106000	135900	1791000
合计		1600000	1330000	1359000	1791000

通过使用现金流量表，可以直接反映月度、季度或年度等一定时期内企业经营活动、投资活动和筹资活动对其现金及现金等价物所产生的影响。根据现金流量表也可以做出对方案的评价，把有限的资金、人力和物力进行优化配置，最大限度地利用资源。

对投资项目或技术方案的评价和分析都是基于特定时期内的现金流量进行的，每个项目的计算期，包括建设期和运营期，也就成为了项目经济寿命期。建设期内一般只有投入，没有或很少有产出，所以建设期过长会增加投资成本，在保证工程建设质量的情况下应尽可能缩短建设期。项目建成后，一般不会很快达到设计的能力，投产后到达到设计能力的这段时间成为达产期。根据固定资产的综合折旧寿命，达产后的工程项目会有一定的服务期，通常的工业项目的服务期为 15～20 年，实际生产期的长短需根据行业特点确定。合理确定项目的计算期很重要，因为其经济分析的结果会影响投资的决策过程和结果。

现金流量表是原先财务状况变动表或者资金流动状况表的替代物。它详细描述由公司的经营、投资与筹资活动所产生的现金流量，由隶属于美国财务会计基金会的财务会计标准委员会（International Financial Accounting Standards Board，IFASB）于 1987 年批准生效，现金流量表也被称为 FASB 95 号表。现金流量表可以直观地显示资产负债和损益及如何影响现金和等同现金，可以对公司的经营、投资和融资做出分析评价。

表 2-2 所示为年现金流量表的例子。不同时期净现金流量的构成不同，现金流的进出方向不同，因此其计算公式也会有差异。建设期的“净现金流量＝－（固定资产投资＋流动资金投资）”，因此时只有现金流出，没有现金流入，所以净现金流量会是负值。生产初期“净现金流量＝销售收入－经营成本－销售税金－所得税－流动资金增加额”，此时的生产能力达不到设计能力，销售不稳定，因此净现金流量可能是正值，也可能是负值。正常生产后，“净现金流量＝销售收入＋回收固定资产余值＋回收流动资金－经营成本－销售税金－所得税”，此时的净现金流量应该是正值；如出现负值则说明亏损，也就是说项目的建设是失败的。

2. 现金流量表的不足

现金流量表的编制基础是现金制，即只记录当期现金收支情况，而不理会这些现金流动是否归属于当期损益；现金流量表只是一种“时点”报表，一种“货币资金”项目的分析性报表，因此，现金流量表有其局限性和不足。主要表现为：

表 2-2　　年现金流量表（样表）　　单位：万元

序号	项目	月份 1	2	3	4	5	6	7	8	9	10	11	12	合计
1	现金流入													
1.1	产品销售（营业）收入													
1.2	回收固定资产余值													
1.3	回收流动资金													
2	现金流出													
2.1	固定资产投资													
2.2	流动资金													
2.3	经营成本													
2.4	销售税金及附加													
2.5	所得税													
3	净现金流量													
4	累计净现金流量													
5	所得税前净现金流量													
6	所得税前累计净现金流量													

（1）报表中的数据具有强烈的有效性　报表信息是根据历史数据计算得到的分析结果，对于预测企业未来的现金流动，并非完全有效，只能作为参考。因为报表信息只说明企业过去会计事项影响的结果，因此，其缺陷与资产负债表很相似。在现行会计实务中，“经营现金流量净额”的计算最终取决于“货币资金”的当期变动额，而不是每项业务的真实现金影响，而特定时点的“货币资金”余额是可以操纵的。在计算过程中，收回或核销前期应收款项的效果相同，都会增加“销售商品和劳务收到的现金”，这就很容易造成对投资者的误导。

（2）报表信息的可比性不高　对于同一企业而言，虽然一致性会计原则的运用使其有可能进行不同期间的比较，但如果企业的会计环境和基本交易的性质发生变动，则不同时期财务信息的可比性便大大减弱。由于存货的计价、折旧的摊提、收入的确认以及支出资本化与费用的处理等使用不同的会计处理方法等，因而，不同企业的现金状况的比较具有一定的困难，从而使报表信息的可比性变得更差。

（3）报表信息的可靠性不确定　编制现金流量表所采用的数据的可靠性受到多方面的影响，使得报表分析同样显得不够可靠。因此，投资者应将多方面的相关数据结合进行综合评价，而不能完全依赖于报表分析的结果。

五、不确定性分析

不确定性分析是为了提高技术经济分析的科学性，减少评价结论的偏差，进行技术经济综合评价，计算各因素发生的概率及对其决策方案的影响，从中选择最佳方案。进行不确定性分析，需要依靠决策人的知识、经验、信息和对未来发展的判断能力，采用科学的分析方法，综合考虑决策的准则要求，不偏离规则。决策在实施过程中，将受到许多因素的影响。

1. 不确定性的客观性

客观事物发展多变的特点以及人们对客观事物认识的局限性，使得对客观事物的预测结果可能偏离预期，具有不确定性，投资项目也不例外。经济发展的不确定因素普遍存在，如基本建设过程中投资是否超出、工期是否拖延、原材料价格是否上涨、生产能力是否能达到设计要求等。不确定性分析是对生产、经营过程中各种事前无法控制的外部因素变化与影响所进行的估计和研究。

由于投资项目决策分析与评价工作所采用的资料通常都是根据历史的和经验的资料进行分析和预测得到的，而预测是可以有很大的不确定性的，因此，这些数据或多或少都可能带有某种不确定性，从而使得投资项目的决策分析与评价结果具有不确定性。虽然在对投资项目决策继续分析与评价时已就项目市场、采用技术、设备、工程方案、环境保护、配套条件、投资融资和投入产出价格等方面做了详尽的研究，但项目经营的未来状况仍然可能与设想状况发生偏离，项目实施后的实际结果可能与预测的基本方案产生偏差，投资项目有可能面临潜在的危险。

2. 不确定性的因素

产生不确定性的因素：

(1) 经济形势变化，如通货膨胀和物价变动；

(2) 生产能力变化；

(3) 市场结构性变化；

(4) 建设资金和工期变化；

(5) 技术进步和装备及生产工艺升级；

(6) 国家经济政策和法规、规定变化等其他因素。

企业的经营决策受到国家经济政策调整、市场需要变化、原材料和外协件的供应条件改变、产品价格涨落、市场竞争加剧等因素的影响，这些因素事先大多无法预测和控制。

3. 不确定性的分析方法

为了做出正确决策，需要对不肯定因素进行技术经济分析，计算其发生的概率及对决策方案的影响程度，从中选择经济效果最好（或满意）的方案。主要计算方案的损益值、后悔值和期望值。

通常采用的方法有：盈亏平衡分析法、敏感性分析法、概率分析法和多准则决策，其中盈亏平衡分析只用于财务评价，敏感性分析和概率分析可同时用于财务评价和经济评价。

(1) 盈亏平衡分析法　盈亏平衡分析法也称为损益平衡分析法，即把各因素引起的不同收益计算出来，得到方案的损益值，收益最大的方案为最优方案。

(2) 敏感性分析法　敏感性分析法是判断项目承受风险能力的一种不确定性分析方法，指从众多不确定性因素中找出对投资项目经济效益指针有重要影响的敏感性因素，并分析、测算其对项目经济效益指标的影响程度和敏感性程度。根据不确定性因素每次变动数目的多少，敏感性分析法可以分为单因素敏感性分析法和多因素敏感性分析法。

多因素敏感性分析法指在假定其他不确定性因素不变的条件下，计算分析 2 种或 2 种以上不确定性因素同时发生的变动对项目经济效益值的影响程度，确定敏感性因素及其极限值。多因素敏感性分析一般是在单因素敏感性分析基础进行，分析的基本原理与单因素敏感性分析大体相同。多因素敏感性分析时假定同时变动的几个因素相互间独立、没有交互作用，且各因素发生变化的概率相同。敏感性分析法是一种动态不确定性分析，是项目评估中不可或缺的组成部分。它用以分析项目经济效益指针对各不确定性因素的敏感程度，找出敏感性因素及其最大变动幅度，据此判断项目承担风险的能力。

实际可能会出现这样的情形：敏感性分析找出的某个敏感性因素在未来发生不利变动的可能性很小，引起的项目风险不大；而另一因素在敏感性分析时表现出不太敏感，但其在未来发生不利变动的可能性却很大，进而会引起较大的风险。因为敏感性分析不能确定各种不确定性因素发生的幅度和概率，所以所得结论的准确性会受到影响。为了弥补敏感性分析的不足，在进行项目评估和决策时，须做进一步的概率分析。

敏感性分析的步骤包括：①确定敏感性分析指标。例如，息税前利润、投资回收期、投资收益率、净现值、内部收益率等，都可以作为敏感性分析指标。②计算方案的目标值。一般将在正常状态下的经济效益评价指针数值作为目标值。③选取不确定因素。在进行敏感性分析时，并不需要对所有的不确定因素都考虑和计算，而只根据方案的具体情况选取几个变化可能性较大、对经济效益目标值影响作用较大的因素。例如，产品售价变动、产量规模变动、投资额变化等；或是建设期缩短，达产期延长等，这些都会对方案的经济效益大小产生影响。④计算不确定因素变动时对分析指标的影响程度。在进行单因素敏感性分析时，每次只变动其中一个不确定因素，固定其他因素，求出某个不确定因素本身对方案效益指针目标值的影响程度；可以选择多个不同的因素作为变动因素，但每次只有一个因素变动，其他因素恒定。⑤总结得出结果。找出敏感因素，进行分析和采取措施，以提高技术方案的抗风险的能力。

（3）概率分析法　概率分析是通过研究各种不确定性因素发生不同变动幅度的概率分布及其对项目经济效益指标的影响，对项目可行性和风险性以及方案优劣做出判断的一种不确定性分析法，又称风险分析。运用概率求出期望值，以方案比较得到的标准值、期望值最好的方案为最佳方案。

（4）多准则决策法　多准则决策是指在具有相互冲突、不可共度的有限或无限的方案集中进行选择的决策，它是分析决策理论的重要内容之一。多准则决策根据决策方案是有限还是无限而分为多属性决策（Multiple Attribute Decision Making，MADM）与多目标决策（Multiple Objective Decision Making，MODM）两大类。多属性决策是指在考虑多个属性的情况下，选择最优备选方案或进行方案排序的决策问题，多属性决策也称为有限方案多目标决策。多目标决策是指需要同时考虑 2 个或 2 个以上目标的决策，如既要考虑获利大小，又要考虑现有设备能否生产以及原材料供应是否充足等因素来选择其中一种，只有使这些相互联系和相互制约的因素都能得到最佳的协调、配合和满足，才是最优的决策。

与常规评估方法相比，多准则决策评估的机制性特点：

① 可进行多个项目的评判、排队和选优；

② 在对一个项目进行研究时，将每个影响因子都作为主判这个项目的准则对待，并对因子的数值进行一系列的信息加工和提取，给各因子的重要性赋予权重；

③ 将项目评估表看作是一个决策判断矩阵，然后采用十多种决策判别方法组织信息，

组合成一个分析机制性强的动态分析系统，进而借助于现代化的计算机技术快速完成信息加工；

④ 可组织决策会议，快速反应决策参与人的意见，利于形成一致性观点。

六、项目的可行性研究与经济评价

1. 可行性研究

建设项目可行性研究是指根据发展规划和产业政策或行业发展规划的要求，对拟建工程项目的技术上和经济上的合理性进行全面分析、系统论证、多方案比较和综合评价，以确定项目建设的必要性和可能性，为编制和审批设计任务书提供可靠依据。可行性研究的目的是避免投资决策不当或发生错误、减少投资风险、避免建设方案随意变化而不可控、使资金预算和使用范围清楚、进度安排明确及有可变因素预知等。

可行性研究是建设项目立项必要的过程和为投资决策和设计、筹集资金、相关科研实验、机构设置、职工培训、生产组织、政府管理部门建设执照申请审批及项目的考核提供依据，也是项目工程建设的基础数据。私有制与公有制的生产数据所有制形式不同，其可行性研究的目的也不同。前者是为了经济利益的最大化，保证高额利润；而后者则必须兼顾考虑社会效益和环境效益，力求做到用较少的投入获得最大的经济、社会和环境保护的综合效果。

通过可行性研究，形成可行性报告。可行性报告的格式没有统一要求，但一般包含：

（1）投资机会研究；

（2）初步可行性研究；

（3）技术经济可行性研究；

（4）评估决策等内容。

建设项目可行性研究的具体内容包括：

（1）需求预测和拟建规模；

（2）资源、原材料、燃料及公共设施情况；

（3）建厂条件和厂址方案；

（4）设计方案；

（5）环境保护；

（6）企业组织；

（7）投资估算和资金筹措；

（8）实施进度的建议；

（9）社会效益及经济效益评价等。

简单而言，可行性研究报告的结果应该提供项目的建设（或投资）对以下问题的回答：

（1）建什么？（项目名称）

（2）为何建？（建设或投资的目的）

（3）何时建？（建设或投资的最佳时机）

（4）谁来建？（建设单位）

（5）建在哪？（项目的实施地点）和怎样建？（具体实施方案）

2. 经济评价

在完成可行性研究报告并通过项目可行性报告论证后，项目在实施之前还需要编制项目设计任务书，项目设计任务书编制的依据是：

（1）批准设计元素的文号；

（2）协议书文号及其有关内容；

（3）项目建议书；

（4）可行性研究报告；

（5）工程地质勘察报告；

（6）环境评估报告等。

项目设计任务书是设计单位进行设计的依据，一般由以下部分组成：

（1）设计项目名称、建设地点；

（2）批准设计项目的文号、协议书文号及其有关内容；

（3）设计项目的用地情况；

（4）工程所在地区的气象、地理条件、建设场地的工程地质；

（5）水、电、气、燃料等能源供应情况，公共设施和交通运输条件；

（6）材料供应及施工条件；

（7）工程设计的规模和项目组成；

（8）项目的使用要求或生产工艺要求；

（9）项目的设计标准及总投资；

（10）建筑造型及建筑室内外装饰方面的要求等，涉及公共资源和社会安全的部分，如用地、环保、卫生、消防、人防、抗震的要求是刚性的，不得进行“先上车后买票”或“先上车或后补票”的操作。

建设项目经济评价主要包括以下内容：

（1）盈利能力分析，分析和测算项目计算期的盈利能力和盈利水平；

（2）清偿能力分析，分析和测算项目偿还贷款的能力和投资的回收能力；

（3）抗风险能力分析，分析项目在建设和生产期可能遇到的不确定性因素和随机因素对项目经济效果的影响程度，考察项目承受各种投资风险的能力，提高项目投资的可靠性和盈利性。

七、环境评价

环境包括自然环境与社会环境。自然环境是社会环境的基础，而社会环境又是自然环境的发展。生态环境与自然环境的含义十分相近，严格来讲，生态环境并不等同于自然环境。自然环境的外延比较广，各种天然因素的总体都可以说是自然环境，自然环境是环绕人们周围的各种自然因素的总和，如大气、水、植物、动物、土壤、岩石矿物和太阳辐射等，但只有具有一定生态关系构成的系统整体才能称为生态环境。仅有非生物因素组成的整体，虽然可以称为自然环境，但并不能叫做生态环境。生态环境仅是自然环境的一种，二者具有包含关系。项目的环境评价刚性要求的是项目可能对自然环境造成影响的评价。

虽然人类社会的发展进程中不可避免地会发生对环境的影响和改变，但是自然环境是人类生存的基础，不可逆的生态环境破坏会导致人类生存危机，因此任何工程的建设不能以破坏环境为代价。《中华人民共和国宪法》第九条（禁止任何组织或者个人用任何手段侵占或者破坏自然资源）、第十条（一切使用土地的组织和个人必须合理地利用土地）、第二十二条（国家保护名胜古迹、珍贵文物和其他重要历史文化遗产）、第二十六条（国家保护和改善生活环境和生态环境，防治污染和其他公害）明确规定了对环境与资源必须进行保护。《中华人民共和国环境影响评价法》对项目的环境评价提出具体要求——第十七条 建设项目的环境影响报告书应当包括下列内容：（一）建设项目概况；（二）建设项目周围环境现状；（三）建设项目对环境可能造成影响的分析、预测和评估；（四）建设项目环境保护措施及其技术、经济论证；（五）建设项目对环境影响的经济损益分析；（六）对建设项目实施环境监测的建议；（七）环境影响评价的结论。涉及水土保持的建设项目，还必须有经水行政主管部门审查同意的水土保持方案。环境影响报告表和环境影响登记表的内容和格式，由国务院环境保护行政主管部门制定。目前按照 2017 年 6 月 29 日发布的中华人民共和国环境保护部令第 44 号《建设项目环境影响评价分类管理名录》执行。自然环境包括生物生活的一定的生态环境、生物环境和地下资源环境。

《中华人民共和国环境保护法》第二条　本法所称环境，是指影响人类生存和发展的各种天然的和经过人工改造的自然因素的总体，包括大气、水、海洋、土地、矿藏、森林、草原、湿地、野生生物、自然遗迹、人文遗迹、自然保护区、风景名胜区、城市和乡村等。

《中华人民共和国环境影响评价法》第二条　本法所称环境影响评价，是指对规划和建设项目实施后可能造成的环境影响进行分析、预测和评估，提出预防或者减轻不良环境影响的对策和措施，并进行跟踪监测的方法与制度。

没有环境评价报告书，任何项目不得立项和实施。

八、价值工程

价值分析（Value Analysis，VA）和价值工程（Value Engineering，VE）是第二次世界大战后发展起来一种科学管理技术和一种技术分析方法，以产品的功能分析为核心，以提高产品的价值为目的，力求有效利用资源和降低成本，实现产品使用所要求的必要功能的创造性设计方法。价值工程涉及价值、功能和寿命周期成本 3 个基本要素，将价值 V 定义为某产品所具有的功能 F 与获得该功能的全部费用 C 之比，即 $V=F/C$。产品（工程）寿命周期成本，包括生产、销售、使用和维修等全部成本；功能则包括必要的基本功能、辅助功能、使用功能和美观功能等。

价值工程是在产品开发设计时间即进行的价值与成本革新活动，因为仍在工程设计时间，故称为价值工程。量产一旦开始，往往为了成本或利润压力，不进行详尽的价值分析难以发掘可以降低成本或提高价值的改善点。此阶段以后持续的分析是降低成本的主要手法，就称为价值分析。

价值工程法 20 世纪 40 年代起源于美国，由劳伦斯·戴罗斯·麦尔斯（Lawrence Delos Miles，1904—1985 年，图 2-2）创立，1946 年起，麦尔斯开始担任通用电气公司的洛克绝缘体公司的采购部经理。在第二次世界大战之后，由于原材料供应短缺，采购工作常常碰到难题。经过实际工作中孜孜不倦地探索，麦尔斯发现有一些相对不太短缺的材料可以很好地替代短缺材料的功能。后来，麦尔斯逐渐总结出一套解决采购问题的行之有效的方法，并且把这种方法的思想及应用推广到其他领域，例如，将技术与经济价值结合起来研究生产和管理的其他问题，这就是早期的价值工程。麦尔斯对其在工作实践有关材料、设计、功能、费用之间的关系和经验进行了总结，发表了一系列关于"价值分析"的演讲和论文。1955年这一方法传入日本后与全面质量管理相结合，得到进一步发扬光大，成为一套更加成熟的价值分析方法。麦尔斯出版的专著《价值分析与工程技术》（*Techniques of Value Analysis and Engineering*，1961年）使价值工程很快在世界范围内产生了巨大的影响。

图2-2　劳伦斯·戴罗斯·麦尔斯（Lawrence Delos Miles，1904—1985年）

价值分析的基本观点是"一个自由企业在全面竞争中的长期成功，在于不断向顾客出售最佳价值，以换取预期的价格。换言之，竞争'决定了一个企业必须采取使价值令人满意'的方针，以达到产品或服务富有竞争能力的结果。这种最佳价值由两个条件所决定：功能和成本。如果一项产品或服务有恰当的功能和成本，则一般就认为有良好的价值。反之，如果一项产品或服务缺少恰当功能和成本，则就认为没有良好的价值。"按此定义，几乎可以确切地说：价值是由于增加功能，或由于降低成本而增加。价值分析（VA）方法可以帮助一个企业的所有部门——设计、制造、采购、销售和管理部门，在以更低成本满足顾客需要方面，得出他们具体问题的更佳答案，当其用于重要决策时，一般可以发现15%～20%或更多的不必要成本，而丝毫不会降低顾客方面的价值。

价值工程（VE）的具体操作可以根据以下目标进行：

（1）提高功能，降低成本，大幅度提高价值；

（2）功能不变，降低成本，提高价值；

（3）功能有所提高，成本不变，提高价值；

（4）功能略有下降，成本大幅度降低，提高价值；

（5）提高功能，适当提高成本，大幅度提高功能，从而提高价值。也可以理解为对下列问题的回答：

① 这是什么？

② 这是干什么用的？

③ 它的成本多少？

④ 它的价值多少？

⑤ 有其他方法能实现这个功能吗？

⑥ 新的方案成本多少？功能如何？

⑦ 新的方案能满足要求吗？

顺序回答和解决这7个问题的过程，就是价值工程的工作程序和步骤。即选定对象，收集情报数据，进行功能分析，提出改进方案，分析和评价方案，实施方案，评价活动成果。各步工作的原则又可以分为以下13条原则：

（1）分析问题要避免一般化，概念化，要作具体分析；

（2）收集一切可用的成本资料；
（3）使用最好、最可靠的情报；
（4）打破现有框框，进行创新和提高；
（5）发挥真正的独创性；
（6）找出障碍，克服障碍；
（7）充分利用有关专家，扩大专业知识面；
（8）对于重要的公差，要换算成加工的费用来认真考虑；
（9）尽量采用专业化工厂的现成产品；
（10）利用和购买专业化工厂的生产技术；
（11）采用专门生产工艺；
（12）尽量采用标准；
（13）以“我是否这样花自己的钱”作为判断标准。

可以看出，其中第 1 条～第 5 条是属于思想方法和精神状态的要求，提出要实事求是，要有创新精神；第 6 条～第 12 条是组织方法和技术方法的要求，提出要重专家、重专业化、重标准化；第 13 条则提出了价值分析的判断标准。

价值工程和价值分析的应用大至可以是一项建设工程或者一项成套技术项目，小至可以是企业生产的任何产品，在原材料采购方面也可应用此法进行分析。具体应用包括：

（1）工程价值分析；
（2）产品价值分析；
（3）技术价值分析；
（4）设备价值分析；
（5）原材料价值分析；
（6）工艺价值分析；
（7）零件价值分析和工序价值分析；
（8）经营品种价值分析；
（9）施工方案的价值分析；
（10）质量价值分析；
（11）产品价值分析；
（12）管理方法价值分析；
（13）作业组织价值分析等。

价值工程不仅是一种提高工程和产品价值的技术方法，而且是一项指导性决策，有效管理的科学方法。在工程施工和产品生产中的经营管理也可采用这种科学思想和科学技术。

价值分析中能够确定的方案数量以及实施成果的大小与情报的准确程度、及时程度、全面程度紧密相关。有了较为全面的情报之后就可以进入价值工程的核心阶段——功能分析。在这一阶段要进行功能的定义、分类、整理、评价等步骤。经过分析和评价，可以从多种方案中筛选出最优方案加以实施。在决定实施方案后应该制定具体的实施计划、提出工作的内容、进度、质量、标准、责任等，以确保方案的实施质量。为了掌握价值工程实施的成果，还要组织成果评价。成果的评价一般以产生的经济效益和社会效益为主。

第三节　工程管理理论和方法

工程管理包括工程项目管理和建设工程管理两方面的含义，工程项目管理是建设工程管理中的一个组成部分，工程项目管理的工作仅限于在项目实施期的工作，建设工程管理则涉及项目全寿命期。建设工程管理工作是一种增值服务工作，其核心任务是为工程的建设和使用增值。工程管理是管理科学在工程中的应用。

管理科学产生于 19 世纪末 20 世纪初，是随着资本主义工业的发展而逐渐形成和发展起来的。被称为“科学管理之父”的美国管理学家、经济学家弗雷德里克·温斯洛·泰勒（泰罗）（Frederick Winslow Taylor，1856—1915 年，图 2-3）在其《科学管理原理》（*The Principles of Scientific Management*，1911 年）一书中提出了科学管理理论。20 世纪以来，科学管理在美国和欧洲大受欢迎。100 多年来，科学管理思想仍然发挥着巨大的作用。管理科学至今历经古典管理理论、行为科学理论和现代管理理论三个发展阶段。三个阶段并没有截然的分届期，也不是前一个阶段结束后一个阶段才开始。事实上，各种管理理论的产生虽然有先有后，但在产生之后，却是并存发展的，且相互影响，也存在着继续、借鉴关系。

图 2-3　弗雷德里克·温斯洛·泰勒（泰罗）（Frederick Winslow Taylor，1856—1915 年）

一、古典管理理论和方法

古典管理理论是 19 世纪末 20 世纪初西方管理理论的总称。由泰罗的科学管理理论、法约尔的管理过程理论和韦伯的古典行政组织理论构成，主要是系统地研究企业生产过程和行政组织管理，着重研究车间生产，如何提高劳动生产率，着重探讨大企业整体的经营管理，突出行政级别组织体系理论。

1. 科学管理理论和方法

泰罗在《科学管理原理》中提出了关于劳动管理的四条原则，也就是所谓的泰罗制（Tailor System）。①提高效率：选择技术熟练的工人，对工人劳动的每个要素规定一种科学方法，以替代老的单凭经验的劳动操作方法，工时定额化，以“第一流的工人在不损害其健康的情况下维护较长年限的速度”为标准，制定合理的日工作量。②劳动方法/程序标准化：制定各种工序的标准操作规程，实现工具、机械、材料、作业环境的标准化，对工人进行挑选、训练、教育和培养，发展他们的劳动技能，按照标准的作业方法和合理的组织与安排，确定工人一天必须完成的标准的工作量，有差别地计件付酬，按照工人是否完成其定额而支付不同的工资，对完成和超额完成工作定额的工人，以较高的工资率计件支付工资，对完不成工作定额的工人，则以较低的工资率，支付工资，甚至使他们得不到基本的日工资。③管理职能化：管理者与工人进行明确、适当的分工，经营管理者承担计划职能，工人承担执行职能，制定科学的定额和标准化的操作方法及工具，拟订计划并发布指示和命令，将管理的工作予以细分，使所有的管理者只承担一种职能。比较“标准”和“实际情况”，进行有效的控制工作，管理者比工人应承担更能胜任的工作。④管理者认真与工人合作，以保证各项工作按制定的科学原则进行。

图 2-4　亨利·法约尔（Henri Fayol，1841—1925 年）

2. 管理程序理论和方法

管理过程学派的创始人亨利·法约尔（Henri Fayol，1841—1925 年，图 2-4）把管理实践看作有别于会计、财务、生产、分销和其他典型生意职能的一种功能。他强调管理是工商企业、政府甚至家庭中所有涉及人的管理的一种共同活动。他把管理看作一组普遍的职能，提出了管理的五大职能，即计划、组织、指挥、协调和控制，有 14 条管理的一般原则。

（1）劳动分工原则（Division of Work）　劳动分工属于自然规律。劳动分工不只适用于技术工作，而且也适用于管理工作，应该通过专业化的分工来提高管理工作的效率。但是，“劳动分工有一定的限度，经验与尺度感告诉我们不应超越这些限度。”

（2）权力与责任原则（Authority and Responsibility）　职权赋予管理者必须有命令下级的权力，权力和责任是孪生物，权力、责任和利益应该相符，由有效的奖励和惩罚制度来保证，凡行使职权的地方，就应当建立责任。

（3）纪律原则（Discipline）　没有纪律，任何一个企业都不能兴旺繁荣。制定和维持纪律最有效的办法是：①各级好的领导，②尽可能明确而又公平的协议，③雇员必须遵守和尊重统治组织的规则，领导者要明智地合理运用惩罚，以对付违犯规则的行为。

（4）统一指挥原则（Unity of Command）　一个下级人员只能接受一个上级的命令。

（5）统一领导原则（Unity of Direction）　每一组具有同一目标的组织活动，应当在一位管理者和一个计划的指导下进行。在设置组织机构的时候，一个下级不能有两个直接上级。当组织机构建立起来以后，在运转的过程中，一个下级不能同时接受两个上级的指令。

（6）个人利益服从整体利益的原则（Subordination of Individual Interest to General Interest）　任何雇员个人或雇员群体的利益不应当置于组织的整体利益之上。

（7）人员的报酬原则（Remuneration）　对工作人员的服务必须付给公平的工资。人员的报酬首先要考虑的是维持职工的最低生活消费和企业的基本经营状况，在此基础上，再考虑根据职工的劳动贡献来决定采用适当的报酬方式。不管采用什么付酬方式，都应该做到①保证报酬公平；②能奖励有益的努力和激发热情；③不超过合理限度。

（8）集中的原则（Centralization）　下级参与决策的程度是组织权力的集中与分散的问题，管理当局的任务是找到在每种情况下最适合的集中程度。“如果领导人的才能、精力、智能、经验、理解速度……允许他扩大活动范围，他则可以大大加强集中，把其助手作用降低为普通执行人的作用。相反，如果他愿意一方面保留全面领导的特权，一方面更多地采用协作者的经验、意见和建议，那么可以实行广泛的权力分散……所有提高部下作用重要性的做法就是分散，降低这种作用的重要性的做法则是集中”。

（9）等级制度原则（Scalar Chain）　从最高层管理到最低管理的直线职权代表一个等级链，等级制度就是从最高权力机构直到低层管理人员的领导系列。在一个正式组织中，信息应当按照组织的等级系列来传递，但是，如果遵循等级链结构，则会导致信息沟通路线太长，而使信息传递延迟和失真，那么，可以允许用“联系板”的方式横向交流，条件是所有当事人同意并通知各自的上级。

（10）秩序原则（Order） 人员和物料应当在恰当的时候处在恰当的位置上。每一件物品都有一个最适合它存放的地方，每个人都有他的长处和短处。要对企业的社会需要与资源有确切的了解，并保持两者之间的平衡，要注意消除任人唯亲、偏爱徇私、野心奢望和无知等弊病。

（11）公平原则（Equity） 管理者应当和蔼地、公平地对待下级。公道是实现已订立的协议。但这些协议不能什么都预测到，要经常地说明它，补充其不足之处。为了鼓励其所属人员能全心全意和无限忠诚地执行他的职责，应该以善意来对待下级。当然，管理者不能忽视任何原则，不能忘掉总体利益。

（12）人员的稳定原则（Stability Tenure of Personnel） 雇员的流动率高则工作效率就会低，管理当局应当提供有规则的人事计划，并保证有合适的人选接替职务的空缺。人员的稳定是相对的而不是绝对的，辞职、疾病、退休等都会造成企业中人员的流动，要掌握人员的稳定和流动的合适的度，以利于企业中成员能力得到充分的发挥。

（13）首创精神（Initiative） 想出一个计划并保证其成功是一个聪明人最大的快乐之一，这也是人类活动最有力的刺激物之一，这种发明与执行的可能性就是人们所说的首创精神，建议与执行的自主性也都属于首创精神。首创精神允许雇员发起和实施他们的计划，调动他们的极大热情。对于领导者来说，“需要极有分寸地，并要有某种勇气来激发和支持大家的首创精神”。当然，纪律原则、统一指挥原则和统一领导原则等的贯彻，会使得组织中人们的首创精神发挥受到限制。

（14）人员的团结（Esprit de corps） 鼓励团队精神将会在组织中建立起和谐和团结，为维护团结，要注意一个原则和需避免的两个危险，一个原则即统一指挥的原则，两个危险即①对格言断章取义、各取所需；②滥用书面联系。在处理一个业务问题时，应尽可能直接联系，这样更迅速、更清楚，并且更融洽。当面口头交流要比书面快，并且简单得多，一些冲突、误会在交谈中也容易得到解决。

3. 理想行政组织体系

图 2-5 马克斯·韦伯（Max Weber，1864—1920 年）

马克斯·韦伯（Max Weber，1864—1920 年，图 2-5）理想组织体系的理论要点：①把实现总目标所需要的全部活动划分为各种基本作业，并把这些作业分配给组织中的每个成员，每一个职位都有明确的职责；②各种职位按照等级原则组织起来，形成一个按阶层排列的指挥体系。在这个体系中，每一个下级都要接受其上级的监督与控制，不仅要对自己的行为负责，而且要为自己所属下级的决定和行动对上级负责；③任用人员要根据职务上的要求公开考试选用，组织内的职务是采取委任的办法而不是选举产生的；④管理人员有固定的薪金和明文规定的升迁制度，是一种“职业的”管理人员；⑤管理人员必须严格遵守组织规定的规则和纪律，使之不受任何人的感情因素影响，保证在一切情况下都能贯彻执行指令；⑥组织中的各级官员必须完全以理性为指导，他们都没有个人目标，没有仇视、怜悯、同情，然而却有理性，尽管这种理性带有机械性。韦伯认为，凡具有上述六项特征的组织，可使组织表现出高度的理性化，其成员的工作行为也能达到预期的效果，组织目标也能顺利达成。

这种理想组织理论，在精确性、稳定性、纪律性和可靠性方面优于其他组织体系，但这种组织体系也过分重视形式，忽视了组织成员之间非正式关系的影响；重视成文的规章制度，缺乏弹性。

二、行为管理科学理论和方法

行为科学管理理论始于1924—1932年。行为科学之人际关系学说的创始人、美国艺术与科学院院士乔治·埃尔顿·梅奥（George Elton Mayo，1880—1949年，图2-6）主持了在美国芝加哥郊外的西方电器公司（Western Electric Company）霍桑（Hawthorne）工厂所进行的一系列实验。霍桑实验（Hawthorne Studies）是管理心理学中的一个著名实验，是关于人群关系运动的实验研究，这个研究第一次把管理研究的重点从工作上和从物的因素上转到人的因素上来，在理论上对古典管理理论作了修正和补充，开辟了管理研究的新理论，为现代行为科学的发展奠定了基础，对管理实践产生了深远的影响。试验发现，①人才是企业发展的动力之源；②有效沟通是管理中的艺术方法；③企业文化是寻求效率逻辑与感情逻辑之间动态平衡的有效途径。工人的工作动机和行为并不仅仅是为了金钱收入等物质利益，他们不是“经济人”而是“社会人”，有社会性的需要。受到额外的关注而引起绩效或努力上升的情况称之为“霍桑效应”（Hawthorne Effect）。金钱激励并不影响产能，加薪或不加薪产能都能提升，关键的原因是参与者本身能感到参与其中是个人的光荣，这种心态又形成整个团队的荣誉感，从而导致“情绪性的连锁反应”。团队归属感也能满足个人的心理需求。让员工个人或团队对某项任务决策负责，使得个人或该团队更愿意将该任务视为己任而全力以赴。负责该任务的经理人对于整个事件的肯定与关怀，会使员工明白他们对组织有独特而重要的贡献。经营者要对管理的人性社会面与行为面有更深入的了解。

图2-6　乔治·埃尔顿·梅奥（George Elton Mayo，1880—1949年

行为科学理论特点：①把人的因素作为管理的首要因素，强调以人为中心的管理，重视职工多种需要的满足；②综合利用多学科的成果，用定性和定量相结合的方法探讨人的行为之间的因果关系及改进行为的办法；③重视组织的整体性和整体发展，把正式组织和非正式组织、管理者和被管理者作为一个整体来把握；④重视组织内部的信息流通和回馈，用沟通代替指挥监督的方法，注重参与式管理和职工的自我管理；⑤重视内部管理，忽视市场需求、社会状况、科技发展、经济变化、工会组织等外部因素的影响；⑥强调人的感情和社会因素，忽视正式组织的职能及理性和经济因素在管理中的作用。

三、现代管理理论和方法

现代管理理论是继科学管理理论和行为科学理论之后，西方管理理论和思想发展的第三阶段，特指第二次世界大战以后的 20 世纪 50 年代和 60 年代及以后，出现的一系列学派。现代管理理论是近代所有管理理论的综合，是一个知识体系，是一个学科群，它的基本目标就是要在不断急剧变化的现代社会中，建立起一个充满创造活力的自适应系统。要使这一系统能够得到持续地高效率地输出，不仅要有现代化的管理思想和管理组织，而且还要有现代化的管理方法和手段来构成现代管理科学。

管理过程学派的主要代表人物之一、美国著名管理学家哈罗德·孔茨（Harold Koontz，1908—1984 年，图 2-7）认为当时的学派共有 11 个，即管理过程学派（又称“管理职能学派”或“经营管理学派”）、人际关系学派、社会技术系统学派、组织行为（群体行为）学派、社会协作系统学派（又称“社会合作系统学派”）、管理科学学派、权变理论学派、决策理论学派、系统管理理论学派、经验主义学派和经理角色学派。

图 2-7 哈罗德·孔茨（Harold Koontz，1908—1984 年）

1. 人际关系学派

人际关系学派（Human Relations School）又称人际关系行为学派（Interpersonal Behavior School）。20 世纪 20 年代是“人际关系行为”学派的兴起时期。该学派认为既然管理就是让别人或同别人一起把事情办好，那么人与人之间的关系问题就是很重要的管理问题。该学派将社会科学既有的和管理新提出的有关理论、方法和技术用于研究人与人之间以及人的个体研究中，从个性特点到文化关系，范围广泛。该学派的主要代表人物有梅奥、弗里茨·朱利斯·罗特利斯伯格（Fritz Julies Roethlisberger，1898—1974 年，图 2-8）、亚伯拉罕·哈罗德·马斯洛（Abraham Harold Maslow，1908—1970 年，图 2-9）、赫茨伯格、道格拉斯·麦格雷戈（Douglas McGregor，1906—1964 年，图 2-10）和库尔特·勒温（Kurt Lewin，1890—1947 年，图 2-11）等。

图 2-8 弗里茨·朱利斯·罗特利斯伯格（Fritz Julies Roethlisberger，1898—1974 年）

图 2-9 亚伯拉罕·哈罗德·马斯洛（Abraham Harold Maslow，1908—1970 年）

图 2-10 道格拉斯·麦格雷戈（Douglas McGregor，1906—1964 年）

图 2-11 库尔特·勒温（Kurt Lewin，1890—1947 年）

该学派认为，以前的各种管理理论主要强调的是管理的科学性和严密性，没有重视人的作用，而是把工人当作机器的附属品对待。该学派主张重视人的因素，把人作为管理学的对象主体，研究人的个体行为和群体行为，强调满足员工的社会需求。该学派的基本观点有以下几方面。① 工人是“社会人”，是复杂的社会系统的成员。② 企业中除了“正式组织”之外，还存在着“非正式组织”。“非正式组织”又称“非正式团体”或“非正式群体”，它是没有明文规定的、带有鲜明的情绪色彩、以个人之间的好感和喜爱为基础而结成的朋友和同伴团体。③ 领导能力应该表现为通过提高职工的满足度，激励职工的“士气”，从而达到提高劳动生产率的目的。社会中的人不仅有追求物质利益的欲望，还有追求人与人之间的友情以及安全、归属等方面的社会和心理欲望，领导能力就是要在“正式组织”的经济需求和工人的“非正式组织”的社会需求之间保持平衡。代表性的研究理论主要有：梅奥和罗特利斯伯格的有效管理理论、马斯洛的“需求层次理论”、赫兹伯格的“双因素理论”、麦格雷戈的Y理论和阿吉里斯的“不成熟-成熟理论”、勒温的“团体动力论”（Group Dynamics，又译成“群体动力论”）、“场论”与“守门人”理论等。

梅奥和罗特利斯伯格的有效管理理论认为所谓有效的管理，实际上就是通过有效的传播活动达到管理目的的活动。

图 2-12　马斯洛需求层次论示意图

马斯洛的需求层次理论将人的需求分成5个层次（图2-12），由下（最基本的，优先的）而上（最理想的）依次为：生理需要，安全需求，社会需求，尊重需求和自我需求。5个层次的需求彼此关联，最优先的需求目标将主导人的意识，会激发人的相应行为。生理和安全的需求是自然人生存的基础层次，尊重与自我实现则是作为社会人的较高层次和高层次的需求。介于基础层次和高层次需求之间的需求，则是“社交的”需求，是自然人社会化的必然需求。在生理、安全与社交方面的需求没有得到合理满足之前，一般来说，高层次的需求并不重要。人的需求是不可能完全满足的，优先等级定位越高，需求满足的程度就越低。

赫兹伯格的双因素理论是针对马斯洛需求层次论的一种修改，认为影响员工对工作的满意度的因素有两大类，一类是激励因素，即能够导致员工对工作满意的因素，如成就、赏识、具有挑战性的工作、晋升、工作中的成长等；还有一类是保健因素，如公司的公司政策、管理措施、人际关系、工作条件、工资、地位及职业稳定性等。这类因素不会起到激励员工的作用，但必须处理好，否则员工会产生不满。

图 2-13　克里斯·阿吉里斯（Chris Argyris，1923—2013 年）

克里斯·阿吉里斯（Chris Argyris，1923—2013 年）的“不成熟-成熟”理论认为，社会现实的管理制度压抑着人们在人格上成熟。健康的人从婴儿到成人，在心理上有从不成熟向成熟的自然发展过程。在这个过程中，人格会发生 7 种变化。成长的过程是个体自我世界扩大的过程，是连续发展的过程，也是从被动到主动、从依赖到独立、从缺乏自觉自制到自觉自制的过程。经历了成长过程之后，人的进取心和各种能力，如迎接挑战的能力，都会提高。随着成长不断继续，自我觉醒的意识会将其自身的目标与所处的环境进行比较，因此，在组织中个体所处的位置代表了个体自我实现的程度。对于正式组织而言，传统的原则是：分工专业化，结构等级层次化，领导集中统一化，逻辑化程度很高。正式的组织希望消除个人的性格差异给工作带来的影响，每个人的行动整齐划一，严格按照组织的规章制度行事，要求员工处于依赖、被动、从属的地位。阿吉里斯认为：正式组织与成熟个体之间存在矛盾，这种矛盾导致了组织中的混乱，混乱又导致个体的短期行为和思想矛盾，表现为：员工离职（离开组织）频繁；有些人为了晋升而不择手段；群体普遍产生对组织目标的漠视或抵触情绪等。阿吉里斯指出，拙劣的管理阻碍人走向成熟，而良好的管理会促进人走向成熟。如何解决个体成长和组织原则之间的矛盾是管理者长期面对的挑战，领导者的任务之一就是努力减少这种不协调。在实践中，为了在健康的组织中培养出健康的个人，应协调组织和个人的需要，要求管理者应该注意应用以下办法：工作扩大化；实行参与式的以员工为中心的领导方式；加重员工的责任，激发责任心和创造性；更多依靠员工的自我指挥和自我控制；实行“以现实为中心”的领导方式等。上述变化虽然是自然的过程，但是，由于现实状况和企业管理制度的约束以及外界的影响，如工作简单、机械，管理上强调集权和服从，工人无力支配环境等，这些因素都使工人的成熟受到阻碍。

勒温“团体动力论”和“场论”的核心是强调“群体”对“个体”影响和作用，诸如群体气氛、群体成员间的关系、领导作风对群体性质的影响等群体生活的动力方面。心理场是勒温心理学体系中一个最重要的概念，同时也是其理论的核心。勒温从物理学中借用“场”的概念说明心理学问题，认为心理场是一个人的生活经验和未来思想愿望构成的总和，随着个体年龄的增长和经验的累积，其心理场在数量上和类型上会不断丰富和扩展。每个人心理场是有差异的，但总的来说，如果一个人的生活阅历越丰富，那么他的心理场的范围一定就越大，层次也越多。团体动力学的基本概念是生活空间，包括人与环境。但人既是个体的存在，也是团体组成的存在；环境既是物理的、心理的，也是社会的。个体不是孤立的个别属性的机械相加，而是在一定的生活空间里组成了一个完整的系统。因此，团体绝不是互不相干的个体的集合，而是有着联系的个体间的关系。团体特征并不由每个个体决定，而是由团体成员相互依存的内在关系决定的。虽然团体的行动要看构成团体的成员本身，但已经建立起来的团体有着很强的纽带作用，它使个体成员的动机与团体目标高度一致，难以区分。所以，使团体发生变化而改变其个体要比直接改变个体容易得多，这就是整体比部分重要得多的场论的基本思想。

“团体动力学”主要包括五方面的内容：团体内聚力，团体成员之间的相互影响力，领导方式与团体生产力，团体目标与团体成员动机以及团体的结构性。

群体内聚力是作用于所有成员并促进其参与群体活动的各种力的组合。提高群体内聚力可以产生效果如下：

（1）群体成员的责任性行为；

（2）成员之间的相互影响；

（3）价值取向的一致性；

（4）成员安全感的发展；

（5）群体生产力的提高。

群体成员间的压力使所有成员的行为趋向一致，所以通常又被归之于群体标准。团体中的求同压力主要有两种：一种是当一个人发现自己的观点和行为与他人不同时所产生的内在压力；另一种是那些试图影响他人行为的成员所施予的外在压力。团体成员间的这种心态类似于我国传统的中庸文化。

任何群体都会有一种目标，一种存在和行动的理由。被群体所选定的目标，在很大程度上决定该群体的行为，群体作用的发挥程度，成员对群体的依赖性，成员的态度和信心等。研究表明，群体目标与成员的个人动机是密切相关的，尽心接受群体目标的成员会表现出最为强烈的需求动机，并努力为使群体达到目标而工作。

领导者的素质及其领导作风，在所有的群体生活中占有非常重要的地位。在群体动力学中，一般把领导作为群体的一种功能来研究，这涉及群体性能的发挥以及群体生产力的高低。另外，对领导方式的研究将有助于解决如何调动群体成员内在活力的问题。

当一个群体在其成员之间的关系安排上获得一种稳定时，它也就拥有了一定的结构。群体结构变量包括：正式领导、角色、规范、地位、群体规模、群体构成。群体结构塑造群体成员的行为，使人们有可能解释和预测群体内大部分的个体行为以及群体本身的绩效。群体中包含正常成员、非正常成员、领导成员和孤立者，其中，正常成员接受并遵守群体的绝大多数规范，非正常成员接受其中的某些规范而拒绝其中的一项或几项规范，但仍是群体成员之一，领导成员在保持群体的团结方面做出最大的贡献，而孤立者却基本上不属于群体，通常向往另外一个群体。

麦格雷戈在比较阿吉里斯的“不成熟-成熟”理论及勒温的“团体动力理论”和“场论”后，在 1957 年提出了其著名的 X＋Y 理论。X 理论指传统的理念，认为：①一般人是天生懒惰的；②大多数人缺乏上进心，不愿负责，宁可受人领导；③他们的私心很重，往往无视组织的需要；④这些人天生抵制变革；⑤这些人缺乏理智，不能克制自己，容易受人影响；⑥人可以分为两类，一类是上述占大多数的部分，另一类是少数人，他们能够克制自己，所以这部分的少数人应该负起管理的责任。持这类观念的管理者主张：①管理者应该关注的是提高生产率，完成生产任务。其主要职能是计划、组织、经营、指引、监督；②对于员工，管理就是引导他们努力工作，让他们适应工作和组织的要求；③没有管理者的介入，员工会对组织采取消极，甚至拒绝的态度，必须说服、奖励、处罚、控制他们。麦格雷戈认为，虽然这些理念被管理者广泛接受，但是并不正确。麦克雷戈仔细研究了阿吉里斯的理论和马斯洛的理论之后，针对 X 理论发表了他的 Y 理论，认为：

（1）工作中的体力和脑力劳动像游戏和休息一样自然，厌恶工作不是普通人的本性。工作可以使人达成某种满足，人会自愿去执行；也可以是一种处罚，受处罚者只要有可能就想逃避。究竟是哪一种情况，要看环境而定。

（2）控制和处罚不是使人们努力达到组织目标的唯一手段。它甚至是对人的一种威胁和阻碍，使人放慢了成熟的脚步。员工对要达到的目标会表现出自我引导与控制。

（3）人的自我实现的要求和组织要求是没有矛盾的。如果给人以适当机会，个人目标和组织目标就能统一。

（4）在适当条件下，普通人不仅能学会接受职责，而且还能学会谋求职责。逃避责任，缺乏上进心以及注重安全感，这往往是经验的结果而不是人的本性。

（5）在解决组织的困难问题时，一般人都能发挥出想象力、聪明才智和创造性。

（6）在现代工业社会中，普通人的智慧潜力只得到了部分发挥。

2. 群体行为学派

群体行为学派（Organizational Behavior School）形成于 20 世纪 30 年代。最早研究活动是霍桑实验。该学派从人际关系学派中分化出来，两者关系密切，其关心的主要是群体中个人的行为，而不是人际关系。主要代表人物有梅奥、勒温、克里斯·阿吉里斯等。以社会学、人类学和社会心理学为研究基础，提出“团体动力学”概念，强调群体中的人的行为，包括小群体的文化和行为方式，以及大群体的行为特点。把大型群体的行为称为“组织行为”。其中“组织”一词被用来表示公司、企业、政府机关、医院以及任何一种事业中一组群体关系的体系和类型。主要代表作有阿吉里斯的《个体与组织：互相协调的几个问题》（*The Individual and Organization: Some Problems of Mutual Adjustment*）等。他提出“不成熟-成熟”理论，认为组织中的个人要经历从不成熟到成熟的成长过程。个体在组织中所处位置一定意义上代表了个体自我实现的程度。正式组织的专业化分工、等级层次、集中统一领导等原则与成熟个性之间存在矛盾，这种矛盾可能导致组织的混乱及个体在短期内行为和思想发生矛盾。如何解决个体成长和组织原则之间的矛盾是管理者长期面对的挑战，领导者的任务之一就是努力减少这种不协调。

3. 社会协作系统学派

社会协作系统学派又称“社会合作系统学派”（Social Cooperation System School）。

图 2-14　切斯特·欧文·巴纳德（Chester Irving Barnard, 1886—1961 年）

1938 年，近代管理理论奠基人、美国著名管理学家切斯特·欧文·巴纳德（Chester Irving Barnard，1886—1961 年，图 2-14）在其著作《经理人的职能》（*The Functions of the Executive*）中，他把各类组织都作为协作的社会系统来研究，提出了一系列与传统组织和管理理论完全不同的观点。认为组织是一个复杂的社会系统，组织包含 3 个要素：能够互相进行信息交流的人；组织是由个人组成的协作系统；个人只有在一定的相互作用的社会关系下同他人协作才能发挥作用，这些人愿意做出贡献，实现一个共同目的。任何正式组织都应有协作意愿、共同目标和信息沟通。非正式组织是不属于正式组织、不受正式组织管理的个人联系和相互作用以及有关集体的总和。管理者在系统中应处于相互联系的中心，建立和维持一个信息联系的系统，协调组织成员的行动，规定、解释目标并处理个人目标与组织目标的矛盾。促成必要的个人努力，提出和制定目标。他开创的管理理论体系被称作社会系统学派（Social System School）。该学派把人际行为和群体行为两个方面引导到一个协作系统中，并把协作系统的概念扩大到任何一个具有明确目的的协作集体中。

4. 社会技术系统学派

社会技术系统学派（Sociotechnical Systems Approach）起源于 20 世纪 40 年代。该学派认为，组织既是一个社会系统，又是一个技术系统，并非常强调技术系统的重要性，认为技术系统是组织同环境进行联系的中介。主要代表人物有英国塔维斯托克人际关系研究所（The Tavistock Institute of Human Relations）的埃里克·兰斯当·特里斯特（Eric Landsdown Trist，1911—1993 年，图 2-15），他通过对英国达勒姆煤矿采煤现场的作业

图 2-15　埃里克·兰斯当·特里斯特（Eric Landsdown Trist，1911—1993 年）

组织进行研究后提出了技术系统论。社会技术系统学派认为有以下观点。①为了更好地提高生产效率与管理效果，要解决管理问题，只分析社会协作系统是不够的，还必须分析研究技术系统对社会的影响，以及对每个人的心理影响。②企业需要对社会系统和技术系统进行有效的协调，当二者之间发生冲突时，通常应在技术系统中做出某些变革以适应社会系统。③管理的绩效以至组织的绩效，不仅取决于人们的行为态度及其相互影响，而且也取决于人们工作所处的技术环境。④管理人员的主要任务之一就是确保社会协作系统与技术系统的相互协调。社会技术系统学派的大部分著作都集中于研究科学技术对个人、对群体行为方式以及对组织方式和管理方式等的影响，因此，特别注重于工业工程、人-机工程等方面问题的研究。主要代表作有《长壁采煤法的某些社会学和心理学的意义》（*Some Social and Psychological Consequences of The Long-wall Method of Coal-getting*）、《社会技术系统的特性》（*On Ocio-Technical Systems*）等。

5. 管理过程学派

图 2-16　詹姆斯·穆尼（James Mooney，1884—1957 年）

管理过程学派（Management Process School）又叫管理职能学派、经营管理学派，主要致力于研究和说明"管理人员做些什么和如何做好这些工作"，侧重说明管理工作实务。创始人是法约尔，代表人物有哈罗德·孔茨，亚历山大·汉密尔顿·丘奇（Alexander Hamilton Church，1866—1936 年），詹姆斯·穆尼（James Mooney，1884—1957 年，图 2-16）等。该学派在西方是继古典管理理论学派和行为科学学派之后影响最大、历史最久的一个学派。古典管理理论的代表人物之一法约尔是这个学派的创始人，该学派后来经哈罗德·孔茨等发扬光大，成为现代管理理论中的一个主流学派。

图 2-17　西里尔·奥唐奈（Cyril O' Donnell，1900—1976 年）

管理过程学派是以管理的职能及其发挥作用的过程为研究对象的，认为管理就是通过别人或同别人一起完成工作的过程。管理过程与管理职能是分不开的，管理的过程也就是管理的各项职能发挥作用的过程。哈罗德·孔茨和西里尔·奥唐奈（Cyril O'Donnell，1900—1976 年，图 2-17）在《管理学原理》中把管理职能分为：计划、组织、用人、领导和控制 5 种。对每种职能也提出了基本问题：职能的特点、目的、基本结构、过程、技术、方法以及其优缺点，有效实施职能的障碍以及如何排除这些障碍的手段和方法。管理过程学派很强调管理的概念、理论原则和方法，认为管理工作是一门艺术，其理论和方法具有普遍性的意义。这些职能中的每一项都对组织的协调有所贡献。因此，协调本身并不是一种独立的职能，而是有效地运用了这些职能的结果。①计划是 5 种管理职能中最基本的一项职能，它涉及的问题是要在未来的各种行为过程中做出抉择，其他 4 项管理职能都必须反映计划职能的要求。②组织职能的目的是设计和维持一种职务结构，以便人们能为实现组织的目标而有效地工作。孔茨指出，为了使组织职能有效地发挥作用，必须克服组织工作中的一些常见错误和缺陷，如不能恰当地拟订计划、不能明确划分各部分和各层次的职权关系、不向下级授权或授权没有节制、职权界限和信息界限混乱、权责不相称、参谋机构运用不当、滥用职能权力或服务部门、多头领导、组织机构重叠等。③人事职能包括职工的选择、雇用、考评、储备、培养以及其他有关人力资源的开发和利用工作。关于选择雇用工人这个环节，孔茨和奥唐奈提出了 4 类常用的方法：智力检测、熟练和适应性测试、职业测验和性格测验。④指挥与领导就是引导下级人员有效地领会和出色地实现企业的既定目标。因此，要了解领导和指挥的性质，首先要考察企业的目标和人的性质。企业的目标是生产某种产品或劳务。为了实现企业的目标，就要把生产中各种要素组织起来，在这些要素中最重要的是人的因素。因此，激励就成为指挥与领导职能的一项重要内容。激励可被看作从需要出发直到需要满足的一系列连锁反应。有关激励的理论研究和实际应用表明，必须以一种系统和权变的观点看待激励，因为激励是一个很复杂的问题，同时受很多变量的影响。此外，信息交流也是指挥与领导职能中的一项重要因素。信息交流必须明确、完整，并能利用非正式的沟通补充正式管道的信息交流。⑤控制职能就是按照计划标准衡量计划完成情况并纠正计划执行中的偏差，以确保计划目标的实现。

图 2-18　赫伯特 · 亚历山大 · 西蒙（Herbert Alexander Simon，1916—2001 年）

6. 决策理论学派

决策理论学派（Decision Theory School）是在第二次世界大战之后发展起来的，以社会系统论为基础，吸收了行为科学和系统论的观点，运用电子计算机技术和统筹学的方法的一门新兴的管理学派。代表人物有赫伯特 · 亚历山大 · 西蒙（Herbert Alexander Simon，1916—2001 年，图 2-18）和詹姆斯 · 马奇（James March，1928—2018 年，图 2-19），其主要理论为：管理就是决策。组织中的经理人员的重要职能就是做决策，任何作业开始之前都要先做决策，制订计划就是决策，组织、领导和控制也都离不开决策。决策过程包括搜集情况、拟定计划、选定计划和评价计划 4 个阶段，每一个阶段本身就是一个复杂的决策过程。用“管理人”假设代替“理性人”假设，“管理人”不考虑一切可能的复杂情况，只考虑与问题有关的情况，采用“令人满意”的决策准则，从而可以做出令人满意的决策。经常性的活动的决策应程序化以降低决策过程的成本，只有非经常性的活动，才需要进行非程序化的决策。

图 2-19　詹姆斯 · 马奇（James March，1928—2018 年）

7. 系统管理学派

系统管理（System Management）的内容包括系统哲学、系统管理和系统分析。系统是一种有组织的综合整体，企业作为一个系统进行设计和经营，可按照系统的要求进行组织和运行，确定一个最优的解决方法或实际行动。社会系统学派（Social System School）的代表人物切斯特 · 巴纳德最早提出了协作系统的概念，并指出管理的

图 2-20　玛丽 · 派克 · 福莱特（ Mary Parker Follett， 1868—1933 年 ）

职能就在于保持组织同外部环境间的平衡。在 20 世纪 30 年代，玛丽·派克·福莱特（Mary Parker Follett，1868—1933 年，图 2-20）也明确地提出了管理的整体性思想，她把企业组织视为一个不断运动着的统一整体，指出管理必须着眼于整体内部的协调。此后，管理科学学派也把系统分析作为一种基本方法用于解决某些工程项目的规划和做出复杂管理问题的决策上。但是，应用一般系统理论建立一种管理理论并形成为一个学派，则是 20 世纪 60 年代的事情。

8. 权变理论学派

权变理论学派（Contingency Theory School）兴起于美国 20 世纪 60 年代末、70 年代初，是在美国经验主义学派上进一步发展起来的，创始人是杰伊·洛希（Jay Lorsch，图 2-21）。该学派认为有以下观点。①环境不断变化，不存在一成不变、普遍适用、理想的组织管理模式。管理取决于环境，在管理中要根据内外条件随机应变，权变的意思是权益应变。②环境变量和管理变量之间存在“如果-就要”的关系，也就是说，“如果”发生或存在某种环境情况，“就要”采用相应的管理思想、管理方式来更好地达到组织目标，这种函数就是权变关系。“如果-就要”关系是权变管理理论的核心内容。环境变量有外部和内部两个方面，外部环境又分为两种：一种是由社会、技术、经济和法律、政治组成的，一种是由供应者、顾客、竞争者、雇员和股东等组成的。内部环境基本上是正式的组织系统，包括组织结构、决策程序、交流与控制以及技术状况等。管理变量指各种管理观念和技术。组织应根据不同的关系采取适当的管理方法。③为了很好地解决问题，需要在大量调查研究的基础上，对组织情况进行分类并建立模型，最后选择有效的组织方式并进行适当的调整。权变理论被看作是一个动态的过程，对不同的对象应采取不同的管理模式。如生产一线的体力劳动群体的劳动成果易于被计量和检测，对于本企业来说，计件报酬也不是一成不变的，对于大批量简单品种的生产，单件报酬应该低一些，对于小品种试制新产品的计件报酬则应高一些。技术工人、一般技术员、重要管理人员、部分研究开发产品的人员的工作专业性强，不易替代，工作内容相对稳定。他们不仅着眼当前的报酬，更关注企业发展和自身成长。工作分配要许以重任，让其使命感与责任感倍增，激发其创新潜能和工作热情。对于以体力劳动为主的工人群体，挣工资养家是主要目的。因此，对其要重物质激励，重短期激励。对于体力脑力均衡的劳动者，他们不仅考虑物质利益，且重视自身发展和提高，需要赢得管理者的重视和信任，让自己的能力被重视，以激发其更努力地去工作。人是在不断发展变化的，因此，激励方式要因人而异、要因时而异。年轻人刚参加工作时最迫切的需求是被关心和工作上的指导。当工作已能胜任时，他们则需要完善自己的工作，此时，迫切希望能得到技术上的发展和生活水平的提高。这时最需要的是物质激励和给予他们学习提高的机会。当其走向工作成熟期时，要给予他们发挥自身才能的机会，让他们积极主动开展工作，对他们取

图 2-21　杰伊 · 洛希（ Jay Lorsch ）

得的成就及时给予物质和精神方面的奖励。当进入了成熟期后，工作已成为他们生活不可缺少的部分，他们会主动干好工作。不太计较物质奖励，需要得到尊重和精神上的满足。

图 2-22　亨利 · 明茨伯格（Henry Mintzberg）

9. 经理角色学派

经理角色学派（Management Roles Approach）创立于20世纪70年代。主要代表人物为加拿大管理学家亨利·明茨伯格（Henry Mintzberg，图 2-22），他以对经理所担任的角色的分析为中心来考察经理的职务和工作，以求提高管理效率。该学派采取的方法是，一方面采用日记的方法对经理的工作活动进行系统地观察记载；另一方面又在观察的过程中及观察结束以后对经理的工作内容进行分类，从而更深入地了解经理工作的实质。该学派认为经理要担任10个方面的角色，这10种角色可分为3类：①人际关系方面的角色，包括挂名首脑的角色、联络者的角色和领导者的角色；②信息方面的角色，包括监听者的角色、传播者的角色和发言人的角色；③决策方面的角色，包括企业家的角色、故障排除者的角色、资源分配者的角色和谈判者的角色。

10. 经验主义学派

经验主义学派（Empirical Management School）重点分析成功管理者实际管理的经验，并加以概括、总结出成功经验的共性，使之系统化合理化，并提出建议。经验主义学派（又称为经理主义学派）是研究实际管理工作者的管理经验教训和企业管理的实际经验，强调用比较的方法来研究和概括管理经验的管理学派。创始人是彼得·德鲁克（Peter Drucker，1909—2005年，图 2-23），代表人物有欧内斯特·戴尔（Ernest Dale，1914—1984年，图 2-24）和艾尔弗雷德·普理查德·斯隆（Alfred Pritchard Sloan，Jr.，1875—1966年，图 2-25）等。

图 2-23　彼得 · 德鲁克（Peter Drucker，1909—2005年）

图 2-24　欧内斯特 · 戴尔（Ernest Dale，1914—1984年）

图 2-25　艾尔弗雷德 · 普理查德 · 斯隆（Alfred Pritchard Sloan，Jr.，1875—1966年）

11. 管理科学学派

管理科学学派（Management Science School）将数学引入管理领域，运用数学模型与程序系统的计量方法来制定和表示计划、组织和控制活动，研究和解决管理问题，使管理

图 2-26　埃尔伍德·斯潘赛·伯法（Elwood Spencer Buffa）

问题的研究由定性分析发展为定量分析的管理学派，选择最优方案达到组织的目标。该学派的代表人物有埃尔伍德·斯潘赛·伯法（Elwood Spencer Buffa，图 2-26），霍勒斯·卡文森。主要方法包括：模拟、排队论、判定树法、计划评审及关键路线法、对策论、概率论、线性规划法、库存论和搜索论。

总而言之，各学派虽各有所长，各有不同，但也有共性。

（1）强调系统化　系统化要求人们认识到一个组织是一个系统，也是另一个更大系统中的子系统。应用系统分析方法，从整体角度认识问题，运用系统思想和系统分析方法指导管理的实践活动，解决和处理管理的实际问题，防止片面性和受局部的影响。

（2）重视人的因素　要注意人的社会性，对人的需要予以研究和探索，在一定的环境条件下，尽最大可能满足人们的需要，以保证组织中全体成员齐心协力地为完成组织目标而自觉做出贡献。因为人生活在客观环境中，人们在思想、行为等诸方面，可能与组织不一致。

（3）重视“非正式组织”在正式组织中的作用　利用以感情为基础而结成的非正式组织，在不违背组织原则的前提下，发挥其积极作用，从而有助于组织目标的实现。

（4）运用先进管理理论与方法　各级主管人员必须利用现代的科学技术与方法，提高管理水平。

（5）加强信息工作　利用现代技术，建立信息系统，有效、及时、准确地采集、分析、回馈、传递和使用信息，促进管理的现代化。

（6）结合“效率”（Efficiency）和“效果”（Effectiveness）　把工作效率和对社会贡献的效果有机结合起来，使管理的目的体现在效率和效果之中，产生绩效（Performance）。

（7）重视理论联系实际　接受新思想、新技术，把质量管理、目标管理、价值分析、项目管理等新成果运用于时际管理过程中，归纳总结实践，找出规律性，创造出新的方法，形成新的理论，以促进管理学的发展。

（8）强调“预见”能力　运用科学的方法进行预测，进行前馈控制，从而保证管理活动的顺利进行。

（9）强调不断创新　积极改革，不断创新，利用一切可能的机会进行变革，使组织更加适应社会的变化。

第四节　工程相关的法律法规

工程有大小，但涉及的相关规定一个也不会少，工程计划、规划的提出，立项后工程的设计和实施建设，建成后的工程是否合格等，每一个过程和环节都有要求和控制、评价体系。除了具体的专业标准外，共同的是法律和规章的要求。我国的法规体系由法律、行政法规、部门规章和地方法规构成。与工程相关的法律规章等列举如下。

一、法律

与工程相关的法律主要有《中华人民共和国安全生产法》《中华人民共和国合同法》《中华人民共和国招标投标法》《中华人民共和国土地管理法》《中华人民共和国城市规划法》《中华人民共和国城市房地产管理法》《中华人民共和国环境保护法》《中华人民共和国安全消防法》《中华人民共和国环境影响评价法》《中华人民共和国水法》《中华人民共和国水污染防治法》《中华人民共和国大气污染防治法》《中华人民共和国固体废物污染环境防治法》《中华人民共和国环境噪声污染防治法》《中华人民共和国海洋环境保护法》《中华人民共和国森林法》《中华人民共和国草原法》《中华人民共和国渔业法》《中华人民共和国农业法》《中华人民共和国矿产资源法》《中华人民共和国水土保持法》《中华人民共和国野生动物保护法》《中华人民共和国煤炭管理法》以及《中华人民共和国建筑法》等。

二、行政法规

与工程相关的行政法规主要有《中华人民共和国土地管理法实施条例》《建设工程质量管理条例》《建设工程安全生产管理条例》《建设工程勘察设计管理条例》《中华人民共和国土地管理法实施条例》《中华人民共和国水污染防治法实施细则》《中华人民共和国大气污染防治法实施细则》《建设项目环境保护管理条例》《防治陆源污染物污染海洋环境管理条例》《防治海岸工程建设项目污染损害海洋环境管理条例》《自然保护区条例》《放射性同位素与射线装置放射线保护条例》《化学危险品安全管理条例》《淮河流域水污染防治暂行条例》《海洋石油勘探开发环境管理条例》《陆生野生动物保护实施条例》《风景名胜区管理暂行条例》《基本农田保护条例》等。

三、部门规章

与工程相关的部门规章主要有《工程监理企业资质管理规定》《注册监理工程师管理规定》《建设工程监理范围和规模标准规定》《建筑工程设计招标投标管理办法》《房屋建筑和市政基础设施工程施工招标投标管理办法》《评标委员会和评标方法暂行规定》《建筑工程施工发包与承包计价管理办法》《建筑工程施工许可管理办法》《实施工程建设强制性标准监督规定》《房屋建筑工程质量保修办法》《房屋建筑工程和市政基础设施工程竣工验收备案管理暂行办法》《建设工程施工现场管理规定》《建筑安全生产监督管理规定》《工程建设重大事故报告和调查程序规定》《城市建设档案管理规定》等。

四、地方法规

各地的区域性呈现出多种多样的自然环境、生态特点、产业政策等不同，由此根据地方特点会有相应的地方法规差异，与工程相关的部门规章主要有：《江苏省环境保护条例》《江苏省太湖水污染防治条例》《浙江省防治环境污染暂行条例》《浙江省水污染防治条例》《浙江省海洋环境保护条例》《上海市环境保护条例》《天津市生态环境保护条例》《湖北省环境保护条例》《陕西省土地管理实施办法》《深圳市安全管理条例》《深圳经济特区建设项目环境保护条例》《大连市环境保护条例》等。

我国幅员辽阔，具有立法权的行政区域多，除了国家层面的法律、法规和规章外，各地相关法规可能有很大不同，在涉及法律规章的问题时应详细了解规定要求，仔细研读相关条款，并咨询当地法律专业人士。

社会经济发展加快，人们对文明程度与经济社会适应能力的认识提高，地方法规的制定越来越多，立法速度加快，例如，2019 年很多地方都发布了新的法规，这些法规主要集中在环境保护和安全生产方面，为生态和人的保护和生活质量提高提出了具体法规保障要求。同时也会有不满足社会发展要求的法规被废止，应关注其有效性。

第五节　工程管理中的伦理

一、工程与良心

工程是人类改造自然的建造活动。在工程的建造活动中，工程主体是决定工程内在价值、权力、结构等各种要素的存在者。人类是工程主体，是工程活动的主导者、规划者、操作者和创新者。工程主体包括工程决策者、工程执行者、工程监控者以及工程咨询者等，如勘察设计师、工程师、会计师、施工人员以及管理人员等。工程主体使用自身的智能或体力，同自然界相对抗，决定着工程的目的、功能、规模和质量等；具体的工程实施活动则体现出工程主体的价值观念和价值取向。从理智上控制自身的行为而建造人工物的认识能力和创新能力，是主体思维超越自然物去把握人工物的能力，这种能力强调工程思维的确定性、条理明晰性、工程知识的可靠性、有效性及精确性。工程主体面对工程必须有内在的理性，这种理性区别于工程主体感性的自发性而具有超越性和规范性的品格。工程建设最终是为人服务的，因此，工程的决策、设计、施工和运营的每一个环节中都要体现出以人为本的思想。

工程管理的基本过程依赖于工程经济学与技术经济学的分析和评价。工程经济学主要集中在风险投资、决策敏感性分析和市场不确定性因素分析 3 个方面；技术经济学强调技术可行基础上的经济分析，分析和评价与所处的客观环境，对新技术各可行方案的未来“差异”进行经济效果分析比较，讨论的经济效果问题几乎都和“未来”有关，技术的选择遵从经济性的原则和与社会、经济、技术协调发展的原则。无论是工程经济学还是技术经济学，工程的经济效益回报总是希望投入少，产出多，利润高，技术先进，现代化程度高，管理效率高。

工程的设计主要是确定工程将采取的建设方式，时间进度安排，人力、物力和财力的投入。设计方应该对工程的立项依据和建设目的做充分的了解和理解，科学预算；关注工程寿命的同时，更要关注工程施工过程和用户的便利性、后续的管理、与居民居住环境和自然环境的关系、工程的社会效益；同时考虑社会发展和技术进步可能造成的对工程的影响，采用适当的技术方案保证工程先后连续性。工程的设计可能涉及到国际化的产品，或者特殊地区的要求，设计者应该考虑到文化和宗教等因素。工程的业主应该向设计方提供必要且真实的数据和信息，主动考虑工程的社会责任。工程设计所采用的技术、材料和人员等不得违反法律法规的规定。

工程的实施首先涉及的是施工单位的确定，竞标的中标单位原则上采取低价优先的原则，中标的总包单位可能会进行分段或分子项目分包给其他施工单位甚至没有资质的个人。工程的进展和质量通常可以由第三方监理，最后组织多方参与的项目验收，必要时应该有审计过程。政府、业主、提供资金的金融单位、承包商和监理单位等与工程相关的各方应各司其职，做好本职工作，承担相关义务，及时、经常性地沟通，保证施工安全、工程周边环境和人员安全，不应为了各自的利益置公共安全、环境保护、员工福利、公众健康等不顾，以次充好，偷工减料，疏于监理，枉行管理，偷排超排。

2004 年中国、日本、韩国三国工程院院长在江苏省苏州市发表倡议，要求三国工程“凭良心行事”。2004 年 9 月上海世界工程师大会也提出了工程师的良心问题。的确，工程建设的现实呼唤着工程道德底线——“工程良心”。所谓“工程良心”，就是指工程活动主体在工程实践中形成的一种深刻责任感和自我评价能力，是主体个人意识中各种道德心理因素的有机结合，其独特的成分首先是义务感或责任感。良心古代被定义为“不忍之心”，就是常说的同情心、恻隐之心、羞耻之心等。现代，良心是一种道德意识，是人们在履行对社会和对他人的责任和义务的过程中形成的道德责任感和义务意识的总和，是一定的道德观念、道德情感、道德信念在个人意识中的统一。儒家认为，良心是万化之源，众善之本；良心使人不断趋近圣贤的人格，追求道德上的尽善尽美。工程良心是工程相关各方的良心，是工程活动中的责任和义务，是工程过程中深刻的道德责任意识。良心是名誉的内化；名誉是良心的外化。工程活动作为人类认识世界和改造世界的重要活动，涉及各种各样的利益关系，良心这一道德基本范畴是一种隐藏在人们内心世界的高层次心理活动，是人们内在的精神力量，对人们的工程行为选择和评价必然发挥重要作用。

德国哲学家路德维希·安德列斯·费尔巴哈（Ludwig Andreas Feuerbach，1804—1872 年，图 2-27）曾经把良心区别为“行为之前的良心、伴随行为的良心和行为之后的良心”。根据工程管理的序时，可以从工程决策、工程设计和工程实施 3 个方面考察工程良心的作用：行为之前的作用、行为之中的作用和行为之后的作用。工程立项决策时的问题可以触及良心，如“该工程一定要做吗？”“该工程有益于社会和国家吗？”等。在工程设计时可以问：“工程设计方案影响社会和谐、环境可持续发展吗？”“工程设计方案技术先进可行吗？”“工程设计方案兼顾各方利益了吗？”“工程设计方案成本支出最合理吗？”“工程设计施工方案最优化吗？”等。如果没有，良心会引导工程活动的主体采取措施进行调整。工程施工阶段的问题包括：“工程施工实现了最初的建设目标吗？”“工程施工没有为了政绩改变设计吧？”“工程施工没有为了形象改变设计吧？”“工

图 2-27　路德维希·安德列斯·费尔巴哈（Ludwig Andreas Feuerbach，1804—1872 年）

程施工没有不合理的超预算支出吧?”等。

对于工程质量而言，经济条件是很重要的因素，投资越多，工程质量越好看似是有道理，但是，良心应该是建设质量优、效率高工程的道义保证。因为经济因素仅仅是建设优质工程的必要条件，而非充要条件。如果不讲良心，投入高，不能表明效益就高、工程质量就好。虚高标价、叫价的工程，低质劣质材料、不达标工程，材料跑冒滴漏、以次充好、偷工减料的工程等，经费的投入不会省，但工程质量肯定不会好，中间过程会牟取暴利，监理审计缺位或者应付了事，甚至做假账、出假报告，所以，工程质量与资金投入成正比的先决条件是良心工程。工程相关的因素中还有一个很重要的因素就是政策因素，这是政府的行为，同样牵涉良心问题——行政良心。其他的制度因素、管理水平等也都会影响工程建设的质量。工程是人意志的表现，决定因素最终还在于人，从工程建设时的主管工程政府官员、设计工程师、造价工程师、建造工程师、监理工程师，到工程投入使用后的消费者等，其职业良心——工作的责任感和价值观，对工程质量都具有十分重要的作用。

凭良心办事，做良心工程，会使工程具有前瞻性。在社会进步的过程中，人们向大自然汲取资源，丰富物质财富和提供生活便利。后工业社会时代，人们已经清楚地认识到，不可再生资源大量消耗，环境严重污染，生态急需修复，人类社会进入了要保证可持续发展的时期。工程活动中必须把可持续发展观、科学发展观纳入视野，把节约资源、保护环境放在重要位置。实行全过程污染控制，采用清洁生产技术，生产绿色产品。

工程的建设一般涉及政府、企业和工程师 3 个方面，因此，政府的工程良心、企业的工程良心和工程师的职业良心构成了工程良心的三重性结构。

政府的工程良心由其腐败程度决定，廉洁的政府、全心全意为人民服务的政府，其工作是讲良心的，注重社会的可持续发展，在意老百姓的口碑。主政官员实事求是，不搞浮夸，加强监督审计，就不会出现“政绩工程”“形象工程”“献礼工程”和“面子工程”等，不会为了赶时间节点，不会不顾建设规律不考虑建设质量而赶工期、抢工期，形成表面上的完工。2011 年，高铁南京南站通车不久，北广场上面积 3000 多平方米的花岗岩地砖被工人们全部敲碎重新施工。有市民质疑说，南站刚建好，就出现了如此返工的情况，几千平方米的地砖重新铺设，浪费很大的人力物力财力，是不是因为建设质量不过关呢?建设工程部门的负责人答复说：南站北广场的花岗岩地面其实算不上是重新施工，因为这个原本就是个“临时性”的设施，目的是方便旅客进出站，重做才是为了确保工程质量。因为要保证 6 月 30 日京沪高铁通车，南站北广场的工期非常紧，他们不得已采取了临时在地面铺设花岗岩地砖的方式，以方便旅客进出站，如果不铺这些地砖，大家就要在泥地上行走，肯定不合适。但出于对工程质量负责的考虑，在保证南站通车运营之后，施工方将临时铺设的花岗岩分片，重新按规范安装。施工方表示，南京南站是座百年工程，既要确保按时开通，又要确保工程质量，不得已采取了一些临时措施，希望能够得到市民的理解和支持。那么问题来了：既然是百年工程，为何在乎几个月，非得要在“七一”通车呢？这显然是做成了献礼工程。从另一角度来思考，如果要在“七一”通车，那就应该提早规划，充分考虑到建设的周期，保证质量和效益，遵循工程建设规律，不做拍脑袋的决定。

工业革命将企业推向了社会事务的前台，企业承担越来越多的工程建设重任并日益成为工程技术社会中的中坚力量。政府的角色由工程建设的主要规划者、建设者转变为工程建设的管理者，通过制定和审批工程建设的发展规划、颁布工程标准、制度和规范行使管理职责。除了具有战略意义的重大工程由政府主导外，现代工程建设基本上主要是在政府的管理下，由企业去独立承担完成的。企业以经济效益为目标，因此，在工程建设过程中的良心问题无法回避。良心企业在追求利益最大化同时会自觉履行社会义务，承担社会责任；而以逐利为唯一目标的企业，不仅不讲良心，甚至可能会钻法律的控制，置伦理道德于不顾，做坏事、恶事，不仁不义。

我国工程的立项多与政策和地方的规划有关，自主提出的很少。这里所说的管理中的伦理主要涉及设计和建设施工过程，工程的概念采用狭义的含义，也就是可见的具象的物化形式。参与设计、施工、监理等过程的人员中，工程师是很重要的一个部分，关于工程师的伦理，将在第五章“工程师伦理”中专门讨论。

二、工程决策中的伦理

工程伦理学家习惯于将工程伦理主要定位于工程施工中个体工程师的职业道德，对工程决策中的伦理问题考虑很少。所谓工程决策就是工程决策者针对建造什么样的工程、在哪里建造、如何建造，即要完成的工程任务和需要解决的工程问题，进行权衡和设计，并对未来工程活动的方向、程序或途经、措施等做出选择和决定；在工程的计划、设计、审批阶段，对工程进行可行性论证，决策问题归根到底是一个选择的问题，在传统的工程决策中，决策者主要关注的是经济效益问题和技术问题。没有多种途径或多种方案供选择，就无所谓决策，工程决策包括总体部署和具体实施方案选择两部分。总体部署需要考虑工程的可行性，但重点在于工程总体布局的合理性、协调性与经济性；具体实施方案的选择，是对多个可能的实施方案进行综合评价与比较分析的基础上选择最满意的那一个。工程决策中至少要确立功能目标，即项目建成后所达到的总体功能；技术目标，即对工程总体的技术标准的要求或限定；经济目标，如投资回报率等；社会目标，如对国家或地区发展的影响等；生态目标，如环境目标、对污染的治理程度等。工程决策决定工程整体，决策失误会造成严重后果或灾难。技术是工程的前提，必须以技术可行、可靠为前提，但是没有纯技术的工程，工程决策的过程是价值的分配过程，要承担法律责任以及道德评判。在工程决策中不但要考虑社会公认的伦理道德规范，而且要考虑作为工程项目特殊的伦理诉求。决策应注重效益和效率，维护人民生命财产安全，保护自然和生态环境，彰显公正原则，促进社会稳定，实现可持续发展，涉及传统伦理、可持续发展伦理、生态伦理、环境伦理、责任伦理等多个方面。

在现实生活中，有许多工程的计划和设计都可能存在这样或那样的问题。此时决策中有两个关键因素要优先考虑。①合理的可接受的“代价-收益”比。这里的“代价”和“收益”是综合性的，包括政治、经济、社会、文化、环境、生态、教育、健康和安全等方面。工程带来的所有好的效应就是“有收益”，不好的效应都是“花代价”。②“代价”和“收益”的分配要公平。在代价和收益的分配中歧视和漠视弱势群体的做法是不公平的，可以使用功利主义的方法来决策，但要避免功利主义的弊端，实现效率和公平、目的和手段和谐统一。

工程活动直接影响公众的另一个领域是工程风险。马丁和幸津格认为工程是一种“社会实验”，这种实验给“实验”的对象（公众）带来了一定的风险。但是，什么是可接受的风险？谁来确定这种风险？对第一个问题的回答在很大程度上影响到对第二个问题的回答。科学家和工程师们乐于采用功利主义的方法。通过可能性的产物和伤害的大小来定义风险，他们认为，如果潜在的收益超过了潜在的危害，那么这种风险就是可接受的。因为他们认为公众通常是非理性的，对风险缺乏认识，所以科学家和工程师倾向于由他们来确定风险是否是可接受的。但是，公众却试图将可接受风险、自由和知情同意以及风险和收益的合理分配联系起来。这种考虑是与尊重个体权力的方法更为一致的。

工程的决策，不能推崇技术主义，由专家说了算；也不能单凭良好的愿望，由管理人员说了算；而应该让利益相关者都参与决策，公众听证或决策都是可行的做法。决策程序应民主化，利益相关者可能来自不同领域，其价值观、看问题的立场和角度、信息获得与拥有、利益偏好等都会有差异，应加强沟通、磋商，参与计划和设计方案的讨论，促进技术的改进和革新或新材料的应用，避免伦理两难问题。

要使工程得到“善”的结果，责任性、功利性、公正性及生态性是工程决策的伦理的4个维度，其中，责任性最为重要，责任是工程决策主体建立自律机制和他律机制的基础。工程决策主体只有怀有对各利益相关者和对社会高度负责的责任感，工程活动才会具有长期效益，才能对社会和生态环境产生良好的影响。功利作为衡量人类行为的价值标准，强调道德行为的实际效果，促进社会及其经济的发展，为工程决策提供简单易行的操作标准，是决策中需要考虑的重要维度。追求公正是社会各群体的愿望，弱势群体的利益不应被忽略。工程建设的目的是为了人类的生活更美好，粗放式的发展方式已经不符合现代社会发展的要求，“要发展就一定有污染”“要发展就一定会破坏环境”的论调不该再谈，工程对生态环境和自然环境影响的问题是决策时必须优先考虑的。

只有在道德清楚和概念清楚的情况下，才能更好地识别出工程中的道德问题。因此，应尽可能将道德问题条理化，并将其转化为伦理价值的冲突，然后，应用价值分析方法解决冲突。不同文化或不同生活背景中的人，对于核心价值和等级价值的排列次序和选择方式都会有不同。道德冲突不是简单的对和错的问题，有很多冲突是灰色的，很难区分。但是，无论何种价值体系都有核心价值，当两个核心价值发生冲突时，如何选择取决于问题境遇（问题如何呈现于利益相关者）和一种价值是否比另一种更核心。文化背景的差异产生认知差异，从而导致核心价值冲突。对于复杂工程中的伦理问题，仅进行价值分析是不够的，需要通过更多的事实和信息进行道德判断，从而做出比较明智的决策。

一种将伦理决策制度化的伦理质量管理方法体现了在增强和培养伦理决策可能性的过程中项目管理与责任分配的关系，它将全面质量管理方法调整于伦理反思过程中。这种伦理质量管理试图通过定义技术开发和应用过程中相关各方的伦理责任，将技术与社会的关系转化为企业产品与市场的关系，使抽象的问题具体化，以顾客满意为中心价值来改变技术管理范式。伦理质量管理旨在将全面质量管理的范围扩展到有关一个公司的社会意义，或多或少地从一种股东的视角转向更大范围利益相关者的视角。

在伦理质量管理的视野中，工程中的伦理冲突可以区分为商业惯例的冲突和工程伦理冲突，它们要求不同的解决策略。商业惯例的冲突是指社会规范框架不受影响和价值选择清楚的境遇类型，在这种情况下不需要反思新的伦理范畴或策略，冲突可以由经典的价值分析方法的区分次序和通过直接的伦理规则来解决。商业惯例意味着对竞争价值的判断，伦理决策是基于规则和优先次序的策略。工程伦理冲突是指开发新技术和技术创新过程中带来的新问题，这些问题不是简单应用优先规则就能解决的，它需要反思伦理价值和策略本身，并且有可能涉及对伦理理论的反思，在这种情况下，所有的冲突都会影响到社会规范的框架，或是使第三方卷入冲突。这需要社会群体参与到解决冲突的过程中，冲突不能由工程承担方单独来解决。这需要一种跨学科的反思和决策，需要进一步发展社会规范框架和开发技术来获得合理的解决方案。这表明了工程师要参与到政治决策过程中，因为这种工程伦理冲突需要社会参与。

伦理质量管理通过工程承担方高层管理者建立社会可接受的企业文化，解决商业的冲突对于工程伦理型的冲突，参与到社会冲突解决过程中，包括向社会通报技术创新可能产生的新问题，告知政策制定者和社会成员新技术可能带来的益处和风险。此时的设计工程师们实际上承担了在更大范围内对技术设计进行社会和伦理反思的任务。

三、工程实施中的伦理

工程活动的核心在于实施即工程设计、招投标和施工，有必要从这 3 个方面研究工程活动中的伦理问题。工程和承担者形成“道德联盟”非常必要，不能只是通过有关伦理准则的个人视角来讨论工程伦理问题，而是有将技术的发展和应用视为社会过程中的一部分，当专业人员、所在公司、客户和一般公众的目标相适合时，工程设计才有可能在质量和社会责任方面俱佳。

1. 工程设计中的伦理

人类通过劳动改造世界，创造文明，创造物质财富和精神财富，而最基础、最主要的创造活动是造物。“设计”便是对造物活动进行预先的计划，是指运用科学技术知识和实践经验，通过分析、综合与创造，形成满足某种特定功能系统的一种活动过程。设计是把一种设想通过合理的规划、周密的计划、通过各种感觉形式传达出来的过程。可以把任何造物活动的计划技术和计划过程理解为设计，设计是人类有目的的活动，是人类特有的能动性的表现。“设计”来源于拉丁语的“designare”，意思是“标出（Mark Out)”，是指足够详细地说明某一物质对象以便能够把它制造出来，也就是行动的程序、细节、趋向以及达到某种新境界的步骤和过程。工程设计是人类创造物质文明的活动，它伴随着人类文明的起源和发展，并受自然、社会环境的科技发展水平的制约和社会需求的推动。工程设计是工程技术工作的首要环节和中心环节，为了省力（物理上的力）而费力（精神上的“力”)。工程是技术的应用和使用技术建造人工物的过程，是工程的起点，也是富有文化意蕴的社会性的系统行动。

工程设计首先以人类的认识思维活动来展现价值诉求，它既有目的性，也有预见性。工程设计是一个决策过程，设计者在设计过程中任何点上都可以基于相应的标准进行选择，所以，设计又是一门艺术，而不是严格的科学或完全客观的、具有设计师个人的、文化的、未言明的工程风格。丹麦建筑师约恩·伍重（Jorn Utzon，1918—2008 年，也译成约恩·乌松，约恩·乌特松，图 2-28）设计的 20 世纪最具特色的建筑之一——悉尼歌剧

图 2-28 约恩·伍重（Jorn Utzon，1918—2008 年）

院（图 2-29），虽然是现代的工程，但被联合国教科文组织评为世界文化遗产（2007 年）。

工程设计的伦理原则是贯穿于工程活动全过程的根本的行动指导准则。生态保护原则是工程设计伦理的基本原则，工程设计的伦理评价标准是“以人为本”的人文主义精神。

2. 工程招投标的伦理

1980 年，国务院在《关于开展和保护社会主义竞争的暂行规定》中提出，“对一些适应承包的生产建设项目和经营项目，可以试行招标投标的办法”。1983 年，城乡建设部印发了《建筑安装工程招标投标试行办法》，规定业主通过招标择优选定施工单位，施工单位可通过投标承揽任务，这是建设工程招标投标的第一个部门规章，也是中国第一个对招标投标做出较详尽规定的办法。我国采用公开招标和邀请招标两种形式。随着互联网的迅猛发展，全国和一些省市区都建有招标网站。招标单位信息发布平台的影响范围大，但是，由于我国市场经济尚不完善，竞争不够充分，工程建设管理体制也不完善。在工程招投标过程中，招标人与投标人之间、投标人与投标人之间的信息严重不对称，因此利益各方会采取多种形式，为了争夺利益做出违背伦理的败德行为，避标、假标、串标、陪标、舞弊、行贿、受贿甚至索贿等现象经常发生。

图 2-29 悉尼歌剧院

经济活动的逐利性无可厚非，招投标双方在利益目标上是既相互一致又相互矛盾的，但“君子爱财，取之有道”。招标与投标是交易活动，双方的利益目标是不同的。简单地讲，招标方希望“少花钱办成事”，投标方希望“少投入多收入”。也就是说，招标人希望以合理的标底价格招到最优的任务承担单位，而投标人则希望以最接近标底的报价（最低的成本）得到招标人提供的任务。双方都希望以最小的交易成本争取最大的利益，但双方的利益内容不同，中标人的收益是招标人的支出，双方的利益目标是对立的。虽然大家都希望在招投标过程中公平合理地交易，但是，双方所处的地位不同。竞争机制不健全，双方对公平交易的理解及倾向有所不同，招标人认为公平合理的，投标人不一定认为合理，反之亦然；中标人希望从中标项目中获得期望的收益，而招标人则希望项目建成后从项目的经营中获益；招标人有多个竞标者可供选择，投标人却有多个对手竞争。

在招投标过程中，信息不对称现象是严重的。例如，招标方的标底、资金筹集情况、评标委员会成员和潜在的投标人信息等；投标方（多方）的技术力量、经验、资金垫付能力和信用等级等信息都只有各方自己清楚。投标人对招标工程信息的了解程度也不同，对别的投标人的技术力量、资金力量、经验和投标技巧等也不可能完全清楚。因此，这就产生了招投标各方的利益基础，就可能产生违背伦理的行为。

招投标双方应遵守公平、公正、公开和诚实守信的基本伦理道德。只有这样才能规范招投标工作行为，规范经济秩序，促进工程活动的良性发展。

凡是符合国家或地方有关法律法规规定的招标项目，都必须进行招标，标底必须严格保密，评标必须在严格保密的环境下进行。招标方应当如实载明与招标项目有关的必要的信息，不得将项目化整为零或以其他任何方式规避招标，不得限制或歧视投标人的地区或部门，不得泄露投标的参与方信息，更不得私下与投标人或评委会成员串通，进行假投标、陪标、受贿等。投标方应如实编写投标档，内容真实可靠，不得相互串通。相互传递信息以排挤其他投标人。投标方不得与招标方及评委会成员私下接触、营私舞弊和行贿。评委会成员应当客观和公正地评审，严格保守秘密；不得与投标方私下往来，更不得接受投标方的宴请、财物或参与其他可能影响到招投标结果的相关活动。招投标代理机构应当对投标活动的相关信息保守秘密，不得向外泄露，更不得与招标方和/或投标方串通，搞舞弊行为。工程承包企业和相关行业要设置职业底线和违规高压线，工程师作为企业的雇员要遵守企业的伦理行为规范，接受企业文化理念。

与招标相关的是采购，工程的实施离不开材料、工具和设备等的采购，招标是采购采用的主要形式。采购过程应贯穿公开、公平和公正的核心准则，追求物有所值，价值最大化的价值原则；正当竞争和公平竞争的竞争原则；采购信息程序化和透明化的公开原则；一视同仁和均等对待竞标者的公平原则。食品原料的采购对供货商有特殊的资质要求，如材料的新鲜度、添加剂和保质期等，食品企业应该严格按照规定和标准采购符合要求的原料，不以次充好、降等降价，不得使用国家明令不可使用的材料。

3. 工程施工中的伦理

工程的本质是人类各种利用和改造自然的群体性造物活动方式的总和，是人的本质力量的彰显。工程决策、工程设计和工程评价都是围绕工程施工开展的，工程施工作为工程的实施阶段，是最突出、最复杂的工程实践活动，也是人力物力和财力最集中的阶段。工程评价作为工程的最后一个过程单元或环节，主要针对工程过程、工程实体或存在物做出评判。

没有无约束的工程，工程的约束条件主要包括：时间约束，即建设工期目标；资源约束，即资金、材料和设备等投入目标；结构安全和使用功能约束，主要是指质量目标和水平（如合格工程、优质工程），预期生产能力等；费用约束，即成本或投资控制目标、效益指针；安全约束，即工程安全指针；环境约束，即环保目标。

现代工程是复杂的系统，规模庞大，功能综合，结构复杂，因素众多，还会遇到不确定性等问题困扰，因此，如何找到解决难题的路径和方法对复杂系统进行控制和管理，是工程建造的主要任务。作为非直接因素，工程实施时应进行人性化设计，明确工程施工安全的注意事项以及文明施工等要求，控制工程全寿命期成本。通过协商，兼顾多方，使利益相关者，使工程与环境和谐相处。尊重社区成员个体或族群的道德信念，努力寻找工程相关者共同的、客观的道德视点，追求伦理共识。

工程是社会的工程，现代社会是契约社会，在工程建造活动中，许多工程涉及的经济关系、社会关系要通过法律来调整和规范，以保持正常的工程秩序和良好的法治环境。工程建造过程涉及业主、投资商、承包商、分包商、咨询单位、设计单位、监理单位、政府职能部门、材料设备供货商及相关者（如运营商）等，工程参与者众多，他们是不同的利益主体，有矛盾有冲突，其关系既对立又统一。工程通过“人的群体性实践活动”表现出来，单靠一个人或少数人是无法完成的，任何一项工程建造活动都需要大量的工人（技工、技师）、工程技术人员（包括建造师、研发工程师、造价工程师、质量工程师、安全工程师、设备工程师、监理工程师）、管理人员（如人事管理师、会计师、经济师）、后勤保障人员及相关人员等在项目负责人（或机构）统一指挥下，严格分工和协作，大规模协同配合工作。工程强调组织和管理的作用，对管理的要求更高、更严格，特别讲究团队精神和团队建设，工程凝聚众多单位和人员的智能、劳动和心血。

4. 工程运行的伦理

因为本课程所言的工程分类是指有形的、物化的工程，也就是作为工程目标或者蓝图的项目具体成型，完成了建造过程，所以在建设结束后，会以物象呈现。一般认为工程建成后，可以交付使用，工程的后续作用开始发挥。有些实体不再从事直接的生产功能，如博物馆、住宅、体育场、公路和桥梁等；有些则承担直接的生产功能，如工厂的生产线、发电厂和大型水坝（水电站）等。涉及生产任务的工程需要运行，运行就必须管理，工程运行伦理就是要处理如何协调工程顺畅运行中的多种价值因素问题。

考虑到本书读者不是建筑或土木工程类专业人员，因此，本书不讨论工程完工后不再进行生产的工程实体——静态的工程，如博物馆等建筑物、道路桥梁等基础设施等，只讨论工程完工后必须进行特定的生产活动的工程实体——动态的工程。工程模式主要是针对工程项目在实施阶段结束之后，实体投入使用后的行为状况来划分的。只有那些属于动态模式的工程实体，才涉及一系列运行过程，对运行过程中不同层面的价值选择和道德追问使得关于工程运行的伦理得以凸显。工程运行的伦理广泛地存在于现代产业活动之中，凡是有产业行为，就必然有工程运行伦理。

第一次工业革命，人类从人力、畜力、有限的风力和水力的利用到突破时间、空间限制的蒸汽机动力的全面应用，动力技术发生革命性的变化，此后，工程活动突破个人和小作坊的局限，工程活动走向工厂化、规模化、机械化，实现了产业化，机器代替了手工操作，生产活动的主导模式是工人使用机器进行单件产品的加工制造，要求更多技艺精湛的全能型技术人才和劳动者。20 世纪初，流水线作业革命性地引入现代工厂，对操作者的要求发生了变化，只要求对某一个工序熟悉，而且随着机械化、自动化程度的提高，对其技艺的要求越来越低。劳动者从事流水线重复、简单、密集和高强度的机械操作，工人的作业任务非常简单，不需要太多的专门技术。20 世纪 60 年代末，进入了现代工厂的“后福特制”时代，必须依赖劳动者专业知识和能力的长期积累，于是，又大幅度提高了对工人操作水平的要求。工业革命迅猛发展，现在已经处于工业 4. 0 时代，今后工业革命无疑还会继续升级。从手工作坊工匠（手艺人）到产业工人，从福特制下的工人到后福特制下的工人，从操作者以人为主，到生产在线以机器人为主，人在未来生产模式中的地位和作用发生着日新月异的变化，因而，变化的主体主导下的工程运行具有不同的伦理要求。技术的发展和对先进技术的追求无止境，但技术的应用应符合伦理要求，不能因先进性和独创性等造成工程建设不能完成或不能按预算完成。

工程运行过程中，利益的最大化是最后的追求。在原材料和能源动力、人力资源的安排使用等成本控制上，节俭原则是共同的道德要求。不管是大公司还是小企业，都不会认为浪费是合理的。在生产过程中，不同环节和程序之间的协调、配合要符合高效率的要求。投入产出比最大化、固定设备加快折旧等都是现代产业工程运行中的伦理要求。工程运行伦理的焦点是运行顺畅，如果工程运行不畅，那么节俭、高效、折旧等就无从谈起，没有意义。不同的伦理要求会产生冲突，例如，当要强调效率时，势必会加大成本，加快折旧会加大工人的劳动强度等。所以，工程运行过程中的诸多伦理诉求应以经济利益的最大化为目标互相协调，但是，经济利益仅只是工程运行中不同伦理要求协调的表层尺度，工程运行中人与人、人与社会、人与自然的和谐才是所有伦理要求统一的根本准则。

工程的运行不是一个人或者几个人就能保证的，它是系统的、团体的活动过程，有很多的装备设备和工序程序，因此，工程伦理的要求不仅局限于个人，还涉及岗位和整体要求。要保证生产高效正常运转，涉及生产的所有岗位上的人员都会有伦理的要求，而不仅是机器操作人员的责任；原辅材料的采购供应、能源动力提供、设备装备维修保养、产品销售等方面的人员都有责任。工程运行的伦理实际涉及投资人、管理者、操作者、采购与销售人员等，甚至附近的居民。显然，工程运行的伦理不仅是工程师的困境。作为投资人要为工程运行筹集和准备足够的资金，以支付原材料的供应款项和人员工资、能源动力费用等。管理者，要在生产管理、人员管理、统筹管理等方面合理安排，对投资人负责，保证工程有序运转。工程师，要根据客户和市场的需要设计科学的产品，并在产品的开发上不断创新，提高性能，降低成本。操作工人，要立足岗位，不断提高技术水准，保证产品合格率。后勤保障部门应该围绕生产部门的需要，提供全方位的保障服务。采购、销售人员应该保障供应足够连续生产需要的原料，努力开拓市场，使产供销良性循环，提高资金利用率等。每个环节职能要求的系统化就是保障产业系统或者工程运行运转有序的伦理要求。

工程运行过程中不同环节包含的伦理要求伦理主体始终面临道德选择的境地，成员的责任心和负责精神是工程运行顺畅的伦理保证，每个成员都应进行正确的价值判断并做出适当的抉择，以保证工程的运行符合“人与人、人与社会、人与自然”和谐的要求。

态度决定一切，细节决定成败。在工程运行过程中，每个环节的每个员工都应态度认真，忠于职守，不能出现“华盛顿合作规律”（一个人敷衍了事，两个人互相推诿，三个人则永无成事之日。类似于三个和尚没水喝的故事。）和“水桶定律”（一只水桶能装多少水，完全取决于水桶身上最短的那块木板）的问题，否则这个系统的平衡就会被打断，工程会运行不畅。各方都应该遵守职业道德和责任伦理，明确责任，防患于未然。只有对工程运行过程中的每个环节都拥有高度的责任心和负责精神，才会全力以赴，尽职尽责，才能最大限度地减少失误。

工程伦理要求工程主体不但要做好工程，而且要做好的工程。在以生产为目的的工程运行过程中，具有客观存在的、由工程本身的技术要求和经济规律所决定的程序，但是，任何工程天然的社会属性和服务于人类的本质都不能被忽视，更不能被抛弃。

工程的运行是由人主导的，无论是管理者还是一线操作工都是“工程共同体”的重要组成部分，他们对生产直接负责。人才资源是生产正常有序进行的伦理要求，技术发展进步，信息爆炸式增加，自动化智慧化生产线应用，对人的要求越来越高，也出现了劳动力过剩的状况，劳动密集型的产业除了纯手工的一些地方特色产品加工外，越来越少，现代加工工程只能通过扩大生产规模，提高生产能力才能维持不减员。工人自身应该不断学习，努力提高自己的知识水平、创新能力，掌握熟练技能，能动脑能动手。管理者要提高信息接受能力和运用大数据管理的能力。

工程运行过程中应注重工程文化和企业组织文化建设，组织成员间应多沟通，达成共识，自觉实现由“他律”到“自律”的转变。以明确的组织文化和自身做事的规范化，回避他人不合伦理的要求，尽量做到价值观统一、行事方式规范化、制度化，尽量避免工程中伦理冲突的产生。视具体工程的性质、任务和功能，考虑利益与道义、技术与人文和历史与个性等思想和出发点和侧重点，力求达成共识。不能把管理当成操控工具，不能利用人性中的贪婪和恐惧激发和操控被管理者，应激发人们对善的追求，激发和释放人本身固有的良知，创造价值，为他人和社会谋福祉。

工程伦理的实践需要良性的社会氛围，在法律、标准、合同、规则和市场等形成体系的基础上，共商共建，达成共识，每个相关方都应是良好社会风气形成的参与者和贡献者。一旦出现工程伦理冲突，不应采用遮盖、掩藏的方式和强制、武断的措施，更不要采取不利于社会和谐稳定的极端手段（如强制拆迁），可以综合考虑利益受损方的诉求，充分沟通交流，民主协商，互相尊重，必要时相互妥协，努力寻求各方认可的方式方法解决伦理冲突。

任何工程的建设都是为了人类服务的，从工程立项开始就应该树立工程长久的目标定位，不做形象工程和面子工程。无论哪个国家，不论工程大小，民族的、有特色的才会是历史的。不能善变，不能浮躁，要有战略眼光和品牌意识，一件好的产品、一个好的工程是需要时间的积淀、历史的培育才能传世的。工匠精神是工程伦理中人的道德要求，尤其是对于关乎国计民生的工程，食品工程就是其中之一。食品安全是底线，是食品生产的道德要求，是最基本的工程伦理要求。责任心、伦理观会体现在每个工程的实施环节中、每个产品的生产过程中和每个产品表现的细节上。用对待航天产品的态度来生产食品，必然会有可靠的保证，危害分析与关键控制点（Hazard Analysis and Critical Control Point，HACCP）体系的产生正是这种态度的成果。

食品工程伦理更多涉及食品工厂的建设和运营。食品企业的建设尤其是农村小型食品企业的建设通常被安排在乡镇的工业集中区，企业对周边的环境没有自由选择权，地方政府对此负有责任，不能为了本地眼前的财政业绩随意处置食品加工生产经营企业的选址问题。《中华人民共和国食品安全法》对食品生产和经营进行了严格的规定，第三章将对我国食品生产的相关情况进行具体的介绍和说明。

第三章

食品企业伦理

企业一般是指以盈利为目的，运用各种生产要素——土地、劳动力、资本、技术和企业家才能等，以实现投资人、客户、员工、社会大众的利益最大化为使命，向市场提供产品或服务，实行自主经营、自负盈亏、独立核算的法人或其他社会经济组织。现代经济学理论认为，企业本质上是“一种资源分配的机制”，能够实现整个社会经济资源的优化配置，降低整个社会的“交易成本”。企业是市场经济活动的主要参与者，有 3 类基本组织形式：独资企业、合伙企业和公司，公司制企业是现代企业中最主要的和最典型的组织形式。

企业在生产和经营活动中过分追求利润最大化，以次充好、掺假掺伪、超标或违规添加、不按规定明确标示、虚假宣传或夸大产品功能作用和应用范围、违规超标排放、不顾下游生产者和消费者及生态环境等相关方面的利益和保护违反商业道德的行为，在世界各国都不同程度地存在。这些行为严重扰乱了市场秩序，引起社会对企业的极大不满，因此，企业伦理被人们所重视。

企业伦理观念于 20 世纪 70 年代由美国提出，我国对企业伦理的认识与研究尚处于起步阶段，对企业伦理的内涵尚缺乏了解。有人认为，企业以赚钱作为主要目标，伦理则追求道德规范，两者似乎毫无交集，因此认为企业的经营目标和经营伦理是相矛盾的。社会发展到了发达和较发达的时代，企业对经济性和伦理价值观应该重新思考。

图 3-1　罗纳德·哈里·科斯（Ronald Harry Coase，1910—2013 年）

新制度经济学的鼻祖、原美国芝加哥大学教授、芝加哥经济学派代表人物之一、1991 年诺贝尔经济学奖获得者罗纳德·哈里·科斯（Ronald Harry Coase，1910—2013 年，图 3-1）认为，“经营意味着预测与通过签订新契约，利用价格机制进行操作。管理则恰恰意味着仅仅对价格变化做出反应，并在其控制之下重新安排生产要素。”生产的管理是组织内部的活动，经营是与市场机制相联系的企业活动，因此，企业伦理包括经营伦理和管理道德两部分。

如果企业只追求利润而不考虑伦理，不承担相应的社会责任，则企业的经营活动必定为社会所不容，企业将无以生存。在经济行为的施行过程中，积极承担社会责任，甚至主动为社会提供公益服务，无疑是正能量的表现，会增加企业的美誉度，在获取经济效益的同时，得到更多的社会认可。

树立企业伦理的观念，体现重视企业生产经营活动中人与社会要素的理念，加强企业伦理建设是现代企业必需的。企业伦理（Enterprise Ethics 或 Business Ethics）是企业以行为为主体、以经营为目标，企业领导者在处理企业及所有与企业相关的问题——企业与员工、企业与企业、企业与社会、企业与国家和企业与环境等关系时的伦理精神和道德规范的总和。诚信守法、公平竞争和良好信誉应该是企业最基本的伦理观。

第一节　企业伦理范畴

企业作为社会单位存在，是以特定利益为目的的经济组织，大型企业除管理和经营相关的机构外，还有全面的社会服务功能机构。企业伦理的内容包括内部和外部两部分，内部伦理涉及劳资伦理、股东伦理和经营伦理等；外部伦理涉及客户伦理、竞争伦理和社会伦理等。

一、劳资伦理

企业与员工间的劳资双方应有明确对等的权利和义务，互相信任，关系和谐，代表资方的领导层在管理时应充分体现对员工的人文关怀，科学管理，让员工参与共同管理，为员工提供职业培训和晋升机会，保证员工的福利，根据国家法律规定给员工加班补偿和休假；员工应与企业共进退，以主人翁精神积极进行工作创新，关心企业的发展，提高生产和经营效率，保守企业的商业秘密等。

二、客户伦理

企业与客户间最主要的是服务伦理，产品的售后服务是在产品离厂以后所提供的各种服务活动，既有生产厂商直接提供的，也有经销商提供的，但更多的是以厂家、商家合作的方式展现给消费者的。无论是消费者还是商家，都应该遵守诚信的原则。厂商应给消费者提供必要的产品信息，不得隐瞒、夸大、伪造甚至蒙蔽欺骗。售后服务的好坏直接影响消费者对产品的综合满意程度，售后服务环节是企业保持或扩大市场份额的要件。优质的售后服务是品牌经济的产物，在市场激烈竞争的社会，随着维权意识的提高和消费观念的变化，消费者不再只关注产品的技术和功能性本身。在同类产品的质量与性能相同或相似的情况下，消费者更趋向于选择拥有优质售后服务的产品和产品提供者。

客户服务管理是企业为了建立、维护并发展顾客关系而进行的各项服务工作的综合，其目标是建立并提高顾客的满意度和忠诚度、最大限度地留住老顾客、开发新顾客。客户服务管理的核心理念是企业全部的经营活动都要服从满足客户的需要，以提供满足客户需要的产品和服务作为企业的义务，以客户满意作为企业经营的目标。客户服务包括营销服务、部门服务和产品服务等几乎所有的服务内容。客户服务是一个过程，是在合适的时间、合适的场合，以合适的价格、合适的方式向合适的客户提供合适的产品和服务，使客户合理的需求得到满足、价值得到提升的活动过程。客户服务质量取决于企业创造客户价值的能力，即认识市场、了解客户现有与潜在需求的能力，并将此导入企业的经营理念和经营过程中。优质的客户服务管理能最大限度地使客户满意，使企业在市场竞争中赢得优势，获得利益。

客户服务具有无形性（Intangibility）、不可分割性（Inseparability）、异质性（Heterogeneity）和易逝性（Perishability）的特点。①无形性是商品和服务之间最基本的区别，因为服务是由一系列活动所组成的过程，而不是实物，有形商品可以被感官所感知，而无形的服务是无法被看到、感觉或者触摸到的。②大多数商品都经历生产、存储、销售和消费者使用的过程，而服务的生产与消费是同时进行的、不可分割性的，消费者参与接受服务的全过程。③服务是由人表现出来的一系列行动，由员工所提供的服务通常是顾客眼中的服务，由于一个单位不可能有两个完全一样的员工，也没有两个完全一样的顾客，所以，就没有两种服务是完全一致的，这就是服务的异质性。④服务是由人表现出来的一系列行动，一旦完成就不再存在，服务的易逝性表现为不可储存。客户伦理的核心精神是满足顾客的需求。顾客是企业经营的目的，是企业存在的重要保证。

三、股东伦理

无论企业是股份制还是合伙制，其所有者之间的合作关系应遵循股东伦理。企业最根本的责任是盈利，因此，企业必须积极经营，谋求更多的利润，为股东创造更多的权益。严格清楚地划分企业的经营权和所有权，让专业经理人充分发挥作用，确保企业公司营运自由。企业所有者不应干预经营者的日常经营活动，很多家族式企业经营不善的主要原因就是股东或股权人的关系未能实现各司其职，常有职责不明的情况。

四、竞争伦理

为了追求最高的效率和利润最大化的目的，经济组织或人的经济行为就是相互之间进行“争胜”——争夺市场份额、消费者数量。“纯粹”经济学认为只有市场经济才是正常的，因为：①让市场力量自由发挥作用决定一切，就会导致资源被充分有效利用；②平等只能通过市场竞争机制来实现。这是与经济学理论的利己主义、机会主义假设相一致的，但是在现实中，自由竞争的结果往往超出了“善”的范围，产生大量的社会问题。追求经济效益是利己的行为，竞争行为是经济活动中不可避免的，也是必需的，但企业应自律，为了“利己”不应该“损人”，更不能损人不利己。

竞争的合理性和正当性应基于必要的前提，如①产生社会净福利；②增加生产者的福利；③增加消费者的福利；④促进行业和企业发展。追求自己的利益，促进全体的福利，良性有序的竞争对市场和经济发展是有益的，而同质化的产品和技术势必造成企业扎堆、业务雷同、产品过剩的经营方式和经济态势，结果必然导致价格大战，生产上偷工减料，服务上大打折扣，损害消费者的利益，形成恶性循环，甚至可能引起暴力冲突，出现极端事件，最终产品滞销，企业倒闭。国内中小企业普遍存在扎堆生产经营的现象，“一村一品”的模式有时重点在“一品”上，而该“村”的“品”由很多企业共同打造，但仍然高度同质，差别化的程度不高，在维持满足总的规模和产量的条件下，同质化的影响不大，而如果市场空间不大产能过大时，就会显现负面效果。

在教科书中，关于差别化经营的讨论经常采用一则经典的比喻：如果一个犹太人看到另外一个犹太人在街边开了一家餐馆，他会考虑开住宿宾馆、洗车行等，总之他不会再开一家餐馆。而如果是一个中国人看到另外一个中国人在街边开餐馆，他十有八九就会再开一家餐馆。犹太人习惯讲究“求异经营”，而中国人则较喜欢“求同经营”。扎堆并不可怕，充分竞争是好事，但国内企业往往基于浮躁的心理和投机的心态，将生产和经营演绎为产品复制和价格大战，追求快速成长和高效益的业绩，缺乏企业战略目标。虽然采用复制的手段可以使生产或经营的成本最低，见效的速度最快，以少数骨干员工的个人能力为竞争基础。然而，只重结果不顾过程的战略，必然导致管理方法错误、措施不当，企业的前景黯淡，没有长久的出路。成熟的国外企业注重过程管理，以制度为基础，逐步积累技术优势，以组织的竞争力为核心，强调和强化制度和组织建设，以技术和品牌为企业建设的内涵，产品从研发到售后服务一条龙整体考虑来赢得市场和消费者。通过价格战、恶意中伤对手、散播不实谣言诋毁对手、恶性挖角或窃取商业机密等恶性竞争等有违商业伦理的手段经营的企业，结果只能是俱损俱毁，没有其他选项和可能。

五、社会伦理

企业是社会的组成部分，存在于社会而不能脱离社会独立运作。企业利用包括人力资源、自然资源和物质资源等社会资源进行生产和经营，因此，企业应积极参与社会事务和公益活动，遵纪守法，公平竞争，提升自身形象，建立良好的社会信誉，保障内部员工的合法权益，谋求企业发展与社会环境和自然环境的平衡，保护生态环境，采用绿色技术进行生产活动，不用虚假广告进行经营活动，更不得以次充好，以假充真，故意欺骗蒙蔽消费者。食品企业产品与人民生命健康密切相关，食品企业的第一社会责任就是为消费者提供安全的产品，保证质量，为人类的健康和幸福生活做贡献。

六、政商伦理

企业接受政府的领导和指导，政府通过企业实施经济政策、引导市场走向，政府和企业的关系不是对立的。政府应坦荡真诚同企业接触交往，特别是在企业遇到困难和问题的情况下，更要说明其解决实际困难和问题，积极作为，主动作为。企业应积极主动与政府部门沟通交流，讲真话，建净言，反映真实情况，积极支持社区建设和地方发展。政府的政策需要企业界的配合与支持才能得到有效实施，企业不仅要依法经营，遵守相关的法规，更要响应政府的号召、配合政府的政策尤其是地方产业政策为地方经济做贡献。政府应该调整好自己的位置，加强监管的导向作用，做好服务工作，不插手企业的经营决策和过程，充分发挥行业协会的监管力量和约束机制，由行业协会对成熟的市场经济进行企业竞争关系调整，发挥稳定市场的重要作用。然而，我国行业协会一般都有官方或者半官方的背景，所以在调节市场恶意竞争方面的作用甚微，而对企业的经营方向上的影响较大。

第二节　社会责任

一、发展历程

20 世纪以来，企业社会责任（Corporate Social Responsibility，CSR）受到经济学、管理学、社会学和伦理学等学科的关注。社会和经济的发展使人们普遍感觉到，有能力的任何社会机构都应该履行一定的社会责任，作为市场经济主体的企业首当其冲，其决定和行为都应将社会责任考虑在内。20 世纪 50 年代以后，关于企业除了赚取利润之外是否要承担相应的社会责任的话题在欧洲和美国等奉行市场经济的国家争论较多并形成了不同的流派。早期认为，企业以追求经济利益为主要目的，企业经营要对股东的利益负责，而伦理追求的则是道德规范，因此，企业的经营目标与社会责任应该没有必然内在的联系，并认为企业的经营目标与伦理社会责任是相矛盾的。随着社会的发展与外部环境的变化，人们逐渐认识到，追求利润不应该作为企业存在的唯一目标，企业应该力所能及地承担一些社会责任。

企业社会责任是指企业在创造利润、对股东和员工承担法律责任的同时，肩负对消费者、社区和环境的责任。企业发展与社会有着密切的联系，企业需要在社会中存活并且谋求更大发展，在遵纪守法之外还必须遵守社会的各种准则。企业的社会责任要求企业必须超越把利润作为唯一目标的传统理念，强调要在生产经营过程中关注人的价值，强调对环境、对消费者和对社会的贡献。企业的社会责任可分为经济责任、文化责任、教育责任、环境责任和国际责任等方面。中国企业的发展处在转折时期，经济发展模式和形式都尚不成熟，高度组织化的企业所占比例不高，中型和小微型企业是中国经济的主要单位，数量较多，企业到底应该肩负哪些社会责任尚未有明确的组织说明。

在18世纪中后期英国完成第一次工业革命后，现代意义上的企业有了充分的发展，但企业社会责任的观念还未出现，实践中的企业社会责任局限于业主个人的道德行为之内。古典经济学理论认为，一个社会通过市场能够最好地确定其需要，如果企业尽可能高效率地使用资源以提供社会需要的产品和服务，并以消费者愿意支付的价格销售它们，企业就尽到了自己的社会责任。企业社会责任思想的起点是英国经济学家、哲学家、作家、经济学的主要创立者亚当·斯密（Adam Smith，1723—1790年，图3-2），他在自己的思想体系中用“看不见的手”（Invisible Hand）来比喻看不见的、引导人类行为的人性本能［亚当·斯密的《国富论》（*The Wealth of Nations*）和《道德情操论》（*The Theory of Moral Sentiments*）］。在良好的人类社会制度基础上，那只“看不见的手”能够自发地产生良好的社会规范和伦理秩序。“看不见的手”是人们谈论具有神奇作用的市场价格体系、经济运作机制甚至资本主义的道德基础时的常用比喻，自由市场经济理念的支持者也把它看作是最重要的原则和信条。18世纪末期，西方企业的社会责任观开始发生微妙的变化，表现为小企业的业主们经常捐助学校、教堂和穷人。

图3-2　亚当·斯密（Adam Smith，1723—1790年）

进入19世纪以后，2次工业革命的成果带来了社会生产力的飞跃，企业在数量和规模上得到较大程度的增加和发展。受“社会达尔文主义”思潮的影响，这个时期的人们对企业的社会责任观持消极态度，许多企业不是去主动承担社会责任，而是加强了对跟企业有密切关系的供货商和员工等的盘剥，以求尽快变成社会竞争的强者，这种理念随着工业的发展产生了许多负面的影响。19世纪中后期企业制度逐渐完善，劳动阶层维护自身权益的要求不断高涨，加之美国政府接连出台《反托拉斯法》（Antitrust Law）和《消费者保护法》（Consumer Protection Law）以抑制企业不良行为，这些在客观上对企业履行社会责任提出了新的要求。

19世纪90年代初期，针对成衣业和制鞋业，美国劳工及人权组织发动了“反血汗工厂运动”（The Campaign Against Sweatshops）。新闻媒体曝光，美国服装制造商Levi-

Strauss（牛仔裤的发明者，现用“Levi's”商标）利用“血汗工厂”（Sweat Shop）制度生产产品，为了挽救公众形象，Levi-Strauss 制定了第一份公司生产守则（Corporate Codes of Conduct）。

“血汗工厂”一词最早在 1867 年出现于美国，最初指美国制衣厂商实行的“给料收活在家加工”制度，后来又指由包工头自行找人干活的包工制。在这 2 种做法中，工人获得的日工资都不是最少的，但由于回避了在正规工厂中集体工作时工人可能有的集体博弈行为，其单位产品工资（计件工资）可被压到最低，因而被称为“血汗制度”（Sweating System）。后来这一概念又扩大到高激励计件工资和高速流水线作业等安排上，但同样都以回避集体谈判为条件，例如，计件工资制度，如果在未经集体谈判的情况下以最熟练工人的产量为分母来确定。企业生产守则运动的直接目的是促使企业履行自己的社会责任。

20 世纪 50 年代—70 年代企业的社会责任是“赢利至上”。1970 年 9 月 13 日，美国当代经济学家、原芝加哥大学教授、芝加哥经济学派代表人物之一、货币学派的代表人物、1976 年诺贝尔经济学奖得主米尔顿·弗里德曼（Milton Friedman，1912—2006 年，图 3-3）在《纽约时报》发表题为“商业的社会责任是增加利润”的文章。在文章中，他指出：“企业的一项、也是唯一的社会责任是在比赛规则范围内增加利润。”与此不同，社会经济学观点认为，利润最大化是企业的第二目标，保证自己的生存是企业的第一目标。为了实现这一点，企业必须承担社会义务以及由此产生的社会成本，必须以不污染、不歧视、不从事欺骗性的广告宣传等方式来保护社会福利，必须融入自己所在的社区并资助慈善组织，从而在改善社会中扮演积极的角色。中国在改革开放之前的经济发展过程有类似的情形，经济条件较差，企业赚钱不多也就理会不到社会责任。坑蒙拐骗、弄虚作假、以次充好及偷工减料的现象在市场上随处可见。

图 3-3　米尔顿·弗里德曼（Milton Friedman，1912—2006 年）

1976 年，经济合作与发展组织（Organisation for Economic Co-operation and Development，OECD）制定了“跨国公司行为准则”（Guidelines for Multinational Enterprises），这是唯一由政府签署并承诺执行的多边、综合性跨国公司行为准则。有 34 个国家的政府签署了这一行为准则，并使其逐渐在全球推广。从法律上来看，虽然该准则对任何国家或公司都没有约束力，但是该行为准则倡导的是要求加强保护利益相关人士和股东的权利，提高透明度，并加强问责制度。2000 年对该行为准则进行了修订，将准则的重点放在了可持续发展上，包含了国际劳工组织（International Labor Organisation，ILO）所有的核心劳工协议的内容，更加突出了对企业在履行社会责任方面的指导。

《OECD 跨国公司行为准则》的内容具有综合性特点，涵盖了一般政策、信息公布、劳资关系、环境、打击行贿、消费者利益、科学技术、竞争和税收等方面的内容。《OECD 跨国公司行为准则》遵循以下适用原则：①企业遵守本准则是自愿而非法律强制性的；②加入本准则的各国政府要鼓励在其领土上经营的企业遵守本准则；③本准则适用于与跨国企业内部所有实体［母公司和（或）子公司］；④本准则对任何相关的跨国企业和国内企业同等适用；⑤本准则加入国政府应推广企业实施本准则。此准则通过 OECD

成员国的国家联络点推广、宣传，提供咨询服务，并解决共同面临的问题，这些措施促进了行为准则的推行与遵守。

经过 40 余年的推广与应用，《OECD 跨国公司行为准则》取得了巨大的进展。此外，OECD 还先后出版了《OECD 公司治理原则》《公司治理：对 OECD 各国的调查》《OECD 国有企业公司治理指引》等重要文献，丰富了和发展了准则，对 OECD 成员国和非成员国开展公司治理改革、建立本国公司治理规范、制定新的法律规章和采取新的监管举措都产生了重要影响。但是，这些行为准则与国际劳工协议一样都是针对政府而言的，不能保证企业会主动承担相关的责任，因此，这些准则在促进企业实际履行社会责任方面的作用是有限的。举例如下。

1984 年 12 月 3 日凌晨，美国联合碳化物（Union Carbide Company，UCC）有限公司位于印度中央邦首府博帕尔市（Bhopal）的企业——联合碳化物（印度）有限公司设于贫民区附近一个农药厂发生氰化物泄漏，产生了严重的后果，造成了人间惨剧。此次事件造成了 2.5 万人直接死亡，55 万人间接死亡，另有 20 多万人残废。“跨国企业责任”的准则要求母公司不能把安全责任全部委托给子公司，不能由子公司承担所有伤害性行为的责任，否则子公司就可以被母公司作为防火墙利用。案件处理涉及母公司是否需要承担相应责任的问题，但是，UCC 辩称其没有必要承担相应责任，理由是“法律中没有‘跨国企业’和‘整体性跨国’的概念”。

企业是社会的组成部分，更是所在社区的组成部分，与所在社区建立和谐融洽的相互关系是企业的一项重要社会责任。企业对社区的责任就是回馈社区，譬如为社区提供就业机会，为社区的公益事业提供慈善捐助，向社区公开企业经营的有关信息等。有社会责任的企业意识到通过适当的方式把利润中的一部分回报给所在社区是其应尽的义务。世界著名管理大师哈罗德·孔茨和海因茨·韦里克（Heinz Weihrich，图3-4）认为，企业必须同其所在的社会环境进行联系，对社会环境的变化做出及时反应，成为社区活动的积极参加者。

图 3-4　海因茨·韦里克（Heinz Weihrich）

随着经济和社会的进步和发展，企业不仅要对盈利负责，而且要对环境负责，并承担相应的社会责任。20 世纪 80 年代，企业社会责任运动开始在欧美发达国家逐渐兴起，包括环保、劳工和人权等方面的内容，由此导致消费者的注意力从仅仅关心产品质量，转向关心产品质量、环境、职业健康和劳动保障等多个方面。一些涉及绿色和平、环保、社会责任和人权等的非政府组织以及舆论也不断呼吁，要求将企业的社会责任与贸易挂钩。迫于日益增大的压力和自身发展的需要，很多欧美跨国公司纷纷制定对社会做出必要承诺的责任守则（包括社会责任），或通过环境、职业健康和社会责任认证应对不同利益团体的需要。

1979 年美国佐治亚大学管理学教授阿奇·卡罗尔（Archie Carroll）提出，“企业社会责任是社会在一定时期对企业提出的经济、法律、道德和慈善期望。”他将企业社会责任自下而上划分为经济责任（Economic Responsibilities）、法律责任（Legal Responsibilities）、伦理责任（Ethical Responsibilities）和自愿责任（Discretionary Responsibilities），首次提出企业社会责任的金字塔模型，如图 3-5 所示。

(1) 经济责任　企业的经济责任是最基本也是最重要的社会责任，但并不是唯一的责任。

(2) 法律责任　企业是社会的组成部分，社会赋予并支持企业承担生产性任务、为社会提供产品和服务的权力，企业必须在法律框架内实现自己的经济目标。

(3) 伦理责任　虽然社会的经济和法律责任中都隐含着一定的伦理规范，但是公众仍然期望企业遵循那些尚未成为法律的伦理规范。

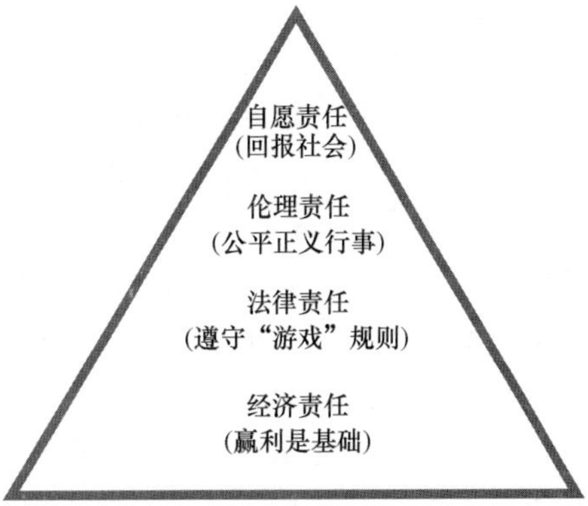

图 3-5　企业社会责任

(4) 自愿责任　社会通常还对企业寄予了一些没有或无法明确表达的期望，是否承担或应承担什么样的责任完全由个人或企业自行判断和选择，这是完全自觉自愿的行为，例如，慈善捐赠、为残疾人提供工作机会等。

这 4 种社会责任的比重不同，类似于金字塔的形状，从企业考虑的先后次序及重要性而言，卡罗尔认为，经济责任是企业存在的目的和责任的基础，占最大比例，法律的、伦理的以及慈善的责任依次向上递减。

在劳工组织和人权组织等非政府组织和消费者的压力下，许多知名品牌公司也都相继建立了自己的生产守则，“反血汗工厂运动”演变为“企业生产守则运动”，又称“企业行动规范运动”或“工厂守则运动”。

跨国公司自己制定的生产守则有着明显的商业目的，而且其实施状况也无法得到社会的监督。在劳工组织、人权组织等非政府组织的推动下，生产守则运动由跨国公司“自我约束”(Self-regulation) 的“内部生产守则”逐步转变为“社会约束”(Social Regulation) 的“外部生产守则”。1997 年，美国一家非政府组织“社会责任国际”(Social Accountability International，SAI) 咨询委员会以国际劳工组织和联合国的 13 个公约为依据，起草了一份社会责任标准，即 SA 8000，并以此为评价依据开展认证活动。

二、SA 8000

社会责任 SA 8000 (Social Accountability 8000) 系依据国际劳工组织条例所建立的全球第一个组织用的道德规范国际标准，是规范组织道德行为的一个新标准。SA 8000 标准适用于世界上任何行业和任何规模的公司，在全球所有的工商领域均可应用和实施。与 ISO 9000 质量管理体系及 ISO 14000 环境管理体系一样，是一套可被第三方认证机构 SGS (Societe Generale de Surveillance S. A. ，瑞士) 审核的国际标准。SA 8000 主要关注的是人，而不是产品和环境。SA 8000 只有一个国际统一认证机构 SAI，即社会责任国际 (http：//www. sa-intl. org)。SA 8000 认证是依据该标准的要求，审查、评价组织是否与保护人类权益的基本标准相符。

1. SA 的内容

SA 8000 标准的要素引自国际劳工组织 (ILO) 关于禁止强迫劳动、结社自由的有关公约及其他相关准则、人类权益的全球声明和联合国关于儿童权益的公约。SA 8000 标准主要内容有九方面，即①童工（Child Labour）；②劳工（Forced or Compulsory Labour）；③健康与安全（Health & Safety）；④组织工会的自由与集体谈判的权利（Freedom of Association and Right to Collective Bargaining）；⑤歧视（Discrimination）；⑥惩戒性措施（Disciplinary Practices）；⑦工作时间（Working Hours）；⑧工资（Remuneration）；⑨管理体系（Management System）。标准首先给出了对组织和公司进行独立审核的定义和核心要素，确认审核评判的基本原则。例如，该标准的核心要素之一的“儿童劳工”原则，公司不能或支持剥削性使用儿童劳工，公司应建立有效的文件化的方针和程序，从而推进未成年儿童的教育，这些儿童可能是当地义务教育法范围内应受教育者或正在失学的未成年儿童。标准规定了具体的保证措施，如在学校正常上课时间，不得使用未成年儿童劳工；未成年儿童劳工的工作时间、在校时间、工作与学习活动往返时间每天不得超过 8h；不得使用儿童劳动力从事对儿童健康有害、不安全和有危险的工作。

自 1997 年问世以来，SA 8000 在美欧工商界引起了强烈反响，受到了公众极大的关注。专家认为，SA 8000 是 ISO 9000 和 ISO 14000 之后出现的又一个重要的国际性标准，并迟早会转化为国际标准化组织（International Organization for Standardization，ISO）标准，通过 SA 8000 认证会加强组织的国际竞争力。有远见的组织应未雨绸缪，及早检查本组织是否履行了公认的社会责任，在组织运行过程中是否有违背社会公德的行为，是否切实保障了职工的正当权益。

从全球范围来看，企业社会责任是由两种社会力量推动的，一种力量是反对资本全球化的劳工运动，劳资冲突的加剧和劳工地位的下降，使得劳工组织要求在企业推行和实施国际劳工标准以保护劳工的权利；另一种社会力量是“劳工贸易壁垒”的推行，发展中国家廉价的产品构成了对发达国家市场和就业的冲击。企业社会责任标准 SA 8000 的推行是全球文化、价值观念的一次碰撞。企业文化是企业社会责任建设的核心，引导企业社会责任建设的价值取向。全球性的企业社会责任运动就是促使企业在享受社会赋予的自由及机会的同时，借助符合伦理、道德的行动回报社会。企业的社会责任同企业文化相辅相成，相互影响，共同发展。

SA 8000 作为一个认证体系明确了社会责任规范，也提出了相应的管理体系要求。将社会责任和管理相结合，在一定程度上可以规范组织尤其是企业的道德行为，有助于改善劳工的劳动条件，保障劳工权益。

越来越多的组织和公司在其年度报告和宣传册中引入了关于道德责任的陈述，这说明越来越多的组织或公司将管理与社会责任结合起来。尽管很多组织在运营中并无不道德行为，但以前没有评判的标准，现在，根据该组织与 SA 8000 要求的符合性可以对其行为是否符合社会公德予以确认和评价，并进行定性说明。

2. SA 的影响

通过 SA 8000 认证的企业数越来越多，随着产业全球化、贸易多边化的进一步加深，没有通过 SA 8000 认证的企业在国际贸易中接单的可能性会越来越小。检索（2019 年 7 月 31 日）显示（图 3-6），62 个国家 57 个行业的 4 108 家企业获得了 SA 8000 认证，其中 30.9%（1268 家）的获证企业的雇员数为 26～100 人，20.1%（822 家）的获证企业雇员数为 101～250 人，16.2%（665 家）的获证企业雇员数为 1～25 人，13.0%（534 家）的获证企业雇员数为 251～500 人，雇员数 6001 人以上的获证企业为 43 家，只占所有通过

SA8000 Certified Organisations

Certification Statistics

SA8000 Certified Organizations list: download in Excel format.

This list contains SA8000-certified organizations certified through: June 30, 2019, with ongoing updates.
This list is updated as new information is submitted to SAAS. Last updated: July 29, 2019.
SA8000 summary statistics are updated quarterly.

Total	
Number of Employees	2,078,607
Certified Facilities	4,108
Countries Represented	62
Industries Represented	57

Previous Quarter Only	
New Certifications	233
Recertifications	208
Cancellations/Expirations	156

Certified Facilities (By Size)		
Workers Employed	Number of Facilities	% Total
1 - 25	665	16.2%
26 - 100	1268	30.9%
101 - 250	822	20.1%
251 - 500	534	13.0%
501 - 800	274	6.7%
801 - 1200	186	4.5%
1201 - 2000	129	3.1%
2001 - 3000	96	2.3%
3001 - 6000	80	2.0%
6001 - 10,000	27	0.7%
10,001 - 15,000	8	0.2%
15,001+	8	0.2%

Full Year, 2019	
New Certifications	233
Recertifications	208
Cancellations/Expirations	156

Additional Information
Certified Organisations, by Industry
Certified Organisations, by Country
Number of Facilities Certified by Year % Annual Growth
Certification Body Certificates, by Country

图 3-6 SA 8000 认证情况实时动态检索（http: //www. saasaccreditation. org/certfacilitieslist）

认证企业的 1.1%。

由以上数据可以看出，小企业认证的积极性很高，而大企业积极性相对较低，原因可能是：小企业在规模上无法做大，那就在声誉上下功夫。SA 8000 作为国际通行的认证，可以作为一个具有“含金量”的证明使用，通过了认证就说明得到了认可。企业将对社会责任的投入转化为市场竞争力，将规模小的被动转变为有社会责任担当者的主动，提高企业经济利益、员工利益和社会利益多赢的国际公信力，减少外国客户对供货商的第二方审核，节省费用，建立合作伙伴对本企业的长期信心，同时也可以使消费者对产品建立正面情感，放心消费。

大企业一般在制度、文化建设方面比较全面系统，同时大企业在发展过程中也受到过很多来自政府和社会的帮助，所以，大企业对社会责任的认识要高得多，主动性较强，且“名声在外”，不需要通过拿“招牌”去经营。

SA 8000 的推行使得发达国家的消费者形成逐渐固化了的形象，即承担社会责任。经过 SA 8000 认证的组织具有更严格的社会责任方面的道义标准，相反，没有经过 SA 8000 认证的组织，会被贴上压榨工人、剥削童工、不人道的标签。从长期看，SA 8000 认证已成为企业在全球化经济竞争中的新要素，有直接影响作用，表现在赢得消费者的关注度和认同感上，增强投资者的信心，改善企业人力资源管理，完善企业的管理体系，促进企业参与国际合作和分工，影响企业的国际竞争力等方面。因其倾向于文化价值理念、意识形态和劳动制度等方面的关注，SA 8000 还有间接影响的作用，可以从较深的层次为作为一个社会组织的企业提供其所应具有的运营模式参考。

三、联合国全球契约

1. 安南的提议

“全球契约”是在经济全球化的背景下提出的，强调的是企业的社会责任。伴随着高科技的迅速发展，世界经济格局发生了深刻的变化。全球化的进程为世界经济的发展带来机遇，也带来了挑战。传统产业结构不断更新重组，人们的传统观念也随之发生深刻的变化，不同国家的文化在不同程度上受到各种因素的冲击。经济全球化在加快世界经济发展、促进国与国之间经济技术合作的同时，凸显出严重的负面影响。南北贫富差距悬殊、失业率居高、自然资源过度开发利用、生态环境恶化、各种非政府组织的抗议浪潮等严重社会问题，引起各国政府的严重关注和不安。在这样的背景下，在1995年召开的世界社会发展首脑会议上，时任联合国秘书长的科菲·安南（Kofi Atta Annan，1938—2018年，图3-7）提出了"社会规则"、"全球契约"的设想。1999年1月31日，在达沃斯举行的世界经济论坛上，安南向全世界企业领导呼吁，要求世界企业领导人尽其所能，在其业务范围内就人权、劳工标准和环境问题，遵守有共同价值的标准，"接受和制订"一套普遍原则，即"全球契约"（The Global Compact）。"全球契约"计划动员工商界成为解决方案的组成部分，呼吁工商界以自主的行为，遵守商业道德，尊重人权、劳工标准和环境方面的国际公认的原则，通过负责的、富有创造性的企业表率，建立一个推动经济可持续发展和社会效益共同提高的全球机制，从而给世界市场以人道的面貌。"全球契约"最初规定了9条原则，后来又增加了1条"反腐败"，成了联合国全球契约十原则。

图3-7 科菲·安南（Kofi Atta Annan，1938—2018年）

联合国全球契约十原则

人权

原则1 企业应当支持、尊重和保护国际上宣布的各项人权；

原则2 确保不成为侵犯人权的共谋。

劳工标准

原则3 企业应当支持结社自由并切实承认集体谈判的权利；

原则4 消除一切形式的强迫劳动和强制劳动；

原则5 切实废除童工；

原则6 消除就业和职业歧视。

环境

原则7 企业应当支持对环境挑战采取预防办法；

原则8 积极推动对环境负起更大的责任；

原则9 鼓励发展和推广无害环境的技术。

反腐败

原则10 企业应该反对一切形式的腐败，包括敲诈、勒索和贿赂。

2. 全球契约的影响

"全球契约"使得企业与联合国机构、国际劳工组织、非政府组织以及其他有关各方结成合作伙伴关系，建立一个更加广泛和平等的世界市场。"全球契约"的目的是动员全世界的跨国公司直接参与减少全球化负面影响的行动，推进全球化朝积极的方向发展。安南的建议不仅得到发达国家和国际工会组织的坚决支持，而且获得了企业界和国际雇主组织的积极响应。一些大型跨国集团公司也积极行动起来，倡导承担社会责任，与工会组织签订实施以基本劳工标准为核心内容的全面协议，开展社会认证活动。2000 年 7 月，世界 50 家大公司的代表会见安南，表示他们支持“全球契约”，国际雇主组织也表示承诺举办区域研讨会推行“全球契约”。安南在“全球契约”高级会议上对与会代表说：“我们应该保证全球市场处于反映全球社会需求的共同价值和实际之中……我建议全球协议作为迈向这一目标的第一步。”

世界上已有 70 多个国家和地区建立了全球契约的地方网络。全球契约中国网络（Global Compact Network China）是经联合国全球契约组织正式授权、由中国企业联合会和中国石化集团牵头成立的中国地区网络，秘书处设在中国企业联合会。全球契约中国网络的主要任务是致力于动员更多中国企业加入联合国全球契约，推动企业遵守并实施在人权、劳工标准、环境及反贪污方面的十项基本原则，加强中国企业和国际社会的交流与合作，不断提升中国企业国际地位和形象，促进中国企业在经济全球化背景下的可持续发展。

根据对全球契约网站的检索（https：//www. unglobalcompact. org/，2019-06-21 检索），目前有 9913 家公司，159 个国家，加入了联合国全球契约，发布了 62 002 份报告。

第三节　我国食品生产经营和监管概况

一、生产许可情况

1. 食品生产许可的分类

我国食品和食品添加剂生产实行许可证制度，共分 32 类别 88 个类别号（生产许可审查时一般称为单元），分别是粮食加工品：0101 小麦粉，0102 大米，0103 挂面，0104 其他粮食加工品；食用油、油脂及其制品：0201 食用植物油，0202 食用油脂制品，0203 食用动物油脂；调味品：0301 酱油，0302 食醋，0303 味精，0304 酱类，0305 调味料，0306 食盐；肉制品：0401 热加工熟肉制品，0402 发酵肉制品，0403 预制调理肉制品，0404 腌腊肉制品；乳制品：0501 液体乳，0502 乳粉，0503 其他乳制品；饮料：0601 包装饮用水，0602 碳酸饮料（汽水），0603 茶类饮料，0604 果蔬汁类及其饮料，0605 蛋白饮料，0606 固体饮料，0607 其他饮料；方便食品：0701 方便面，0702 其他方便食品，0703 调味面制品；饼干：0801 饼干；罐头：0901 畜禽水产罐头，0902 果蔬罐头，0903 其他罐头；冷冻饮品：1001 冷冻饮品；速冻食品：1101 速冻面米食品，1102 速冻调制食品，1103 速冻其他食品；薯类和膨化食品：1201 膨化食品，1202 薯类食品；糖果制品：1301 糖果，1302 巧克力及巧克力制品，1303 代可可脂巧克力及代可可脂巧克力制品，1304 果冻；茶叶及相关制品：1401 茶叶，1402 茶制品，1403 调味茶，1404 代用茶；酒类：1501 白酒，1502 葡萄酒及果酒，1503 啤酒，1504 黄酒，1505 其他酒，1506 食用酒精；蔬菜制品：1601 酱腌菜，1602 蔬菜干制品，1603 食用菌制品，1604 其他蔬菜制品；水果制品：1701 蜜饯，1702 水果制品；炒货食品及坚果制品：1801 炒货食品及坚果制品；蛋制品：1901 蛋制品；可可及焙烤咖啡产品：2001 可可制品，2002 焙炒咖啡；食糖：2101 糖；水产制品：2201 干制水产品，2202 盐渍水产品，2203 鱼糜及鱼糜制品，2204 冷冻水产品，2205 熟制水产品，2206 生食水产品；淀粉及淀粉制品：2301 淀粉及淀粉制品，2302 淀粉糖；糕点：2401 热加工糕点，2402 冷加工糕点，2403 食品馅料；豆制品：2501 豆制品；蜂产品：2601 蜂蜜，2602 蜂王浆（含蜂王浆冻干品），2603 蜂花粉，2604 蜂产品制品；保健食品：2701 片剂，2702 粉剂，2703 颗粒剂，2704 茶剂，2705 硬胶囊剂，2706 软胶囊剂，2707 口服液，2708 丸剂，2709 膏剂，2710 饮料，2711 酒剂，2712 饼干类，2713 糖果类，2714 糕点类，2715 液体乳类，2716 原料提取物，2717 复配营养素，2718 其他类别；特殊医学用途配方食品：2801 特殊医学用途配方食品，2802 特殊医学用途婴儿配方食品；婴幼儿配方食品：2901 婴幼儿配方乳粉；特殊膳食食品：3001 婴幼儿谷类辅助食品，3002 婴幼儿罐装辅助食品，3003 其他特殊膳食食品；其他食品：3101 其他食品；食品添加剂：3201 食品添加剂，3202 食品用香精和 3203 复配食品添加剂。具体产品种类明细如附录四所示。新资源食品会随着现代生物技术、化工分离技术的发展和现代营养学认知的深入不断发现。有些地方具有特定的原料和工艺要求，产品的类别不在以上范围，需由地方标准限定。这里之所以列出我国食品生产许可的分类目录，目的在于说明食品生产的准入门坎并不高但涉及品种范围广泛复杂，因此，从业人员的素质参差不齐，伦理道德水平相差显著。

2. 食品生产企业情况

随着人民生活水平的提高，食品行业市场规模多年来保持稳健增长。国家统计局的数据显示，2016 年，全国规模以上工业企业中食品制造业实现主营业务收入 2.36 万亿元，同比增长 8.0%，2012—2016 年复合增速达 10.6%。企业数量方面，截至 2016 年末，全国共有规模以上食品制造企业 8844 家（2017 年我国食品制造行业市场概况分析，《中国产业信息网》，http：//www.chyxx.com/industry/201710/572124.html）。食品行业中各主要细分市场发展均较快，肉、禽、蛋、乳制品消费量大幅增多，各类烘焙食品、速冻食品、休闲食品等快速发展，其中，食品制造业是仅次于农副食品加工业的第二大龙头产业。国家统计局的分类方法中，食品行业分为农副食品加工业、食品制造业、饮料制造业和烟草制品业 4 大类。食品行业各子行业 2016 年收入所占比例具体为：方便食品 16.58%，罐头 7.43%，烘烤食品 13.48%，调味品、发酵食品 12.97%，乳制品 14.83%，糖果、巧克力、蜜饯 8.32%，其他 26.39%食品行业各子行业中 2016 年收入同比增速烘烤食品 10.9%，方便食品 9.5%，调味品、发酵食品 6.7%，乳制品 5.8%，糖果、巧克力和蜜饯 5.6%，罐头食品 4.6%。

根据资料检索（app1.sfda.gov.cn/datasearch/face3/dir.html，检索时间 2019.6.16）（图 3-8），我国有食品生产许可获证企业（SC）158311 家，食品生产许可获证企业（QS）22326 家，食品添加剂生产许可获证企业 1252 家，保健食品企业/产品 16732 家（个），进口保健食品企业/产品 780 家（个），婴幼儿配方乳粉产品配方企业（产品）1232 家（个），特殊用途配方食品企业/产品 24 家（个），保健食品广告 46399 个。

图 3-8　我国食品生产企业获许可证情况

二、企业现状和监管现状

虽然食品生产和经营的监督管理属于政府行政部门的职责范围，考虑到在生产经营和监督管理方面依据的法律、规章、政策和标准等档是相同的，而且因为食品生产经营各地都有，数量也较多，企业的属地管理可能是当地政商关系中最密切的关系，本书把这两部分的情况放在一起讨论。食品企业伦理首当其冲的是生产和经营过程中的安全问题，在相关课程中已经阐明食品安全方面质量安全和数量安全的概念，在谈及食品安全时，一般具体指生产和经营的食品质量安全。现在主要使用的食品生产许可核查细则是 2006 版的，那时表现出来的或者没有认识到的食品安全问题还不是很严重，对质量的强调较多。但是，现在的具体情况是，存在名义上重安全、实际上轻质量的严重问题。现场核查记分表上的所有指标的设置都是针对安全的，质量问题几乎不影响得分。我国食品企业质量安全管理方面存在的主要问题如下所述。

1. 食品企业的安全和质量意识缺乏

食品企业总体规模较小，生产场所分散、多位于农村，尤其是地方特色产品的食品生产加工厂，卫生安全意识淡薄、要求不高，技术含量和管理水平低下，缺乏主动重视食品安全问题的自觉性和积极性，很多食品企业都将经营的重点放在怎样促进利润提高上，严重忽视食品质量和安全管理，甚至一些企业主自己的家人和亲戚以及企业的员工都不吃自己企业生产的食品。不少的企业认为若干年来产品都是这样做的也没有出过安全的问题，所以不需要去关注。在此观念主导下，企业进行原材料采购时，将价格低廉放在首位，对于原材料不进行检验，有时甚至会人为降低检验标准；不弃毁有问题的原辅材料和中间加工品；超量或违规使用食品添加剂；实际生产条件不能完全满足生产许可对生产条件的全部要求，很多小企业的生产场所、设备和管理人员只能达到最基本的要求；产品标签标识使用不规范，商品名称故弄玄虚或者蹭热点，造成很多恶意打假的社会伦理问题。也有只要安全没问题，质量反正没人管的想法。还有一个很重要的原因，小型的食品企业的检验水平很差，几乎没有具有专业知识的真正意义上的检化验员。一方面企业为了降低成本不愿专门为人设岗，为化验室投资，即便为了获得生产许可证建立了化验室，但也很少实际使用；另一方面受就业观的影响，受过学历教育的毕业生都不愿到小企业和农村去工作。

严重缺乏具有专业知识的员工是目前我国中小型食品生产和经营企业普遍存在的问题。

农村有不少的食品企业属于“政府行为”，企业主为当地从事高利行业的“成功人士”，当地政府为了提高本地的财政收入，通常会邀请这些事业有成人士为家乡做贡献，成功人士会有衣锦还乡的荣耀。食品生产的门坎相对较低，所以在农村，回乡投资的产业一般优选食品生产加工，企业主的兴趣并非以此为主，也不纯粹为了从中赚大钱，就是对当地官员“交差”的一种心态。因而，企业主自身不是行家，也不会投入经历进行食品生产的管理，聘用的人员一般是自己熟悉的亲戚或者有业务往来的人员介绍的非食品专业人员，所以并不明白食品安全真正的关键点所在。这类工厂投资规模可能比一般食品厂的实际需要多，硬件也较先进，但是软件非常“软”，管理不规范，不到位。有些化学制药企业的经营者投资食品生产或食品加工企业，他们认为只要建有良好生产规范（Good Manufacturing Practice，GMP）车间并执行 GMP 要求就可以生产食品，并“振振有词”说对药品的要求比对食品的要求高得多。他们不明白的是，化学制药的成分相对单一、简单，工艺过程的交叉，人员和物料的流向并不会造成产品的污染。而食品生产所用的原料各种各样，食品生产加工的功能区有洁净区和非洁净区、生料区和熟产品区之分，功能区之间必须分隔，否则必然造成污染和感染，人员和物流应该是单向的不应该回流和混流。也有不少企业的生产场所是原先其他性质的工厂改造而成的，建筑结构不适合作为食品生产所用，食品加工工艺的设计和功能区布局无法完全按照食品加工的过程要求实现，实际生产运营不能完全达到要求。

2. 消费者对于食品安全缺乏正确的认识

我国没有类似于美国食品营养标签与教育法和日本食品教育法的相关法律，消费者对食品概念的理解和对营养知识的了解有限。一些消费者在购买食品时往往只考虑价格而忽视食品的质量，不能正确理解通用标签和营养标签的含义。经济条件不好的农村消费者，相关意识尤其匮乏，在购买商品时以价格低廉为首选项，这为无良企业提供了机会，使得市场上充斥着各种不合格的食品，最终导致严重的食品安全问题。农民在种植蔬菜、粮食、瓜果时，由于他们的食品安全观念淡薄和经济利益驱使，会不合理使用化肥和农药，这又变相成了不安全食品产生的源头。无良企业利用消费者相关知识缺乏的现象，在生产上不按标准管理，以低价购入不合格原料，在产品上以次充好以假乱真，在包装、经销等表面工作上以较低的成本进行销售返利和其他欺骗性宣传，牟取最大的利益。

3. 食品安全监督管理工作不到位

虽然党和各级政府对食品安全非常重视，但实际情况是监督机构工作人员数量不够、专业性不强甚至没有食品相关学科背景、人情和面子关系先于规定等仍然是我国食品安全监管的主要问题。行政机构调整变化频繁，工作人员“官僚”思维根深蒂固，没有或缺乏公务员“服务”作为第一任务的工作意识，工作主动性缺乏，地方上人情大于一切的传统观点仍然普遍存在，监管不到位，相关规定实践性不够。甚至有的监管人员说“我原来是工商的，不懂食品生产经营监管，是领导安排我监管食品的，我管不了”。

机构改革频繁，人员变化大，体制机制不顺，管理程序的持续性和连续性缺乏。自从 2003 年我国实行食品生产许可证制度以来，采用的现场核查细则仍然是原质量技术监督管理部门制定的，从质量控制的角度来看，这个细则是好的，但对企业而言则负担很重，后来的生产许可现场审查因 2009 年版《中华人民共和国食品安全法》的实施进行了调整，名称从 QS 改为 SC，虽然减去了对企业负担最重的抽样一项，但是，除了因特殊情况发布了 0501《企业生产乳制品许可条件审查细则》(2010 版)，0502《婴幼儿配方乳粉生产许可审查细则》(2013 版）和《饮料生产许可审查细则（2017 版)》外，其他产品的审查细则都未能及时修订（仍然采用 2006 版)，而现场核查记分表的内容变化很大，生产企业实际存在的问题不能在记分表上充分反映出来。目前采用的记分表强调了制度的建设，而没有体现过程控制的问题。制度的建设是根据食品安全法的要求做的，有制度未必就会执行，即便发现问题，也无法从记分表上找到对应的扣分项，更重要的应该是过程管理。同样，虽然“食品生产日常监督检查要点表”规定了食品通用检查项目：重点项（*）21 项，一般项 30 项，共 51 项；食品添加剂通用检查项目：重点项（*）19 项，一般项 31 项，共 50 项，然而，检查的结果只有“是”和“否”的选项，也就是只能定性而不能定量反应实际问题。例如，有温湿度要求的情况，如果企业有记录，那么“食品生产日常监督检查要点表”相应项目就选“是”，但是，如果所记录的温度并不符合实际生产要求的控制值，那么从检查结果来看是无法具体显示的，也就是不能反映可能存在的问题，因此，这样的检查实际是没有意义的。如果检查人员对食品生产过程不熟悉（目前这是普遍现象)，那么遗留的隐患将更多。如果能够对检查表中的内容及结果评价的要求做出更详细的设计，使检查结果能够更清楚地反映出实际生产和经营过程中的情况，不仅可以提高对生产和经营评价的客观性和准确性，便于找出问题，也可以帮助监管人员提高学习的积极性，因为如果监管人员不明白表中内容的要求和评价的方法，不会填表，那就说明监管人员是不合格的。所以作为一种促进措施，合适的检查表设计无论对食品的生产者、经营者还是监管者而言都是很重要的。

“德、能、勤、绩、廉”是对公务员的要求，作为监管人员应遵守传统道德规范，努力学习掌握业务知识，不断提高业务能力，认真履行职责，努力工作，廉洁从政。对造成监管不力的伦理反思可以看出，政府行政部门对权利的认识不充分，部分公务员的思想停留在不犯错的低级层次上，没有正确的为民服务观念，不愿承担更多的道义，对于利益的分配和问题的解决更多地倾向于经济贡献方和政绩的关联。本位主义作祟，缺乏合作精神，公共利益屈从于部门利益，有利益时挣，无利益时就让或躲。

第四节　企业伦理的建设

一、企业伦理认识误区

对企业伦理的作用和意义，在市场经济的初期不容易为人们所认识，尤其是我国尚在市场经济建设的过程中，存在着忽视或否认企业伦理重要性的认识误区。

1. 利润至上

企业认识伦理误区之一，企业是一种经济组织而且是以营利为目的的组织而非公益性慈善组织，其任务是利用资源生产、分配和交换物质财富和经济价值，因此，其行为应该与伦理和道德无关，企业无须伦理，企业的任务就是追求利润、增加利润。

这一认识是西方企业 20 世纪 50 年代以前的认识，该认识中关于企业的基本概念是正确的，但是推论的结果是错误的。从严格的意义上讲，不讲社会责任的企业或者认为与伦理道德没有关系的企业或者超越社会伦理道德关系而采取“伦理道德中立”的企业是不存在或不能长久存在的。企业作为一种经济组织形式，从其出现开始就处于各种社会关系之中，企业、人和社会所形成的关系中每个组成部分都是伦理的主体。企业主和管理者是企业人格化的代表，他们既是经济关系中的角色，也是伦理道德关系中的角色。纯粹的经济“人”和经济“组织”（单位）是只存在于经济学家的纯理论的抽象概念。因为无论从目的还是从手段来说，企业和企业家的活动都存在着对人和社会发展的影响或价值关联，所以现实生活中根本不存在与伦理无关的企业和企业家，只有具有不同道德观念和伦理态度的企业和企业家。社会是发展的，社会成员可以被分为不同的阶级或阶层，阶级或阶层处于矛盾中，在特定历史阶段，社会成员所属的阶级或阶层会分裂变化，价值观伦理观随之而变。人们对企业的活动善与恶、利与不利的评价具有历史性，对企业或组织的经济行为的评价也存在矛盾性和复杂性。企业在实现经济价值和物质财富增加的时候，可能会采取不利于社会发展的手段和形式，从而牺牲社会大多数成员的权益，这在伦理道德上是有争议的问题。例如，从工业革命开始，各国经济发展都面临的发展与治理的问题，发展过程中企业获得了经济利益，但造成了环境破坏或污染，给周边社区居民带来了生活不便和健康安全隐患，由此可以很好地说明企业不可能不具有伦理性质，不可能和伦理不发生关系。

2. 利润与伦理无关

企业认识伦理误区之二，采用有伦理问题的手段实现利润最大化的企业并没有受到损失，所以不需要讲特别的伦理。企业是工业化进程的产物，市场经济体制的建立和完善需要经过必要的时间和历史过程，在经济水平非常低下的情况下，社会的需求也不正常、不均衡。改革开放之初，我国经济形势是无序的，“饿死胆小的撑死胆大的”的现象确实存在，企业采取不当手段、违反伦理道德和社会秩序生产或经营而获取高额利润的现象普遍存在，有些企业甚至采用违法手段和方式牟利，但是，这些现象的出现和存在并不能成为不要讲企业伦理的理由，因为市场经济体制本身固有的缺陷，即使在市场经济体制建设相对完备的工业发达国家，这种情形也仍然存在。从人类文明史来看，非法获利、违法经营、不讲伦理道德的企业行为只能存在一时，不可能长久，因为“人之初，性本善”，行善积德不仅仅是中华民族的处世之道，也是全人类共同的精神追求和实践活动。任何腐蚀、破坏人类和社会进步和发展的活动或行为，历来为社会的伦理道德所不容，昧着良心牟取“不义之财”会被同行不齿，被消费者抛弃，触犯法律的会被依法追究，受到法律制裁。

从事合法的经营活动，如果不讲伦理道德，也会使企业陷入困境。购买活动是消费者选择和决策的结果，消费者对商品有选择的自由，这种选择和决策不仅取决于消费者自身的需求，而且也取决于消费者对所需商品的了解、偏好和信任的程度。在物质匮乏的时代，市场受卖方控制，商品供不应求，消费者的选择机会不多，只能降低对供方的要求以保证能得到基本的商品，不会过多顾及企业商品生产经营伦理道德上缺陷和不足，即使商品和服务不尽如人意，甚至令人不满，消费者也只能做出购买的选择。然而，随着商品经济的发展，物资供应充足，卖方市场转变为买方市场，供消费者自由选择商品的空间很大，消费者“货比三家”的可能性增加，对商品生产经营企业的要求和期望值提高了，更多地关注商品质量和服务态度，不仅关注“有”，而且更加关注“优”，因此企业伦理自然而然就会被消费者越来越重视了。讲究伦理的企业会为消费者着想，从消费的角度对待产品设计和服务提供，营销活动会体现出道德的理念，从而在消费者心目中产生积极影响，提高企业在消费者心目中的美誉度，使消费者持续“关注”这样的企业和产品，消费心理愉悦，随时准备下一次的购买。反之，不讲究伦理道德的企业，不在产品和服务上想花心思下功夫，而是通过夸大宣传等不正当的营销活动欺骗消费者，即便消费者发现上当后会采取自认倒霉、忍气吞声的态度，怀着多一事不如少一事的心理不去维权，但也不会上第二次当，而会提醒亲朋好友同事不要购买这类企业的产品。消费者上当一次，心目中就会给一个永远的差评，这样的企业不能得到消费者的好感，消费者的消极影响越积越多，企业会信誉扫地。因此，从经济学方面看，市场繁荣是供需双方乐见其成的，从市场营销方面来看，越发达的市场越会成为买方市场，受买方主导，显然提供消费品的生产和经营企业就越要讲究信誉、越要注意企业形象，否则就会遭到消费者的抛弃。因此，认为不讲伦理道德还能实现企业利润最大化的想法无疑是对现代市场和现代企业不了解的表现。

3. 讲伦理增加成本

企业认识伦理误区之三，讲伦理道德会使企业产生额外的成本，增加投入而减少收入，企业会在经济上受损。企业讲伦理，无疑必须要制定必要的制度和实施相关的行动。制度的制定和行动的实施，毫无疑问需要增加直接经济投入、人员投入和工作量，可能导致阶段性或短期内的经济收入减少。具体来说，在伦理建设方面，要制定伦理道德原则和规范，对员工进行伦理道德教育，对生产经营活动进行伦理道德监督，要设置伦理道德督查人员机构编制；在具体行动方面，在实际的生产和经营活动中要讲究社会效益、生态效益和环境效益，讲究商品和服务的质量，不生产和经营利润高产值大但有害于人、社会或环境的产品，不使用有损于伦理道德的手段从事生产和经营等。然而，做任何事都不应该只看眼前，应该着眼长远，保持可持续发展。任何企业都想做成有历史的老品牌而不是昙花一现的企业，所以从长计议是关键。虽然在短期内上述投入会使企业的生产和经营成本大幅增加，但是带来的社会效益是长久的，在企业良性生产和经营的情况下，这些投入的成本增加可以被长周期分摊而稀释；另一方面，伦理建设投入带来的社会效益可以直接带来更多的订单和消费者数量，使产值增加，生产经营良性运作，经济效益自然会提高，扩大再生产能力增强，经济力量壮大，企业才能长久生存。

人类社会在不断进步，人的文明程度在不断提高，未来的市场经济将成为规范经济、信誉经济、文明经济和法制经济。企业家不能像市场经济初期阶段时的商人和作坊主那样，靠坑蒙拐骗、投机倒把、偷工减料、不择手段的方式进行经营活动，而要做讲法制、守法纪、讲规矩、讲道德、讲文明、讲诚信、重质量的现代企业家。在现代经济生活中，企业的信用和美誉度是一种无形的资本、潜在的市场。在一个讲道德、伦理、文明的社会和市场中，这种无形的资本、潜在的市场将在企业的生存和发展中长期发生积极作用。总而言之，越是讲伦理的企业，就越有可能在市场上和社会上赢得消费者和同行的信任和声誉。通过提高企业的伦理素质、伦理水平、伦理价值、伦理形象，可以提升企业的形象，同时将这种效果转化为企业在经济上的利润和收入，提高企业的经济效益，也具有促进社会进步的间接作用。企业讲究伦理，其员工会自觉注意在社会上的行事方式，有益于社会人际环境的友好，促进社会和谐发展。

二、企业伦理建设现状

1. 企业伦理建设历程

企业伦理建设表面上看是“面子工程”，实际上，企业伦理是全球企业共同面临的问题，不正当的竞争中永远不会有赢家。违反法律法规，无视伦理准则，不讲公众意识的不正当竞争不仅损害诚实经营者和广大消费者的权益，还会失去公众对企业的信任，伤害到企业自身的社会形象。企业伦理道德与企业社会责任密不可分，伦理道德是社会责任的基础和前提，社会责任是伦理道德的外在表现，彼此相互呼应、相互融合、相辅相成。

20 世纪 70 年代起，企业不再认为相互间的竞争是赤裸裸的斗争，不再认为打垮对手就是赢，在美国、西欧和日本的一些先进企业组织内部建立起了严格的伦理制度和监管制度。伦理是企业赖以生存的基石，兼顾企业伦理与企业的生存绝非不可能。典型的例子如美国的美体小铺（Body Shop）和台湾的《天下杂志》，这两家公司的获利能力均超过同业水平，前者在创立之始就很注重企业伦理，后者在专业伦理要求上堪称新闻媒体之最。

1994 年，美国、日本和欧洲的企业界领袖在瑞士通过的“康克斯圆桌会议企业商务原则”（Caux Roundtable Principles）为企业经营提供了商业伦理的基本准则。康克斯圆桌会议认为：企业的经营活动应基于以“共生”和“人的尊严”二者为基点的伦理观念，这种基本的伦理观念应该得到所有企业的普遍尊重和严格遵守。“共生”是指为全人类的利益和幸福而共同生活和共同劳作，相互合作、共存共荣与正当、公平的竞争并存；“人的尊严”则是指把个人的神圣不可侵犯性和真正价值作为终极目标，实现真正的“人性化”，而不是简单地将其作为打败他人的目的或获得过半票数的手段。

企业伦理在企业文化中属于社会文化层面，它是通过道德规范来调节企业和员工行为的。企业文化定义为企业处理内部与外部各种矛盾的一种哲学，这种哲学的存在使越来越多的公司将其核心价值观定义为对社会的责任，而不是利润。在卓越的企业文化中，企业哲学能够将这些貌似不可能融合的矛盾巧妙地协调成一种公司向上的动力，而不是一般公司将其视为相互独立、互相排斥的价值观。日本的企业文化类型更突出了这种卓越的倾向性。

2. 我国的企业伦理现状

遗憾的是，伦理问题尚未引起我国大多数企业的重视，在很多企业的决策管理以及生产经营活动中未引入伦理道德的约束和调控，在企业文化和制度建设等方面还没有纳入相关内容。很多的企业经营者仍然把伦理道德看作是可有可无的东西而游离于经济建设之外，甚至将伦理理解为外部精神文明建设的需要，是由文明建设办公室评奖活动提出的项目指标和要求，这导致了企业对伦理的漠视。我国是伦理型社会，美国是制度化社会，在工程技术伦理的内涵和建构方面，两者虽有共性却也存在很大的差别。在工程意象上，工程活动的性质被曲解，工程活动的主体被歧视为工人、劳力，因为我国没有工程文化的氛围。

食品的生产和人们的健康直接相关，与其他类型企业相比，食品企业承担的责任更大。但是，我国食品企业的总体规模偏小，大型企业所占比例不高。企业管理者伦理意识淡薄甚至没有，忽视伦理在企业生产和经营管理中的作用，把全部精力都用在了抓生产和经济效益上。具体表现为以下五个方面。

（1）企业没有树立应有的价值观和道德观，唯利是图，不择手段，违反伦理的事件屡屡发生。有些企业在产品广告中肆意夸大产品的功效，蒙骗欺诈消费者；有些企业的产品以次充好、直接造假；有些企业采用非法或超标添加的方法，甚至使用有害有毒添加物；有些企业则使用过期原料。损害消费者利益的行为屡见不鲜。

（2）企业内部没有形成良好的伦理氛围。企业主不关心企业的运作，出现问题时一问三不知；管理者没有把自己和员工视为企业的伦理执行者，不能平等对待员工，也不充分调动员工的工作积极性；没有伦理教育，更没有长远伦理建设规划，管理制度不健全，社会责任感不强。

（3）中小企业实力弱小，生命周期短，无能力承担或者没有认识到自身应承担的社会责任。

（4）环保意识薄弱，违规超标排放废弃物，给生态环境造成巨大污染。

（5）侵害员工权益，不按《中华人民共和国劳动法》的规定给予职工充分的权利和经济报酬。

三、企业伦理建设的必要性

现代企业必须加强伦理建设，因为企业伦理是现代企业存在和发展的重要条件，是现代企业制度和管理中不可缺少的软件。企业伦理是企业宝贵的无形资产，会对人的经济行为产生作用，从而促进对企业经济目标的实现。企业不讲伦理，经营不受道德约束，企业的社会信誉度就会降低，员工也会失去对企业的信任，企业凝聚力会缺失，市场竞争力会被削弱，发展空间受到限制和压缩。越来越多的企业通过不同方式表达对员工和消费者权益及社会慈善事业和公益活动的关注。在现代企业制度建设中，加强企业伦理建设非常必要。

1. 建设企业伦理可以明确社会责任

企业是生产经营性社会组织，其经济功能是为社会为市场提供优质的商品和服务。正常的企业经营产生的是正面的和积极的社会和经济效益，然而负面的和消极的影响是不可避免的，为了克服、消除或忍受这些负面的和消极的影响，会产生一定的社会成本，这些成本理应由企业承担，这不仅仅是企业的社会责任，也是企业生存的必要成本。企业应该以正确的形象处于社会之中，依法守法，诚信公平，保证质量，优质服务，履行社会义务，承担社会责任，完成社会的使命，树立良好的企业形象。

2. 建设企业伦理可以协调与外部的关系

企业在提供商品和服务的过程中，会对社会环境和自然环境产生影响，因此，企业与社会环境和自然环境必然产生相互关系。建设企业伦理可以为企业正确处理经济效益、社会效益、环境效益之间的关系提供基本的理念、原则和方法，调和与化解矛盾，排除自私自利的狭隘思想。建设企业伦理可以保证企业获利手段正当公平，合法合理，树立鲜明正面的形象。现代企业的竞争不仅是经济上的竞争，也是环境效益和社会效益上的竞争，是精神文化、伦理道德、文明程度和企业形象的竞争。在经济效益和社会效益、环境效益发生冲突和矛盾的情况下，为了一时的经济效益而牺牲社会效益、环境效益，在根本上是不利于经济和社会的持续发展的。在经济效益相同的情况下，社会、市场肯定选择那些具有更好的社会效益和环境效益、营造更健康向上伦理道德文化的企业。

3. 建设企业伦理可以正确处理企业内部的关系

现代企业的内部关系由投资者、经营者、劳动者构成，在管理过程中首先会碰到三者之间的责、权、利关系问题，既有如何认识和评价资本、劳动、管理在企业生存和发展中的地位和作用的问题，也有如何在分配过程中恰当地处理三者之间的利益关系的问题，解决这类问题的复杂性在于这三者在生产经营过程中的贡献及相应的利益关系，并不能够完全依据技术原则、经济原则精确地进行定量确定，然而，若从技术原则、经济原则出发，采用在伦理基础上方式上进行处理，创造安全健康的工作和劳动的环境和企业文化氛围，维护员工的尊严、人格和各种基本权利，调动员工的积极性和创造性，使员工产生归属感、安全感和责任感，增强员工的主人公意识，有效地利用资源并获得高效率和高效益，根据贡献大小分配各方所得，结果则能够保证各方的正当利益和积极性不会受到损失和伤害，有利于企业的生存和协调平衡发展，可见，建设企业伦理有利于化解企业内部的各种矛盾、增加企业内部的团结和凝聚力。

企业伦理目标强调企业行为不仅具有经济价值，还必须具有伦理价值，企业发展规划应做到经济责任与社会责任统筹协调，物质发展与精神发展统筹协调，近期效益与长期效益统筹协调，利己与利他统筹协调，生产成本与环境资源成本统筹协调，企业环境与生态环境统筹协调。经济伦理、企业伦理将具有日益显著的地位、发挥日益重要的作用，这是市场经济和企业发展的不可阻挡的趋势。

四、企业伦理的建设途径

企业伦理建设主要指在企业内部范围的伦理建设，可以从以下四方面着手。

1. 设定目标

企业伦理目标的制定，不仅要强调企业行为的经济价值，同样要强调伦理价值，充分认识伦理价值与经济效益的关系，正确处理企业经营与社会责任的关系。以伦理准则约束自己，主动实现道德自律，在遵守工程活动的最高伦理准则“将公众的安全、健康和福祉置于至高无上的地位”的前提下，制定企业伦理政策。根据企业的特点和产品的消费群体、市场定位等，使用企业特征有明显的说明，不要空洞地使用“我们要讲企业伦理”的表述。

2. 制定守则

企业的存在不仅仅要以营利为目的，还应当承担一定的社会责任。企业伦理守则涉及企业与其他利益相关者——政府、企业主、股东、员工、社区、社会大众（消费者）等的责任关系，所规范的主要内容包含公司的经营理念与道德理想，这反映出公司的文化与运营行为、生存的基本意义和行为的基本方向，守则的条文应该尽可能细化并具有可操作性。在建立伦理法则的同时，通过一系列的奖励、审核以及控制系统将其加以强化，并对破坏伦理规范的行为予以惩罚，全体员工都必须明白，组织里决不容许违反伦理的行为出现。对违规者的默许，将会严重破坏组织走向伦理气候的环境。企业伦理守则应贯彻到经营决策的制定以及重要的企业行为中。我国目前很多中小型的食品生产企业的观点都是将利润放在首位，满足于生产安全符合基本要求，产品质量退而求其次，这样的企业不可能实现长远稳定发展的目标。因此，企业的工作人员应该自觉在控制食品安全、提高产品质量方面多思考、创新，这对于企业和消费者双方都是有利的，尤其是对传统食品的加工，技术有待提升，利用率亟待提高，产品质量评价体系需要完善。企业伦理是内部约束机制，涉及每个岗位每个员工。这里引用一个信息源不详但能说明问题的例子，很多关于企业伦理的话题中都能看到这个例子，具体的说法如下：威塞里尔协会（所谓信息源不详主要是因为这个单位的来历不祥）是一家小型的、为汽车行业提供电子部件的私人供货商，它拥有一本“品质担保手册”，是思想方针、行为指导、技术手册和企业简介的一个统一体，记录了公司对于正直人格的承诺和关于正确行为的指导原则。公司从来不用销售比赛等形式来激励员工的个人工作表现，也不通过销售数字来判断竞争状况，而是教育员工在制定决策时，既要考虑公司和个人的利益，也要考虑供货商、客户以及社会的需求，绝对的诚实、礼貌以及尊重他人是公司业务程序的标准。自步入业界以来，威塞里尔的销售收入不断增长，在一个发展缓慢的行业里创造了奇迹。

3. 领导带头

榜样的力量是无穷的，要下梁不歪必须上梁要正，正确的价值观导向必须从企业上层开始，要求员工做到的，管理者必须要做到，伦理建设也不例外。企业主或企业经营者应率先认识到伦理建设的重要性、必要性和必然性。合法依规经营，正确妥善处理劳资关系，尊重知识产权，保证产品质量，勇于承担社会责任，实行同行、市场公平公正竞争，保护自然、生态环境应该是企业上层优先必须形成的理念。只有上层具有足够的认识，企业伦理建设才能在企业中被推动。企业上层的重要职责之一就是赋予企业正确的价值观，建立支持道德行为的环境，向员工传输共同担当的责任感，让员工体会到遵守伦理是企业文化的重要组成部分，是企业活动积极的一面，而不是权威强加的限制条件。企业上层应为企业倡导的价值观念采取行动，鼓励和奖励员工的伦理道德行为，树立伦理典范，当道德义务发生冲突时，能够“舍利取义”。1985 年，有客户反映海尔冰箱有问题，张瑞敏（海尔品牌创始人）到库房检查，发现有 76 台冰箱确实存在问题。有人提议将问题冰箱低价卖给员工，张瑞敏却抡起铁锤将冰箱砸成了废铁。他表示：“我要是允许把这 76 台冰箱卖了，就等于允许你们明天再生产 760 台、7600 台次品。”当时一台冰箱 800 多元，相当于一个普通职工两年的工资，而且当时市场供不应求，“纸糊的冰箱也能卖出去”。多年后，这把砸冰箱的铁锤被国家博物馆收藏。只有企业上层带头遵守伦理道德规范，企业伦理才会有生长的土壤，企业才能实现长远稳定发展。起点高才能走得远。

4. 员工培训

人文素养对于任何行业的从业者都是必要的，对受教育者有目的地施以道德影响的活动是一定社会道德意识转化为人们道德质量的关键性活动。工程类的人员具有自然科学门类训练的特征，思维不够发散，考虑问题的方法是收敛的。在对员工的教育训练过程中，不要照着伦理守则的条文宣读，可以邀请文科和社会科学的研究者和教师为员工讲课，内容包括提高道德意识、陶冶道德情感、锻炼道德意志、树立道德信念及养成道德行为和习惯等环节。企业可以组织或参与有意义的社会活动，让员工在实践中理解企业伦理，从而推动社会良性改革，提高公司的向心力，激励员工的士气，提升员工的个人质量，促进员工个人对更高层次精神的追求，帮助员工在对待人和物的关系和需求处理方面提高思考的敏感度和关怀度，有助于员工在个人意志中注入道德思想和行为规范。树立典型，弘扬正能量，表扬诚实守信、公平竞争的企业员工和经销商、代理商。营造良好的氛围，有利于激发员工的积极性、创造性和敬业精神，有利于实现企业的经济目标，展现企业良好的精神风貌，树立企业的伦理风范。倡导员工互相协作合作，提高责任感荣誉感，将个人荣辱与企业形象紧密相连。将各项责任都具体分解到人，使员工在工作过程中保持高度的责任感。员工应守岗尽责，落实好岗位责任制。明确的岗位，具体的职责可以保证在生产过程中出现问题时，第一时间追查到岗，追究到人。避免互相推诿，推卸责任，从而提高解决问题的效率。

食品企业伦理建设和培训中，应该明确基本的道德要求。①讲良心。自觉形成道德意识、道德责任和自我评价能力，加强自律。②讲义务。自觉认识和履行对社会和对他人应尽的责任，明确食品生产环节和岗位的道德义务。③讲公正。在处理各种关系时，应该采取符合道德的规范行为，对于利益各方一视同仁，不偏不倚。④讲信誉。信誉是无形的，是在社会交往中建立的对关系的看法和认识，是继续交往的基础，"信誉至上"是企业生存的要则和发展的条件。

关于风险的认识，应该让员工明白：食品安全标准和检测手段不完善受多种技术及有关研究的影响。我国食品和食品添加剂产品所分的类别和明细种类很多。食品中有害物质也会在不同的环境中产生，随着科学技术的发展及生产工艺的改进，一些新的有害物质会被发现，一些之前没有认为有害的食品物质或添加剂会被确定为对健康有风险的物质。新问题的出现，会随着人门对科学认知的加深和提高而变化，对于有明确规定的应该执行，对于存疑的可以通过正常管道向有关部门反映。不断学习，努力提升业务水平和伦理道德水平是每个员工应该坚持做的日常工作之一。针对本企业的生产单元和具体产品，企业要制定明细，细化培训内容，将安全生产、产品安全和伦理准则与企业实际紧密联系，有针对性地进行员工培训。

五、企业的监督机制

企业是社会经济组织，也是社会的组成成员，企业的生产经营管理中存在各种各样的伦理问题，处理和解决这些问题，仅仅通过企业内部的伦理建设是不够的，任何一方都需要监督机制。为了企业的健康发展，对企业的监督应该尽可能采取全方位的监督和评价机制，可以从自我监督、环境监督和行政监督方面考虑。

1. 自我监督

道德行为最终要靠具体的行为个体来完成，企业伦理建设除了内部制度的制定和员工的教育培训外，员工加强自我公民道德修养学习，结合本职工作，将制度要求转变成自觉行动是必须的。监督和强迫之下完成的个体道德行为不能算着是真正的道德行为。作为道德主体的员工，应将伦理道德要求的内在道德义务，用健全的道德性来指导自身的社会行为和工作行为，将自我监督贯穿于行为之中，以达到随心所欲而不逾矩的境界，提高道德认识、培养道德情感、磨练道德意志、积累道德修养。作为整体的企业，只有通过不断的对照、反省、提示、监督，不断提高道德境界，才能成为一个有高度道德觉悟的组织。

2. 环境监督

环境监督是保证企业履行道德义务必不可少的手段。道德环境过于宽松，约束力不够，就可能出现有违道德伦理的行为。严格的环境监督能够防患于未然，使企业弃恶从善，有利于道德风气的改善。环境监督包括三种方式：

① 舆论监督，即利用大众传播媒体进行监督。对企业善行进行褒扬宣传，弘扬正气，对恶行进行鞭挞、谴责。社会舆论监督的效应是巨大的，通过舆论宣传，善行者受到社会的尊重，恶行者受到唾弃。在舆论监督下，企业时时提醒自己检查自己的行为。

② 人际监督。企业的竞争者、合作者、服务对象不断变化，企业行为社会化的程度高，通过彼此监督，可以使企业的行为更加符合道德规范，有利于企业间的交往，维护社会生活正常秩序。

③ 组织监督。通过引入官方的、行业的、民间的组织，如行业协会、消费者协会、合作单位，对企业行为进行全方位的监督，定期不定期地组织恳谈会、通报会等，向社会公开或说明企业的生产和经营行为过程，征求相关方的意见和建议，企业认识不到的非道德行为会被揭示，可帮助企业有效改善日常行为。

④ 同行监督。同行的监督更加专业化，因为他们对情况更了解，有比较就会有进步。同行的监督可以产生好的效果，避免恶性竞争等局面出现，经常性地进行同行交流，取长补短，相互借鉴，相互促进，有助于行业的健康发展。

3. 行政监督

行政监督指政府主管部门监督。道德只是对人们行为（包括企业行为）的软约束，借助政府行政工具，将伦理观与法律法规和标准结合，可以使企业的行为获得社会的普遍认同，提高权威性，使企业伦理成为全体社会成员的共识。法律是刚性的，在法律框架内进行生产和经营是基本要求，任何个人、经济人和组织都不得从事违法的活动。加强对企业生产和经营等行为的监督，让全体员工保持对法律的敬畏感和神圣感，这有助于企业在正确的轨道上运行，避免企业向不良方向发展。很多企业设有内部产品质量审查员，但多数没有法律顾问。社会环境总是处于不断变化中的，新的法律法规、政策、标准等会不断出台，不适应社会、行业、技术发展和产品要求的法律法规、政策和标准等会不断被修订、废止，如果企业行为不能紧跟法律法规、政策和标准的要求，就会在无意识的情况下发生违法、不合规或使用标准不当或错误的问题，这些情况一旦发生，会导致很多问题的出现，企业会因此蒙受重大损失。如标准问题，一旦引用不对，那么预先印制好的包装必须全部作废重新印制。这些错误的发生在于对形势或要求的不了解，属于低级错误。企业应尽可能设置政策法规相关专门部门和专职人员，时时检讨企业生产经营行为与相关标准和规定的符合性，规范企业的生产和经营行为。如果随时关注变化，及时升级管理要求，很多问题则是完全可以避免的，企业就能始终掌握主动权，企业的运行就会保持在正常的轨道上运行。行政监督的主体——政府行政主管部门应经常性走访企业，及时通报政策、法律法规和标准的异动信息，检查了解企业对照要求的符合度，为企业把脉，将事件或事故扼杀在萌芽中，防患于未然。预防性的工作可以带来高效率的结果和良好的效益，也会最大程度上减少发生事故后处理的经济成本和社会成本。

第五节　企业社会责任建设

一、在中国的发展过程

1. 国际化贸易要求

自从我国加入世界贸易组织（World Trade Organization，WTO）以后，中国市场对外开放程度不断提高，企业也处于开放的国际化竞争环境中，组织结构、组织文化、经营理念、行为准则、管理手段和经营方法等，都需要与国际接轨。世界经济全球化，要求企业成为“公民”，企业的员工都应接受社会伦理道德和传统习俗的约束，建立适应形势发展的企业文化，提高企业的社会地位和形象，方能赢得社会的广泛支持和认同。现代企业越来越强调社会责任的建设，中国企业也不能例外，不少企业积极进行了 SA 8000 的认证。

2. 企业的自觉认识

从 20 世纪 90 代中期开始，在国际销售商、品牌商的推动下，企业逐步重视社会责任问题，建立了在国际采购中实施社会责任方面的准则、标准或体系。中国企业开始接受跨国公司实施的社会责任方面的工厂审核。过去对企业社会责任的认识仅限于最基本要求，如①以合理的价格为消费者提供优质产品；②谋取利润并分配给股东；③支付员工薪水，努力保持员工队伍稳定；④支付公司税。21 世纪初，中国的学术机构、非政府组织以及在华国际组织系统地对社会责任进行介绍和广泛研究讨论，政府部门也开始关注企业社会责任建设工作，劳动部和商务部等行政部门调查了中国企业社会责任建设情况。在遵守道德和观念的基础上谋求利润、为社会改革负责的企业行为越来越多地成为共识。

二、建设的必要性

1. 消费者的要求

消费者始终对积极主动承担社会责任的企业表现持欢迎的态度。人们总是趋向于对有责任感和勇于承担义务的行为和群体持有好感，环境的正能量也总是影响着环境中存在的个体的行为方向和方式，正如哲学中所讲的外因和内因的关系那样，外因对内因是可以起很大作用的。消费者的社会责任意识水平和状态在一定程度上影响企业履行社会责任的积极性。研究表明，具有社会责任意识、讲究伦理道德和对伦理道德要求较高的消费者同样会要求企业讲究伦理道德、承担社会责任。消费者不愿购买不负责任、没有公德心甚至危害社会的企业的产品，而愿意为有道德的企业的产品和服务支付较高的价格。消费者具有推动企业履行社会责任的巨大作用，消费者的观念可以影响企业的行为。国外在消费者对早期企业社会责任认知方面的研究认为，具有社会责任意识的消费者具有愿意考虑自己私人消费行为的公共影响，并试图通过自己的购买行为促进社会有益改变的特征。企业社会责任对消费者选择的方式和行为有直接相关的影响，消费者对企业社会责任的认知可以帮助和促进社会对企业的认同和信任，为企业建立良好的声誉。人口统计学的研究发现，在宗教文化丰富的国家和地区，宗教信仰对消费行为和方式有极大的影响作用：印度教消费者更多关注企业人文关怀，天主教消费者更多关注劳资关系，伊斯兰教和犹太教消费者更多关注产品健康。

2. 劳动权利的要求

社会责任中最重要的一条是员工的劳动权利。以人为本是最高的行为准则和要求，劳动者享有基本的劳动权利。社会发展、技术更新、效率提高、人力减少是企业发展的必然趋势。企业需要不减员而增效，在增加投资和项目、扩大产能以增加就业机会外，科学安排劳动力、减少裁员、减轻社会就业压力是企业社会责任的体现。

3. 环境保护的要求

可持续发展是人类社会存在与发展的要求。企业生产经营离不开自然资源的消耗和利用，同时产生影响甚至危害环境的副产品。企业履行社会责任有助于保护资源和环境，通过技术革新和新技术的应用，减少生产活动对环境造成的污染，高效利用能源，降低能源消耗，高效利用和节约自然资源。企业通过公益事业与社区共同建设环保设施，可以净化环境，保护社区及居民的利益。

4. 社会发展的要求

《中华人民共和国公司法》第五条 公司从事经营活动，必须遵守法律、行政法规，遵守社会公德、商业道德，诚实守信，接受政府和社会公众的监督，承担社会责任。公司的合法权益受法保护，不受侵犯。

任何社会都会寻求均衡和稳定的可持续发展路径，经济条件差距太大，贫困地区人口会向富裕地区无序迁移，富裕地区贫穷人口的“仇富心理”高涨，必然带来社会的不稳定。企业履行社会责任有助于缓解贫富差距，消除社会不安定的隐患。企业履行社会责任，可以以资金或技术直接或通过慈善组织、政府活动直接或间接地帮助贫困地区发展经济，为贫困和落后地区提供教育、社会保障和医疗卫生条件，解决当地政府因资金困难而无力投资的问题，帮助落后地区逐步发展社会事业。企业在获得利润的同时，应当对社会包括相关利益方承担相应责任，这是对社会应该做出的回报，应该视为是应尽的义务。

三、建设内容

1. 完善法律体系

企业承担社会责任是社会发展的必然趋势，世界大同是美好的愿景，虽然建立全球统一社会责任标准的可能性不大，但社会责任标准的基本原则一直在朝着统一化的方向发展，许多跨国公司和一些国家的进口商协会也已经采用了社会责任标准。虽然不同的行业和企业生产和经营的产品和从事的服务性质是不同的，但以人类和社会作为消费者和接受者的本质是相同的。人类文明不断进步，企业的社会责任问题越来越受到广泛关注，我国企业要顺应这一趋势，加强社会责任意识。关注社会责任标准的发展态势，积极参与国际多边谈判，在世贸组织的协商机制和框架下，主动参与全球社会责任标准的研讨和起草活动，在未来的标准中为发展中国家特别是我国争取更多的利益，特别是要充分考虑包括我国在内的广大发展中国家所处的发展阶段和具体国情，妥善处理劳工、人权标准与贸易挂钩的问题，力争减轻国外行业标准对我国的实际影响。加强对国际劳工标准特别是核心劳工标准的研究，吸收其合理成分，提出建议，国家层面上应逐步完善《中华人民共和国劳动法》《中华人民共和国社会保险法》《中华人民共和国劳动合同法》，尽快制定《中华人民共和国工资法》《中华人民共和国集体合同法》《中华人民共和国劳动监察法》等法律，形成比较完善的劳动保障法律体系。

2. 加强法规政策制度研究

企业社会责任的内容不是凭空杜撰出来的，其细节存在于政府、社会组织等政策、文件的文字中，是社会的要求和经验的总结。建设企业的社会责任，其原则在于加强企业社会责任意识，坚持以人为本，改善职工待遇，尽量将社会责任标准中的合理要求融入企业的管理体系和企业文化之中，并把社会责任管理贯彻到企业管理的各个方面，提高企业履行社会责任的自觉性。通过对社会责任的背景和发展趋势、企业社会责任在中国社会责任管理体系中地位的深度剖析，不断更新经营理念，完善经营模式，梳理责任体系，提高企业综合的竞争力。在制定社会责任建设规划时，应加强政策、法规和制度的研究，结合企业的实际情况，保证建设的内容和程序合法合规合理。研究社会责任标准中的组成部分，提出企业社会责任的基本要素，制定社会责任标准或技术规范。对于企业社会责任建设的效果，可以组织由行业协会、企业工会和研究机构参与的委员会进行审核评价。

3. 具体内容要求

企业社会责任因企业的性质、组织结构、经营范围、经营方式等的不同在具体内容的表述方面会有差别，但主要的范围应包含以下方面。

（1）企业对政府的责任　企业必须自觉遵守法律法规的规定，合法经营，按章纳税，接受政府的监督和管理，积极承担和履行政府规定的责任和义务。

（2）企业对股东的责任　企业对股东的资金安全和收益负责，力争为股东赚取更大的利润，增加投资回报率。企业应按章程要求向股东提供真实、可靠的经营和投资方面的信息，不欺骗投资者。上市公司定期向股东和社会提供真实准确的经营情况报告和财务报告。

（3）企业对消费者的责任　企业应为消费者提供价格合理、安全、质量合格的商品和满意周到的服务，最大程度满足消费者的物质和精神需求。不欺诈消费者和谋取暴利，自觉接受政府行政管理部门和消费者的监督，及时认真妥善处理消费者的投诉和意见回馈，主动发现问题并及时处置。

（4）企业对员工的责任　企业应按照 SA 8000 标准及其认证体系的要求，保证员工的合法权益，不断提高员工福利，为员工提供学习提高的机会和条件。禁用童工。

（5）企业对资源环境和可持续发展的责任　企业以可持续发展为原则，限制使用高污染、高排放、高能耗的技术和工艺，减少废弃物的排放，加强可回收物的利用，增加过程循环利用。

（6）企业对社区的责任　企业与所在社区建立和谐融洽的相互关系，为社区提供就业机会，积极参与社区公共事务，资助社区公益活动，向社区通报企业生产经营的相关信息，尤其是可能影响居民日常生活的问题等。

（7）企业对科技发展的责任　企业高度重视引进技术的消化吸收和科技改造，加大资金与人员的投入，研发具有自主知识产权的核心技术，驱动机制创新，提高生产经营效率和能力，为产业进步和升级做出应有的贡献。

4. 社会责任实施

企业的社会责任与竞争力提升是企业社会责任管理能力提升的应用指南。企业社会责任构建可以分为 4 部分。

（1）企业应该建立明确的流程，确保社会问题以及新兴社会力量在最高级别得到充分探讨，并纳入公司战略规划中，从公司总体发展战略出发，将企业的社会责任贯穿到公司的全部生产和经营活动中去。

（2）企业应该设置负责社会责任推行专门的机构，同时应设置相应的社会责任考核指标。

（3）培养企业员工的社会责任意识，使企业的每个员工在日常行为中自觉履行社会责任。

（4）持续定期向社会发放企业社会责任报告，全面真实地展现企业公民形象。

《中华人民共和国食品安全法》规定："食品生产经营者应当依照法律、法规和食品安全标准从事生产经营活动，对社会和公众负责，保证食品安全，接受社会监督，承担社会责任。"食品企业不仅是经济的单位，更是社会的组成部分，在严格遵守食品安全法规定的前提下从事食品的生产和经营活动是企业行为的基本要求，为消费者提供安全健康的食品是食品企业的社会责任。

伦理道德是企业生存与发展的基础，加强企业伦理与社会责任的建设，建立富有责任感的良好企业信誉是企业的立命之本。企业应对照 SA 8000 体系和"联合国全球契约十原则"的具体要求，借鉴国际经验，坚持"以人为本"，切实维护员工权益，努力提高生产经营和管理管理水平，将经济目标与企业伦理相统一，诚信守法，安全生产，清洁生产，保护环境，减少污染，生产优质产品，承担社会责任。企业应将伦理与社会责任看作是企业竞争力的核心资源，走出经济效益与社会责任冲突的误区。建立企业公信力，增强合作伙伴对企业的长期信心。培养消费者与企业和产品的感情，实现企业经济利益、员工利益和社会利益多赢局面，真正实现企业的健康发展、可持续发展。完善企业制度，加强对员工的道德教育，提高员工的道德境界，将社会责任纳入经营战略中，制定以责任为核心的企业经营管理目标，加强社会监督，督促企业自觉遵守企业伦理、履行社会责任。保护消费者合法权益，使企业、社会和经济之间平衡发展。不采取不正当的手段进行恶性竞争。

安全是保障，质量是核心，消费者满意才是食品企业的最后目标。高效适度加工、对食品生产原料进行充分利用、减少原料损失、节约自然资源、减少环境污染、保护生态环境、为消费者提供安全、健康、丰富的食品产品是食品企业社会责任的具体体现。

第四章

食品工业相关产业的伦理

产业是同类属性的经济活动的集合，是社会分工产生的，其内涵和外延具有多层性，随社会分工的发展和社会生产力水平的提高而不断充实和扩展。世界各国对产业的划分不完全一致，但基本都是按照数字顺序划分为三大类，即第一产业、第二产业和第三产业，这样的三大产业也是联合国使用的分类方法。第一产业指生产食品材料和其他生物材料的产业，包括种植业、林业、畜牧业、水产养殖业等直接以自然物为生产对象的产业；第二产业主要指加工制造产业，利用自然界和第一产业提供的基本材料进行加工处理，包括制造业、采掘业、建筑业和公共工程、水电油气、医药制造；第三产业是指第一、第二产业以外的其他行业，范围比较广泛，主要产业包括商业、金融业、交通运输、通信、教育、服务业及其他非物质生产部门。食品工业主要以农业、渔业、畜牧业、林业或化学工业的产品或半成品为原料，通过提取、加工或制造形成半成品或成品的工业，是具有连续而有组织的经济活动的工业体系。食品工业从原料采集到产品加工，涉及的产业面广、过程多，是最大规模的工业，是第一大产业，生产总值在国民经济组成中排名第一。食品相关的部门分类包括原料生产、加工制造、物流配送和终端销售 4 个方面，食品工程伦理不是仅局限于食品工厂的伦理，应该包括食品从生产到消费的全过程。应该注意到，在食品安全问题上，很多伦理问题会很容易演变成法律问题。

人口增多，对食品的需求就越来越大，为了保证产量，原料生产的“工业化”程度就要加大，新技术不断出现并被利用，从功利论的观点出发，满足所有人的食物需求是正确的，然而，生产的方式和营养及生命的健康与环境是有冲突的，答案不易找到。消费者简单地分类并认为“最好的食品就是自然食品”“自然的食品＝未加工的食品”“不自然的食品＝技术改造过的食品”，加之添加剂的使用、食品直接接触材料的安全性、食品物流过程的质量保证和控制之类的问题始终被消费者诟病，也给食品生产经营者带来了伦理困惑。

第一节　食品原料生产的伦理

食品工业的原料来源广泛，主要是食用农畜水产品。根据生物学性质进行大的分类，可以将食用农产品分为陆生和水生植物性产品及陆生和水生动物性产品，水产品又分为淡水产品和海水产品。

一、无公害食品、绿色食品、有机食品

从安全角度来看，我国曾将农产品和食品分为一般农产品、无公害农产品（包括蔬菜、水果、畜禽和水产品 4 大类）、绿色食品（分为 A 级和 AA 级）和有机食品（又称生态食品）。

所谓无公害食品，指的是无污染、无毒害、安全优质的食品，在国外称为无污染食品、生态食品、自然食品。在我国，无公害食品生产地环境清洁，按规定的技术操作规程生产，将有害物质控制在规定的标准内，并通过部门授权审定批准，可以使用无公害食品标志的食品。

绿色食品要求在无污染的条件下种植、养殖，施有机肥料，不使用高毒性、高残留的

农药，在标准环境、生产技术、卫生标准下被加工生产。绿色食品加工涉及添加剂使用的，应符合《绿色食品　食品添加剂使用准则》（NY/T 392—2013）。A 级绿色食品中不允许限量使用化学合成的食品添加剂，AA 级绿色食品中不允许使用化学合成的食品添加剂。AA 级绿色食品中只允许使用“AA 级绿色食品生产数据”食品添加剂类产品，但在这类产品均不能满足生产需要时，允许使用以物理方法，从天然物中分离出来，经过毒理学评价，确认使用是安全的食品添加剂。A 级绿色食品中允许使用“AA 级和 A 级绿色食品生产数据”食品添加剂类产品，在以上产品均不能满足生产需要的前提下，允许使用非限制的化学合成食品添加剂，具体规定可参见《绿色食品　食品添加剂使用准则》（NY/T 392—2013）的说明。

有机食品（Organic Food）又称生态或生物食品等，有机食品是国际上对无污染天然食品比较统一的提法。有机食品通常来自有机农业生产体系，有机食品的生产和加工，不使用化学农药、化肥、化学防腐剂等合成物质，也不用基因工程生物及其产物，因此，有机食品是一类真正来自自然、富营养、高质量和安全环保的生态食品。在中国，有机食品加工的基本要求是①原料必须是获得有机认证的产品或野生无污染的天然产品；②已获得有机认证的原料在终产品中所占的比例不得少于 95%；③只使用天然的调料、色素和香料等辅助原料，不用人工合成的添加剂，其标准必须符合《食品安全国家标准　食品添加剂使用标准》（GB 2760—2014），该标准的更新较快，应注意最新版本；④有机食品在生产、加工、贮存和运输过程中应避免化学物质的污染；⑤有机食品在其生产加工过程中绝对禁止使用农药、化肥、激素等人工合成物质，并且不允许使用基因工程技术。其他食品则允许有限使用这些技术，且不禁止基因工程技术的使用。如绿色食品对基因工程和辐射技术的使用就未作规定。有机食品的加工除了对允许使用的非农业源配料和添加剂有规定外，对添加剂和加工助剂的使用也有严格的限制，首先是使用的必要性，这一点也许正是商家所谓“零添加”的来源，似乎零添加就是“有机”。有机食品添加剂和加工助剂的使用还有条件和使用顺序的要求。

《农产品安全质量无公害蔬菜安全要求》（GB 18406. 1—2001）规定了无公害蔬菜中重金属、硝酸盐、亚硝酸盐和农药残留限量及检验方法，《农产品安全质量无公害水果安全要求》（GB 18406. 2—2001）规定了无公害水果中重金属、硝酸盐、亚硝酸盐和农药残留给出了限量和检验方法，《农产品安全质量无公害畜禽肉安全要求》（GB 18406. 3—2001）规定了无公害畜禽肉产品中重金属、亚硝酸盐、农药和兽药残留给出了限量和检验方法，《农产品安全质量无公害水产品安全要求》（GB 18406. 4—2001）规定了无公害水产品中的感官、鲜度及微生物指标和检测方法。《农产品安全质量无公害蔬菜产地环境要求》（GB/T 18407. 1—2001）规定了无公害蔬菜生产的水、空气、土壤等环境条件，《农产品安全质量无公害水果产地环境要求》（GB/T 18407. 2—2001）规定了无公害水果生产的水、空气、土壤等环境条件，《农产品安全质量无公害水产品产地环境要求》（GB/T 18407. 3—2001）规定了畜禽生产的养殖场、屠宰和畜禽类产品加工厂的选址和设施，生产的畜禽饮用水、环境空气质量、畜禽场空气环境质量及加工厂水质指标及检测方法及防疫制度及消毒措施，《农产品安全质量无公害水产品产地环境要求》（GB/T 18407. 4—2001）规定了水产品生产的养殖场、水质和底质的指标及测定方法。《有机产品第 1 部分：生产》（GB/T 19630. 1—2011）、《有机产品第 2 部分：加工》（GB/T 19630. 2—2016）、

《有机产品第3部分：标识与销售》（GB/T 19630.3—2011）和《有机产品第4部分：管理体系》（GB/T 19630.4—2016）对有机食品的生产、加工、标识与销售及管理体系做出了明确要求和规定。

从生产加工的安全要求和消费对象及运作方式上看，有机食品、绿色食品和无公害农产品之间有着很大的区别。无公害食品产地环境质量标准与绿色食品产地环境质量标准的主要区别是：无公害食品同一类产品不同品种制定了不同的环境标准，而这些环境标准之间没有或有很小的差异，其指标主要参考了绿色食品产地环境质量标准；绿色食品是同一类产品制定一个通用的环境标准，其可操作性更强。

从营养角度来看，并没有足够的证据证明这些不同安全等级的农产品/食品之间有显著的营养差异。有机食品倡导回归自然，绿色食品要求生产环境良好，需要引起足够重视的是，无公害农产品应该是农业生产的底线，而一般农产品不经过适当的处理加工，很有可能存在安全隐患。广义上，无公害农产品也包括有机食品和绿色食品。食品原料生产的伦理问题很多是存在于农产品的生产过程中的，涉及农业生产资料：肥料、农兽药和激素等投入品，生产环境：土壤、水和空气，生产过程管理：生产数据的规范使用，贮藏条件和环境：温度和湿度控制，包装：材料、设计、形状、大小，物流运输：容器的洁净程度、冷链温度控制、鲜活农产品保鲜、不同种类农产品隔离。

这里有一个概念值得注意，即所谓一般农产品似乎是可以有害的，因为其他几种称呼——有机食品、绿色食品、无公害食品——都是无害的。从对食品的定义来看，无论是国际政府或是行业协会组织，还是法律条款民间说法，无害都是食品应满足的前提，所以人为地制造炒作一些概念，甚至以国家的名义来做，这是对食品安全的不负责任。食品是人类生存的物质保证，仅要求其“无公害”是不能被接受的。GB 18406 和 GB/T 18407 系列国家标准已于2015年3月1日起被废止。

二、食用农产品的安全伦理

食用农产品的特点是品种繁多，具有生物性，鲜活、易腐败、难贮藏，产品大小和形状均匀度等规格不统一。除去纯手工制作方式的原料对形状、大小等要求较低外，适合工业化生产用的农产品原料规格的要求一般较高，以利于机械设备的标准化加工。从农田、牧场、海洋、水产养殖场到餐桌的食用农产品生产过程环节多、周期长。虽然农村建设和农村城镇化的进步很快，然而，土地所有制形式没变，家庭农场和专业合作社的规模都较小，大宗农产品的生产方式主要还是农民一家一户式的小规模经营，最终产品的质量和安全控制手段有限。

农业生产过程一般分为产前、产中和产后3个阶段，肥料和农药的使用通常在产前和产中两个阶段使用较多，之后的收获（产后）到贮藏阶段有一定的缓冲时间再进入下一个使用过程，即对于食品工业而言，食用农产品的产后就是食品的产前。大型食品企业可能具备农产品（包括园产品、畜产品、水产品）等原料生产基地，从产业链上可以做到源头控制和过程、产品的可追溯。然而，更多的情况是必须面对来自不同规模、不同区域范围、不同生产方式的不同原料品种的、小规模的农户生产的、食用农产品原料的混合。大宗农产品，如粮食和油料的贮藏期间，会使用杀虫剂防止贮藏害虫。

从国家层面上看，目前政府无论是理念还是实际行动上，都把食品安全问题提高到了一个历史高度，从立法到日常监督，无不从严至极。颁布的相关法律包括：《中华人民共和国食品安全法》《中华人民共和国农产品质量安全法》《中华人民共和国动物防疫法》《中华人民共和国渔业法》等。地方各级党委和政府也根据中央要求，把食品安全问题列入主要负责人责任的工作事项中。然而，从国民素质来看，农产品安全生产中的伦理问题依然严重，伦理问题存在于食用农产品产业链的全过程中。现在社会从事食用农产品生产、加工、物流、销售的人员已经不仅仅限于传统称呼上的农民了，相关从业人员的伦理观会影响食用农产品产业的发展。

小农意识的长期存在和以人工为主的生产方式使得很多的食用农产品生产者缺乏伦理自觉。没有规章，不懂得什么是制度，也不管什么是制度，不接受约束，没有自律，随心所欲，公私不分、轻重不分，只分内（自家用）外（别人用），于是，就会出现追求利益至上的价值观，唯利是图。这种现象不仅出现在个体经营者身上，也出现在较大甚至很大规模的企业身上（如曾经的河北石家庄三鹿集团，在第七章的案例中会重点分析）。

有一种普遍的现象存在，这就是种植者会根据产品用途选择施药方式，如自家吃的菜（粮）可能就不施药，而拿到市场上卖给别人吃的就施药，一般还可能会施重药，理由很奇葩："城里人有钱，生病了他们可以买药吃"。另一种现象是，为了卖相好用水浸泡、喷洒，而所用的水是来自死水潭或臭水沟的。用于销售而不是自家食用的粮食，如稻子、麦子、油菜籽等就放在马路上晒，不管柏油高温蒸汽对粮食、汽车废气的污染等。

养殖者为了保证肉品的质感、外观色泽和绝对不受病菌和病毒侵染，而大剂量、超剂量、违规使用兽药如盐酸克伦特罗（瘦肉精）和抗生素及鱼药如孔雀石绿等。

深海捕捞为了保证海产品新鲜，曾经使用硫磺熏蒸杀菌、护色。二氧化硫残留对食用者有安全隐患，对操作工的身体有直接伤害，会引起呼吸道损伤。采用冷冻保藏的情况下，如遇有制冷机组不能工作或制冷能力不足的问题，制冷效果差甚至不能达到冻结的要求，此时产品会因回温而发生内部生理和生化反应，甚至会产生有害有毒物质，重新冻结后从产品外观上无法辨别，但安全隐患是存在的。如何妥善处理这样的产品，取决于经营者的价值观和对职业伦理的认识。

一些农产品打着绿色食品、有机食品的幌子销售，而实际生产场所就在公路旁。例如，杭州某很著名的茶叶产地，那里的茶农基本以经营茶楼为日常主业。周末城里人去喝茶休闲，家家都说是提供的是有机茶，而实际上茶场就在茶楼旁的丘陵坡地上，茶客开车前往可直达茶楼，且那个山凹通风条件很差，汽车废气都无法排出，何来"有机"？

农产品的生产受到现代种养方式的影响，使人们产生概念上的混淆，为不法商人钻法规和标准的空子、虚假宣传提供了条件，给消费者造成误导，使消费者不能正确区分哪些产品是真正的安全食品。上述3种食品概念的提出，本身应该是有矛盾的：无公害食品、绿色食品、有机食品是"高级"的安全食品，具有特殊标签和生产要求，反过来是不是说相对于这些概念而言，其他被称为普通食品或一般食品的产品就可以是有"害"的呢？很多时候，人们趋向于搞文字游戏，而这些文字的应用却经不起推敲，问题的关键在于这些文字是用于欺骗没有信息来源或不能识别信息真假的消费者的，是严重的失德、不讲伦理的表现。

三、设施农业

欧洲、日本等通常使用“设施农业（Protected Agriculture）”，美国等通常使用“可控环境农业（Controlled Environmental Agriculture）”的说法。设施农业是指环境相对可控条件下，采用工程技术手段，进行动植物高效生产的现代农业方式。设施农业主要包括设施园艺和设施养殖两大部分，设施养殖主要有水产养殖和畜牧养殖两大类。

设施农业采用人工技术手段来改变自然光温条件，创造优化动植物生长的环境因子，使其能够全天候生长。设施农业是新的生产技术体系，其核心设施是环境安全型温室和环境安全型畜禽舍。关键技术是能够最大限度利用太阳能的覆盖材料，做到寒冷季节高透明高保温，夏季降温，能够将太阳光无用光波转变为适应光合作用需要的光波，且具有良好的防尘抗污功能等。根据不同的种养品种，人们需要将设施农业设计成不同的设施类型，同时选择适宜的品种和相应的栽培技术。2012 年，我国设施农业面积已占世界总面积 85%以上，其中 95%以上是利用聚烯烃温室大棚膜覆盖的。我国设施农业已经成为世界上最大面积利用太阳能的工程，绝对的数量优势使我国设施农业进入量变质变转化期，技术水准越来越接近世界先进水平。设施栽培是露天种植产量的 3.5 倍，我国人均耕地面积仅有世界人均面积 40%，发展设施农业可以解决我国人多地少制约可持续发展的问题。

设施农业的发展丰富了市场，提供多种反季节农产品，提高了农业效益，为消费者提供了更多的选择。但是在这种新技术的使用中，农产品不再是“自然”生长模式，生产过程更多地出现人为因素，产品的习性发生了改变，产品名称不变，形态、组成、风味及口感等都可能发生很大变化。由于是高密度、大规模生产，在植物生产过程中无疑会大量使用杀虫剂和肥料，农药残留不容小觑；动物生产过程中大量使用抗生素，会导致超级细菌的出现，动物饲养并作为食品原料，不讲动物福利，忽视动物伦理，集约化养殖会造成环境污染等，设施农业生产方式带来的伦理困境远远不止这些。罗马帝国时代的希腊作家、哲学家和历史学家普鲁塔克（拉丁名：Plutarchus，约 46—120 年，图 4-1）说：“为了一小口肉，我们剥夺了一个受到太阳和光明滋养的灵魂，以及它落生以来所享有的那段生命和时间。”

图 4-1 普鲁塔克（Plutarchus 约 46—120 年）

对于“人类吃肉”是为了需求还是享受，人们有不同的看法。反对“需求说”的观点认为，当今世界上有数百万的素食者足以说明摄取肉类并不是人类健康必需的。从生态学的角度看，有一个很强的理由主张人类不应该食肉，说集约化养殖方式是养活全球日益增长的人口的一个必要措施是完全错误的，因为利用种植的植物饲养工厂化养殖的动物使其长肉，这是一个能量浪费的过程，直接食用植物而不是绕道食用经过浪费能量的产肉动物，会有更多的机会养活快速增长的人口。

2008 年，美国环保人士拍摄过一部名为“食品公司”（*Food Inc.*）的纪录片，其中描述了很多有关圈养鸡和转基因大豆、玉米的生产。鸡饲料中使用大量抗生素可保证高密度饲养鸡群不被病菌感染，粮食种子被孟山都公司（Monsanto Company）控制。世界上最早的和最多的转基因农作物种子都在孟山都，该公司目前是全球转基因种子的领先生产商。孟山都公司誓言宣称（http：//www. monsanto. com. cn/whoweare/Pages/our-pledge. aspx）："我们对如何开展业务所作出的承诺。它将激励我们聆听更多的意见和建议，思忖我们的行为及其所产生的广泛影响、负责任地引导业界的发展和进步。它帮助我们将价值观转化为实际行动，并明确我们自身存在的意义和我们所追求的目标"做到"诚信，对话，透明，分享，造福，尊重，发扬主人翁精神，创造最佳工作场所"。根据在影片中被采访的种植者的反映，孟山都公司要求种植者都使用它们的转基因种子，如若不然，则会产生对种植者不利的后果，种植者被剥夺了公平正义论中的自由选择权，未得到足够的"尊重"。孟山都公司似乎也未能很好地遵从商谈伦理，做到它们声称的"对话"。大公司声称这是为了从地球上消除饥饿和营养不良问题，这也许没有错，而且是一项造福人类的善举。但是，姑且不论它们是否做到如其所说的那样，毋庸置疑获取大的利益才是公司的出发点，而且采取了不道德的手段。

第二节　功能食品与伦理

食品的功能从温饱的营养性到美味的嗜好性再到"调节身体机能"的功能性，被认为是食品的三个特征功能。三个功能理论最早于 20 世纪 60 年代由日本科学家提出，后来得到全世界的认同。1984—1986 年，日本文部省的专门研究小组在"食品机能的系统性解析与展开"成果报告中提出了"机能性食品"的概念。功能食品在我国多属于学术术语，强调其生理功能，受国外的影响，于 20 世纪 80 年代开始在我国迅速蔓延至食品类高校和科研机构，掀起了功能食品研究的热潮。从日本的"机能食品"到美国的"功能食品"，这种介于药品和食品之间的名称不断影响我们的学术界，西方营养学的观点和研究结果被直接拿来，不考虑国情的"强加"态度在学术界也是伦理问题。以至于我国的食品科学与工程及其他食品相关专业的研究生论文选题以"陷入"医学、营养学、分子生物学等领域越深越显得高级，食品工程专业应该研究的本体任务越来越被淡化。

保健食品是我国传统的、民族的食品，虽然这类食品也包括在食品生产许可的分类目录中，但因为其与普通食品相比比较特殊，所以单独讨论。

预防疾病，提高生活质量，拥有健康的体魄，延年益寿，是每个人的追求和向往，"治未病"是养生的根本。约公元前 500 多年前道家就研究养生哲学，西汉时期集成的《黄帝内经》，成为医药养生经典。"空腹食之为食物，患者食之为药物"，反映出"药食同源"（又称"医食同源"）的思想。随着经验的积累，药食才开始分化。学会用火之后，人们开始食用煮熟的食物，烹调加工技术逐渐发展起来。在食与药开始分化的同时，食疗与药疗也逐渐分化。《黄帝内经》对食疗有非常卓越的理论，如"大毒治病，十去其六；常毒治病，十去其七；小毒治病，十去其八；无毒治病，十去其九；谷肉果菜，食养尽之，无使过之，伤其正也"，这可称为最早的食疗原则。这一理论认为，许多食物既是食物也是药物，食物和药物一样同样能够防治疾病。在古代原始社会中，人们在寻找食物的过程中发现了各种食物和药物的性味和功效，认识到许多食物可以药用，许多药物也可以食用。这就是"药食同源"理论的基础，也是食物疗法的基础。国家对"药食两用"有严格的规定，公布了"既是食品又是药品的物品名单"。目前有 101 种被列入目录的物品：丁香、八角茴香、刀豆、小茴香、小蓟、山药、山楂、马齿苋、乌梢蛇、乌梅、木瓜、火麻仁、代代花、玉竹、甘草、白芷、白果、白扁豆、白扁豆花、龙眼肉（桂圆）、决明子、百合、肉豆蔻、肉桂、余甘子、佛手、杏仁（甜、苦）、沙棘、芡实、花椒、赤小豆、阿胶、鸡内金、麦芽、昆布、枣（大枣、酸枣、黑枣）、罗汉果、郁李仁、金银花、青果、鱼腥草、姜（生姜、干姜）、枳椇子、枸杞子、栀子、砂仁、胖大海、茯苓、香橼、香薷、桃仁、桑叶、桑椹、桔红、桔梗、益智仁、荷叶、莱菔子、莲子、高良姜、淡竹叶、淡豆豉、菊花、菊苣、黄芥子、黄精、紫苏、紫苏籽、葛根、黑芝麻、黑胡椒、槐米（槐花）、蒲公英、蜂蜜、榧子、酸枣仁、鲜白茅根、鲜芦根、蝮蛇、橘皮、薄荷、薏苡仁、薤白、覆盆子、藿香、人参、山银花、芫荽、玫瑰、松花粉、油松、粉葛、布渣叶、夏枯草、当归、山柰、西红花、草果、姜黄、荜茇。

根据规定，保健品可以声称以下功能之一：①增强免疫力；②辅助降血脂；③辅助降血糖；④抗氧化；⑤辅助改善记忆；⑥缓解视疲劳；⑦促进排铅；⑧清咽；⑨辅助降血压；⑩改善睡眠；⑪促进泌乳；⑫缓解体力疲劳；⑬提高缺氧耐受力；⑭对辐射危害有辅助保护功能；⑮减肥；⑯改善生长发育；⑰增加骨密度；⑱改善营养性贫血；⑲对化学性肝损伤的辅助保护作用；⑳祛痤疮；㉑祛黄褐斑；㉒改善皮肤水分；㉓改善皮肤油分；㉔调节肠道菌群；㉕促进消化；㉖通便；㉗对胃黏膜损伤有辅助保护功能。

《保健食品注册与备案管理办法》根据《中华人民共和国食品安全法》制定，为原国家食品药品监督管理总局于 2016 年 2 月 26 日发布，自 2016 年 7 月 1 日起施行，目的是规范保健食品的注册与备案。

《保健食品注册与备案管理办法》严格规定：“保健食品是指声称具有特定保健功能或者以补充维生素、矿物质为目的的食品，即适宜于特定人群食用，具有调节机体功能，不以治疗疾病为目的，并且对人体不产生任何急性、亚急性或者慢性危害的食品。”另有具体要求如：

第五十五条　保健食品的标签、说明书主要内容不得涉及疾病预防、治疗功能，并声明“本品不能代替药物”。

第五十七条　保健食品名称不得含有下列内容：

（一）虚假、夸大或者绝对化的词语；

（二）明示或者暗示预防、治疗功能的词语；

（三）庸俗或者带有封建迷信色彩的词语；

（四）人体组织器官等词语；

（五）除“”之外的符号；

（六）其他误导消费者的词语。

虽然我国多数保健品的作用和功能不能用现代科学进行解释或明确证明（中医药发展的瓶颈也在于此），然而数百年来的中国传统养身保健是有历史基础的，保健作用确实是存在的。保健品的作用因能“强身健体，延年益寿”而身价居高不下，所以保健品从来都是高档礼品，“拿得出手”“送礼有面子”。保健品的消费者主要是老年人，也有部分有经济条件的消费者主动选择食用保健品，虽然他/她知道不一定有明显效果。由于保健食品的特殊性，保健食品市场始终是鱼龙混杂的，商家的逐利行为很容易使其走上“旁门左道”。有些保健食品企业在产品中使用非药食两用成分，添加药物以提高产品的“功能性”。企业的社会责任、公平论、义务论在这里受到严重质疑，最大利润的“利益（多是暴利）至上”成为很多保健食品生产经营企业的唯一追求。不负责任的事情甚至发生于“百年老店”中，2018 年 12 月 15 日，江苏电视台城市频道《零距离》栏目播出了盐城金蜂食品科技有限公司“回收过期蜂蜜、更改包装标签”的新闻，说的就是“老字号”北京同仁堂股份有限公司下属三级企业同仁堂蜂业违法受罚的事件。

第三节　食品包装与伦理

一、食品包装概述

食品包装是食品商品的组成部分，食品包装工程是食品工业过程中的主要工程之一。包装既是动词又是名词，可以是指包装技术、包装材料、产品的容器或包被，也可以是指包装操作过程。这里的食品包装特指包被物材料的“物”性，它具有在流通过程中，防止食品受到机械（力）、生物（微生物）、化学（氧气、水汽）、物理（射线）等因素的损害、保持食品本身稳定质量的功能，便于贮藏、运输、销售及管理，便利消费者食用，更重要的是，包装可以为消费者提供商品信息，是“无声的推销员”，巧妙的设计可以增加产品对消费者的吸引力，具有物质成本以外的价值。食品的包装装潢设计具有无限的创作空间，无论是包装的内在价值还是外在价值都有很丰富的内容，色彩、造型、材料、工艺等，可以赋予食品包装特定的价值，因此，食品包装工程也是食品制造系统工程的不可分割的重要组成部分。

二、食品包装伦理

食品包装的制造，什么材料的包装和什么样的包装技术，都不是本书的关注点。食品工程伦理要讨论的是食品生产制造所用的有关食品包装的伦理问题。

（1）过度包装和豪华包装　食品，尤其是节日食品、地方特产、高档产品等的过度包装、豪华包装是普遍现象——包装大内容物小、包装豪华内容物普通。礼品包装的价值占商品的 20%以上甚至一半，曾经的天价月饼就是这样过度包装的。酒水和保健食品等高档消费品无不是形式大于内容。

（2）消耗资源破坏环境　任何不必要的消耗都是极大的浪费，包装材料的生产过程无疑需要消耗自然资源。过度包装、大量包装的结果是，塑料包装消耗石油矿产，包装产品的垃圾增多，同时使生态环境保护的压力增大。高档印刷用纸则需大量砍伐树木。从人力资源方面来看，垃圾的运输、处理都需要人力完成，大量包装物的处理无疑增加了城市空间的劳动负担，降低了人力资源效率。

（3）夸大宣传　利用消费者相关知识的缺乏和信息的不对称情况，商家在包装上标以夸大的、虚假的、甚至错误的信息，误导消费者。利用公众人物如影视明星，做夸大宣传或虚假宣传，尤其是夸大保健食品和特殊膳食食品的功能宣传。有些企业还钻法规空子，造新词炒概念，伪专家解读，混淆视听，欺蒙消费者。

（4）信息不全面　食品原料的来源广泛，消费者的个体差异很大，很多食品成分会造成部分消费者的身体不适，严重的可能致病甚至造成生命危险，例如，个体对坚果过敏是食品过敏最常见的问题。乳制品、花生等坚果、大豆、小麦面筋蛋白、水产品对特定人群都是过敏原，应该在食品包装上明确标示，有些商家为了销量，隐瞒可能存在的食品致过敏隐患，不明确做出对不宜人群的提示和警示，导致消费者食用食品后出现过敏反应。更有绝大多数消费者敏感的转基因成分问题，企业在产品说明上避而不谈。

（5）食品接触材料的加工助剂使用安全　食品的包装由内包装和外包装组成，内包装是与食品直接接触的材料，其安全性要求较高。

（6）一次性包装泛滥　既浪费自然资源，又更多地造成社会人力、物力、财力资源的严重浪费，挤占人们的生存空间，破坏自然环境。

三、食品直接接触包装的安全性——以 PET 为例

能与食品直接接触的包装材料有很多，消费者有知情权和选择权。考虑到关于 PET 安全性的研究较为全面和系统，适用范围也很广泛，具有一定的代表性，因此，本书将其作为一个案例介绍。

1. PET 的性质和特点

聚对苯二甲酸乙二（醇）酯［Polyethylene（glycol）terephthalate，PET］，化学式为［$COC_6H_4COOCH_2CH_2O$］$_n$，中文的名字较多，有聚对苯二甲酸乙二酯、聚对酞酸乙二酯、的确良、涤纶、聚乙烯对苯二甲酸酯、达克纶等。人们最早发现的是该材料的纤维特性，所以将其作纺织材料。PET 是一种纯净的聚合物，由对苯二甲酸二甲酯与乙二醇酯交换或以对苯二甲酸与乙二醇酯化先合成对苯二甲酸双羟乙酯，然后进行缩聚反应制得（图 4-2），属结晶型饱和聚酯，为乳白色或浅黄色、高度结晶的聚合物，表面平滑有光泽。

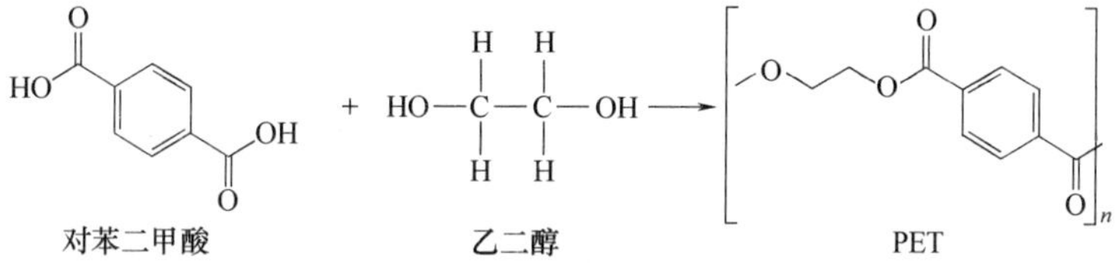

图 4-2　PET 合成的基本反应

PET 是英国曼彻斯特印花布工协会（Calico Printer's Association of Manchester）的约翰·雷克斯·温菲尔德（John Rex Whinfield）与詹姆斯·坦南特·迪克逊（James Tennant Dickson）及同事们发明的，1941 年申请了专利，1946 年英国发表了第一个制备 PET 的专利，1949 年英国的帝国化学公司（Imperial Chemical Industries，ICI）完成中试。其后，美国杜邦公司（DuPont de Nemours，Inc.）取得 PET 在美国的使用权，ICI 取得该专利在其他国家的使用权。1953 年美国杜邦公司建立了生产装置，在世界最先实现工业化生产。初期 PET 几乎都用于合成纤维（我国俗称涤纶、的确良）。20 世纪 80 年代以来，PET 被作为工程塑料，相继被研制成核剂和结晶促进剂，PET 与聚对苯二甲酸

二醇酯（Polybutylene Terephthalate，PBT）一起作为热塑性聚酯，成为五大工程塑料之一。

PET具有以下特点：①有良好的力学性能，冲击强度是其他薄膜的3～5倍，耐折性好；②耐油、耐脂肪、耐烯酸、稀碱，耐大多数溶剂；③可在55～60℃温度范围内长期使用，短期使用可耐65℃高温，可耐－70℃低温，且高、低温时对其机械性能影响很小；④气体和水蒸气渗透率低，有优良的阻气、水、油及异味性能；⑤透明度高，可阻挡紫外线，光泽性好；⑥无毒、无味，卫生安全性好，可直接用于食品包装。PET可进行回收循环再利用，它很可能是欧洲第一个被批准在食品接触材料中回收利用的聚合物。

2. PET的组成

PET生产的材料有基本组成的单体、用于改性的共聚单体、催化剂加工助剂和增效剂（净化剂、阻隔剂、耐温剂和复加热增效剂）。

生产PET的单体主要是对苯二甲酸（Paraphthalic Acid，PTA；或Terephthalic Acid，TA）和二甲基-1,4-苯二羧酸酯（Dimethyl Terephthalate，DMT；或对苯二甲酸二甲酯）。对苯二甲酸在全世界范围内生产，通常被分为高纯、中等纯度和粗制品。在PET制造中，TA的纯度是质量控制的关键。各种等级的对苯二甲酸的主要杂质都是长链增长抑制剂——4-羧基苯甲醛，当杂质增加时，形成长链的反应会减少。从与食品接触这一点来看，对苯二甲酸纯净与否很重要。

乙烷-1,2-二醇［乙二醇，（Mono）Ethylene Glycol，MEG］是一种有机碱，与TA一样是构成PET的另一种主要成分。多年来，MEG一直被用于与食品接触的PET的生产。

20世纪80年代末期，1,3-间苯二甲酸（Isophthalic Acid，IPA）在PET制造中被用作共聚单体，IPA主要作为共聚单体与PTA共同用于PET包装，其作用是破坏PET聚合物的结晶性质，可生产出一种属性更适合食品包装的聚合物。这种聚合物更洁净，玻璃态转变温度（Glass Transition Temperature，Tg，物质的热性质指标）更低。

2,6-萘二甲酸（2,6-Naphthalene Dicarboxylic Acid，NDC）这个单体较特殊，用于以各种浓度不同程度地增加聚酯的玻璃态转化温度（Tg）或氧气阻隔特性。2个苯环的萘的硬度加固了聚酯的主链，防止其在低温下弯曲；它也为氧气分子延长了通路，增加了对气体，特别是对氧气的阻隔性。NDC是一种全新的、天然的、昂贵的单体。

1,4-环己二甲醇（1,4-Cyclohexane Dimethanol，CHDM）用于扩大加工范围、增加线速度、减小结晶率以及减少双轴结构的压力。它使用的浓度范围为1%～8%。含CHDM浓度较高的PET通常称为聚对苯二甲酸乙二醇酯-1,4-环己烷二甲醇酯［Poly（Ethylene Terephthalateco-1,4-cylclohexylenedimethylene terephthalate），PETG］，主要用于挤压、吹塑和模压。

2,2′-二羟基乙基醚（二甘油醇，Diethylene Glycol，DEG）作为共聚单体与MEG一起在PET中使用。在生产过程中会少量残留DEG，浓度为0.5%～1.0%。这个含量存在质疑，美国FDA认为1%以上是安全的，但是少量的DEG只能是自然产生的，不许被直接添加；也有数据显示，允许添加10%以上的DEG和（或）IPA。

PET生产过程中还使用其他共聚单体，常见为添加一定量的其他二酸或二醇，如丁二醇、戊二醇等，这些添加物可以改变PET的特性，并仍被称为PET。

化学反应过程中一个必不可少的成分是催化剂，如果不使用催化剂，PET 就不可能成功地进行商业化生产。目前还没有关于催化剂使用的特定法规，在美国，化学合成反应的添加剂被归入了基础聚合物准则。多年前，美国 FDA 就规定，“基础聚合物”就是商业化的聚合工艺完成时所形成的产品。生产树脂时，催化剂、链调整剂、链转移剂等物质，可在低水平（一般等于或低于 1%）下被使用，被当作基础聚合物的一部分，不受独立法规的约束。这项原则经常被称为“基础聚合物原则”，这一原则反映了实际的情况，因为不可能为食品包装材料中每一种痕量物质和污染物质制定出通用的法规。那些在聚合反应中少量使用的物质，要么成为树脂的部分，要么在聚合反应结束后从聚合物中除去，向食品中发生迁移的可能性极小，因此这些物质没有被看作食品添加剂。

3. PET 安全的担忧

虽然 PET 是一个非常纯净的聚合物，但是在与食品接触和其他应用过程中还是会引发很多问题。对于大多数问题而言，人们的认识还很有限。例如，邻苯二甲酸盐是一种环境雌激素，所以人们误以为其能对苯二酸盐也有雌激素的作用。实际上关于邻苯二甲酸盐雌激素作用的研究有很多，基本上可以明确说明对苯二酸盐或酯不具有雌激素的作用。与 PET 相关的传说如下：①PET 储存在冰箱里，可能引发癌症；②PET 含有二乙基己胺或二乙基己基己二酸盐；③PET 含有增塑剂；④PET 含有与疯牛病（Bovine Spongiform Encephalopathy，BSE）相关的物质。

关于这些化学合成的、与食品直接接触的材料的安全问题，消费者因为不了解专业知识，所以才会有疑惑，食品工业应该给消费者知情权。在美国塑料委员会（American Plastics Council）的网站（http：//www. plasticsmythbuster. org）上，有专家们关于上述及其相关问题的讨论和评论。随着时间的推移，还会出现各种问题威胁到产业，从食品接触管理观点来看，新材料不可能立即被允许用于食品方面，必须申请获得许可。具体的技术质量指针的制定和解释除了相关法律的要求外，管理部门应该与企业形成正常的交流机制，及时要求企业制定相应的紧急预案，以迅速解决出现的问题。同时法规标准的制定和升级更新应及时跟进，大多数时候，企业能及时发现存在的法规方面的问题，却不能对潜在的危害做出快速有效的反应。

需要特别说明的是，PET 容器通常是食品加工厂用购买的粒状或管状坯材在食品生产在线制备的，PET 材料的安全信息是食品生产商应该关注的重点。

目前很多合成化学品中成分的特定迁移限量（Special Migration Limit，SML）并没有安全评估的完整数据，美国和欧洲的食品安全管理部门通常是以暂定每日耐受摄入量（Temporary Tolerant Daily Intake，tTDI）参考确定的，在评估时应考虑相同作用不同成分的总量，例如，MEG 和 DEG 应合并计算，欧洲规定 MEG 可以用于与食品接触材料的生产，其 SML 为 30mg/kg，但是在实际计算时，应同时纳入 DEG，即 MEG+DEG 的 SML 为 30mg/kg。

人们对与食品直接接触包装材料生产中所用的基础材料、辅助材料及添加剂的安全问题的关注是食品安全问题很重要的一个方面，食品包装工业在生产、食品工业在选择、使用新的材料时，应该充分考虑材料的稳定性以及在食品接触过程中可能产生的不安全影响，及时发布信息，并随着研究的深入不断更新信息，保证消费者的知情权，如此，可以给消费者提供选择的机会，让其决定是否接受。

第四节　食品物流与伦理

一、食品物流

1. 食品物流的内容和特点

食品物流以食品为对象，是为消费者服务的食品供应链的组成部分，它把食品生产、加工企业、中央厨房和超级市场、专卖店、餐饮门店、大型单位及机构用户联系整合在一起。食品物流是与人们生活关系最紧密的行业，小到消费者个体的在线购买，大到较大规模的集中配送和运输。我国食品业和食品物流业一直都保持着高速发展的势头，是国民经济和区域经济发展的重要支柱产业。由于食品的品种繁多，性质各异，因此处理和运输的条件要求差异较大。食品物流的特点是，食品物流链条特别长，顺畅运转难度大。

食品物流对象涵盖所有食品商品的形式，包括小规模的地方特色以及甚至谈不上规模的“网红”产品，如生鲜食品、冷冻冷藏食品、加工生鲜食品、粮油、南北干货、糖果、面包糕饼、酒水饮料、乳粉、调味品、休闲食品、罐头食品、保健食品、零食和分子美食作品等。从食品物流安全管理的角度分析，生鲜食品、冷冻冷藏食品和加工生鲜食品的管理难度最大，技术要求最高。

各类食品各有其自身的特点，要求采取不同的管理方法。生鲜食品一般指初级生鲜食品，即新鲜的、未经烹饪等热加工的蔬菜和水果、家禽和家畜、鱼类和贝类等，或经简单处理后在冷藏、冷冻或常温陈列架上出售的商品。冷冻冷藏食品包括冷冻食品和冷藏调理食品两类。冷冻食品是以农、畜、水产原料经加工调理，急速冷冻及严密包装在－18℃以下储存及售卖的食品。冷藏调理食品是以农、畜、水产原料经加工调理，急速冷却及严密包装在6℃以下储存及售卖的食品。这类对温度有特殊要求的食品，因为除了其营养、风味、口感等特殊外，还具有易腐败的特点，是食品安全事件高发对象，在冷库存放的食品应分类、分架，按生产单位、品种分别放置于食品货架上，做到原料、半成品、成品、生熟食品必须严格分开存放，避免交叉污染。冷藏、冷冻库应由专人负责检查，定期除霜、清洁和维修。采用干冰降温的产品运输，要求内包装材料具有良好的隔热性能、防潮防漏及高强度防震抗震或抗挤压抗撕裂的性能。

从种养殖生产基地到加工企业原料，经过加工、调理而转化成为半成品或成品，再进行包装、贮藏、运输，最后到消费者的菜篮子或餐桌的过程，食品供应链的输送距离越长，周转次数越多，装卸频次就高。供应链条越长，产生干扰的因素就越多，要保证食品的稳定供应和质量的完好无损也就越难，食品的安全系数和稳定系数也因此会降低。食品物流要确保物流对象（食品）在规定时间内及时地安全地送达目的地，确保消费者能得到安全的、高质量的食品。

我国冷藏食品现状是预制食品占冷链食品的主导地位，份额接近冷冻食品的一半。冷冻肉制品和鱼类的销售额增长强劲，在较大城市中，人均年消费肉量的10%～15%为冷却肉类。随着保鲜技术水准和产品质量的提高，冷藏蔬菜的发展很快，冷藏保鲜洁净蔬菜和瓜果成为市场主导产品和消费者优先选择的产品。

大型连锁食品企业迅猛发展，中央厨房的建设越来越多，产品从中央厨房到门店的配送时间、温度、湿度等条件要求严格，保证产品质量是管理的重点，过期产品的处理也是不应被忽视的问题。

2. 食品物流中存在的问题

我国冷藏物流存在的主要问题如下所述。①冷藏物流业处于初级阶段。冷藏物流业市场规模不够大，市场化程度较低，区域性特征较强。除了外贸出口的部分以外，大部分在国内流通的易腐食品的物流配送业务多数都是由生产商和经销商完成的，专一化程度不高，服务网络和信息系统不够健全，影响了食品物流的在途质量、准确性和及时性。②易腐食品运输损耗大，冷链发展速度滞后和水平较低的现状在相当程度上影响着食品的安全。目前大约 90%肉类、80%水产品、大量的牛乳和豆制品基本上是在没有冷链保证的情况下运销的。我国易腐物品装车大多在露天条件下而非在冷库和保温场所操作，80%～90%的水果、蔬菜、禽肉和水产品使用普通卡车运输，至多上面盖一块帆布或者塑料布。易腐货物采用冷藏运输所占的比例仅为 10%～20%，而欧洲、美国、日本等发达国家达到 80%～90%。我国每年的冷藏物流损失超过 750 亿元人民币。按照国际标准，易腐物品物流成本最高不超过其总成本的 50%，而我国由于易腐食品特别是初级农产品大量损耗，整个物流费用占到易腐物品成本的 70%。③冷藏运输基础设施落后。食品冷链的硬件设施数量不足、质量不高，设施、设备陈旧，发展和分布不均衡，无法为易腐食品流通系统提供低温保障。

二、食品物流中的伦理

1. 固体包装物污染

物流包装的基本要求是保持产品完整性和质量不变，涉及的共性问题无疑是弹性和隔热性能，仅以这类使用最多的材料——泡沫塑料为例。泡沫塑料与纯塑料相比，具有密度低、质轻、比强度高的特点，其强度随密度增加而增大，有吸收冲击载荷的能力，有优良的缓冲减震性能，隔音吸音性能，热导率低，隔热性能好，优良的电绝缘性能，具有耐腐蚀、耐霉菌性能。软质泡沫塑料具有弹性优良等性能。泡沫塑料的自然降解需要近百年的时间周期，而另一个安全隐患在于，泡沫塑料本身是易燃材料。

我国尚无专门的包装废弃物管理法律，内容涉及包装及其废弃物的法律有 2 部——《中华人民共和国固体废物污染环境防治法》和《中华人民共和国清洁生产促进法》。1995 年 10 月 30 日中华人民共和国主席令第 58 号公布，自 1996 年 4 月 1 日施行《固体废弃物污染环境保护法》。2016 年 11 月 7 日第十二届全国人大代表常务委员会第二十四次会议通过对《中华人民共和国固体废物污染环境防治法》第四十四条第二款和第五十九条第一款等两款做出修改。其中涉及包装及其回收管理的条款为第十八条：产品和包装物的设计制造，应当遵守国家有关清洁生产的规定。国务院标准化行政主管部门应当根据国家经济和技术条件、固体废物污染环境防治状况以及产品的技术要求，组织制定有关标准，防止过度包装造成环境污染。

经2002年6月29日第九届全国人民代表大会常务委员会第二十八次会议修订通过，自2003年1月1日起施行《中华人民共和国清洁生产促进法》。2012年2月29日第十一届全国人民代表大会常务委员会第二十五次会议通过《全国人民代表大会常务委员会关于修改＜中华人民共和国清洁生产促进法＞的决定》，自2012年7月1日起施行。其中关于包装及回收的有2条，即第二十条：产品和包装物的设计，应当考虑其在生命周期中对人类健康和环境的影响，优先选择无毒、无害、易于降解或者便于回收利用的方案。企业应当对产品进行合理包装，减少包装材料的过度使用和包装性废物的产生。第二十七条：生产、销售被列入强制回收目录的产品和包装物的企业，必须在产品报废和包装物使用后对该产品和包装物进行回收。强制回收的产品和包装物的目录和具体回收办法，由国务院清洁生产综合协调部门、环境保护部门会同国务院有关部门制定。

1998年10月，中国包装技术协会和中国包装总公司颁布了《包装资源回收利用暂行管理办法》，规定了包装废弃物回收利用的管理原则、回收管道、回收办法、分级原则、储存和运输、回收复用品种、复用办法、复用的技术要求、试验方法、检验规则、包装废弃物的处理与奖惩原则、附则等内容。

1996年颁布的国家标准——《包装废弃物的处理与利用通则》中规定了对各类包装废弃物的分类、处理与利用的基本要求与方法、效果评价准则等，对于我国包装废弃物的管理有很大的指导作用。对此标准进行了修订后分成了6个部分，即《包装与环境　第1部分：通则》(GB/T 16716.1—2018)、《包装与环境　第2部分：包装系统优化》(GB/T 16716.2—2018)、《包装与环境　第3部分：重复使用》(GB/T 16716.3—2018)、《包装与环境　第4部分：材料循环再生》(GB/T 16716.4—2018)、《包装与环境　第5部分：能量回收》(GB/T 16716.5—2018) 和《包装与环境　第6部分：有机循环》(GB/T 16716.6—2018)，于2018年12月28日发布并实施。

法律只是最低要求，实际上人类无不追求极致目标。这里不再重复多谈外国经历了什么问题、得到过什么教训、做得多好、有些什么经验、相关法律相对健全等老生常谈的问题，只强调一点：德国在回收塑料包装废弃物方面的法规是全世界最为完善的，其管理态度非常明确。首先是“避免产生”，然后才是“循环使用”和“最终处理”。日本甚至提出“零包装”的要求，可要可不要的包装坚决不要。这些理念应该值得我们借鉴。一些政府管理者总是说“要国内生产总值（Gross Domestic Product，GDP）就会有污染”的旧观念不能再重提了，经济的GDP更应该服从环境的GDP。

流通过程中，产品的包装是必不可少的，为了节省操作成本，很多包装物和中间过程用的容器等是一次性的，如第二节所讨论的，越来越多的一次性物品给环境带来的压力是超乎想象的。

包装物的回收再利用必须成为全民共识，包装物的处理不能“随意”，必须有效，包装物回收唯一的前提就是不能造成对环境的伤害和资源的浪费。回收之外更好的做法应该是对包装循环使用，很多产品，尤其是日常生活用品和食品，在运输过程中使用周转容器能够完全保证产品的质量不受影和破坏的，应提倡使用。物流系统应该提倡使用可回收和再利用的周转包装。

无论是企业还是消费者个人，都应该对废弃物负责，不随便丢弃废弃物，将其分类处理。

2. 冷链技术保证

随着科学技术的进步、制冷技术的发展，冷链物流（Cold Chain Logistics）快速发展。冷链物流泛指冷藏冷冻类食品在生产、贮藏运输、销售，到消费前的各个环节中始终处于规定的低温环境下，以保证食品质量，减少食品损耗的一项系统工程，它是以冷冻工艺学为基础、以制冷技术为手段的低温物流过程。农产品冷链物流业的发展很快。

冷链物流提高了食品的保鲜保质能力，不会影响到食物的营养和味道，延长了食物的存储期限；减少食物在运输途中的损失和浪费。冷链物流使得产品配送更加便捷，不同区域和地域可以实现物质的交流，丰富了农产品和食品的市场供应。冷链物流的适用范围包括以下几方面。

①初级农产品：蔬菜、水果；肉、禽、蛋；水产品、花卉产品。②加工和制造食品：速冻食品、禽、肉、水产等包装熟食、冰淇淋和乳制品，巧克力；快餐原料。冷链物流系统全程要求低温，无疑，这比常温物流系统的要求更高、更复杂，建设投资和运营成本都要大很多，是一个庞大的系统工程。由于易腐食品的时效性要求冷链各环节具有更高的组织协调性，所以，食品冷链的运作始终是和能耗成本相关联的，有效控制运作成本与食品冷链的发展密切相关。

冷冻物流应用于需使食品处于冻结状态的情形，冷冻食品对贮藏运输要求十分严格，必须保证在－18℃以下。常见的冷冻食品有以下几方面。①速冻面米生制品：速冻饺子、速冻包子、速冻汤圆、速冻粽子、速冻面点、冷冻面团、冷冻糕饼速冻及其他面米制品等；速冻面米熟制品：速冻饺子、速冻包子、速冻粽子和速冻其他面米制品等。②速冻调制生制品和熟制品。③速冻肉制品及速冻果蔬制品，包括大多数的冷冻动物分割肉类、冷冻鱼肉鱼糜制品、冷冻预制食品等半成品和各种各样的冷冻水果和蔬菜制品。④冷冻饮品：冰淇淋、雪糕、雪泥、冰棍、食用冰和甜味冰等。

为保证质量，鲜乳应低温条件下保持。一般情况下，生产的鲜乳都需要运至乳品厂进行加工，属于鲜度要求严格的商品，每天都要运输多次。如果运输不当，会导致鲜乳变质，造成重大损失。为防止鲜乳在运输中温度升高和节省能耗，尤其在夏季运输，一般选择在早晚或夜间自然环境温度相对较低的时段进行作业；运输工具一般都是专用的乳罐车；为缩短运输时间，严禁中途停留；盛乳的容器要严格消毒，避免在运输过程中污染，容器内必须装满盖严，以防止在运输过程中因震荡而升温或溅出。加工后的巴氏杀菌乳也应尽可能低温运输，储存。

除了温度控制外，食品和可食用农产品及易腐败食品、鲜活农产品在销售过程中的贮藏、运输的环节，通常还需要控制氧气和湿度。虽然食品和可食用农产品冷链运输在物流中的应用越来越普遍，但使用冷链物流系统，运行成本高、安全隐患多、冷藏运输设备缺失、物流信息断链等一系列问题是我国生鲜产品腐烂和腐败损失巨大、食品安全问题突出的重要原因。短距离的运送过程中，为了节约成本，一些牛乳厂在运送巴氏消毒乳等产品时并不采用冷藏运输，有些运输企业在运输过程中不能按要求全程控制温度。移动运输设备上制冷的成本高，效果差，有些运输企业为了降低成本，在长途运输过程中关闭制冷系统，在到达目的地前再开启制冷系统。有些企业缺乏先生产先消费的理念，出现“遗忘”现象，有的产品超过了保质期还未被销售，企业就认为冷冻就是安全的，重新包装改变生产日期后，产品照样可以送往市场。更有甚者，在鲜活水产运输过程中使用有害化学品作为保证产品的鲜活的方法。

三、不安全食品召回的逆向物流

1. 食品召回制度

无论是主动还是被动，在遭遇食品安全问题时，对问题食品应予以召回。《中华人民共和国食品安全法》规定：第六十三条 国家建立食品召回制度。食品生产者发现其生产的食品不符合食品安全标准或者有证据证明可能危害人体健康的，应当立即停止生产，召回已经上市销售的食品，通知相关生产经营者和消费者，并记录召回和通知情况。食品经营者发现其经营的食品有前款规定情形的，应当立即停止经营，通知相关生产经营者和消费者，并记录停止经营和通知情况。食品生产者认为应当召回的，应当立即召回。由于食品经营者的原因造成其经营的食品有前款规定情形的，食品经营者应当召回。食品生产经营者应当对召回的食品采取无害化处理、销毁等措施，防止其再次流入市场。但是，对因标签、标志或者说明书不符合食品安全标准而被召回的食品，食品生产者在采取补救措施且能保证食品安全的情况下可以继续销售；销售时应当向消费者明示补救措施。食品生产经营者应当将食品召回和处理情况向所在地县级人民政府食品安全监督管理部门报告；需要对召回的食品进行无害化处理、销毁的，应当提前报告时间、地点。食品安全监督管理部门认为必要的，可以实施现场监督。食品生产经营者未依照本条规定召回或者停止经营的，县级以上人民政府食品药品监督管理部门可以责令其召回或者停止经营。

食品召回的制度和办法是由企业自己制定的，对于主动召回食品的情形，通常采用以下的步骤：①向行政主管部门报备召回产品的名称、来源、批次、数量和召回方案；②向市场发布相关召回信息；③食品召回逆向物流方案确定；④问题食品回收及检验；⑤问题食品无害化销毁或处理；⑥向行政主管部门提交召回食品的处理报告；⑦向市场发布问题食品的处理结果等。

2. 召回食品处理

食品生产和经营者溯源系统的建设是食品安全管理的重要手段和发现问题时解决问题直接和有效的手段，合理的召回方法要求充分了解产品的种类、流向、数量、流量和影响面。物流过程的各个方面都是召回逆向物流的关键控制点，生产商不应为了降低成本虚报谎报召回数量，问题产品的处理应该秉承无害化的原则，不应随意丢弃或焚烧。三鹿集团回收的约 700t 被三聚氰胺污染的乳粉和原料乳在当时是直接倒入下水道的，这不符合环境伦理的要求。召回的问题食品，在不影响食品安全的情况下，允许再进入生产系统重新加工处理，但是，有严重安全隐患的问题食品必须要销毁。

每年都有未售完的月饼等食品被回收后重新粉碎混入新的加工产品中的报道，这是生产者丧失伦理观的表现，“长寿月饼”本身可能就是防腐剂等使用超标的结果。负责任的企业应该将问题食品处理过程的直接物证向消费者公开通告，这不仅是对问题结果处理的交代，更是向消费者展示企业负责任的态度，这样的行为可以赢得消费者更多的信任，为企业树立更好的社会形象，产生更好的影响。

对于食品供应链上的客户而言，上游宽松而有效的退货策略，不仅可以减少下游客户的经营风险，利于食品供应链上成员间的合作，而且有助于维持各方长久的关系，无论是消费者还是经营者都能享受到食品安全保障体系带来的红利。

第五节 食品消费的伦理

食品是有生命体维持生命活力和健康所必需的，社会发展和经济水平提高，促进了人们食品消费结构和消费方式的变化。中华民族有着数千年的饮食文化，虽然“吃”文化在任何民族都是第一位的，但是，由于政治、经济、历史、文化及传统等因素的影响，食品的形式和内容差别很大。我们是礼仪之邦，是“人情社会”和“熟人社会”，也是“面子”社会，体现在消费方面就是面子心理和炫耀心理。

“面子文化”是中国传统文化的重要组成部分，渗透于国人的行为习惯中，具有强大的生命力。作为特有的文化心理现象，面子文化极大地影响着我们的日常社会生活。面子文化的产生与儒家传统文化、耻感文化、社会取向的文化以及中国人情社会的现状有极大的关系。“面子”的符号象征功能、社会交换功能和社会控制功能，不仅调节了中国人的相互交往关系，也有利于社会的和谐与稳定。待人接物要讲究“面子”，在别人面前的言谈举止也要讲究“面子”。无“面子”不外出，自己要“面子”，也要给别人“面子”。个人讲究“面子”的情形在社会活动中无处不在，即便别人不在乎，讲究的人还是很在乎自己的“面子”的，所以，在食品的消费过程中，“面子”的问题表现得淋漓尽致。“面子文化”深层次的内涵实质是德性和德行的表示，是伦理道德的反映——任何时候，待人接物，自身的行为举止都应该得体，令人愉悦，不能让别人不舒服。

因为在中华人民共和国成立之前的很长一段历史中及新中国成立之初的困难年代，物资匮乏，大众的生活水平低下，人们始终以能够得到足够的食物为最大的幸福，所以在探亲访友、领导慰问、公务活动中，无论“公”还是“私”的活动中，吃一顿是必须的。逢年过节、慰问探望、走亲访友的礼品首选的也是食品。请客吃饭，如果餐桌上没有剩下很多菜，主人会觉得招待不周，“菜不够吃”会很没“面子”。带的礼品，无论是简单的点心，还是高档的酒水，首先要有非常漂亮豪华的包装，否则是不好意思拿出手的，也是很没“面子”的。

我国消费者在食品消费方面的差异很大，有许多农村消费者仍然处于简单的温饱生活水平上，而城镇居民的生活水平已经大大地得到了改善，不再追求简单的温饱型饮食消费，开始追求食品消费的享受性和饮食的质量。年长的农村人秉持传统的省吃俭用的生活方式，果腹的基本要求达到了就满足，年轻人和白领阶层则更多地追求健美塑形的膳食结构，城里的中老年人尤其是女性以“减肥”“节食”为时尚，“保健品”是茶余谈资，“非主食食品”更受青睐。

撇开吃的美学方面不谈，理性消费是很重要的，经济发展给人们带来的身体状况的逆向变化越来越普遍，其中“吃”的问题是直接相关而且是很严重的。与不良饮食习惯相关的现代疾病的种类在增加，身体的生理生化指标已经很难解释传统的健康状况。商家为了产品高价售卖，在食品生产方式、加工技术、产品宣传等方面，“误导”消费者的情况客观存在，消费者应对自己的行为负责，理性消费，不乱吃不大吃特吃。食品供应者也应该对加工过程和产品形式及营销手段进行伦理思考，为消费者提供安全、营养、健康、货真价实的产品。

消费伦理理念中的主要问题在于以下两方面。①功利主义色彩严重，虚荣心理过度膨胀。②道义主义色彩不足，豪华浪费，奢靡攀比，变态的猎奇心理，导致了其消费行为偏离正常轨道。

黑格尔说：人类唯一能从历史中吸取的教训就是，人类从来都不会从历史中吸取教训。2019 年底出现，2020 年上半年全球暴发新型冠状病毒（novel coronavirus，命名为 COVID-19）肺炎，虽然没有直接证据表明此病毒流行是由食用野生动物引起的，但疫情发生之后，让“野味”又重新进入大众视野。首当其冲的就是这次新型冠状病毒最大可能的传播源——蝙蝠。其实蝙蝠这种生物，早被证实是地球上著名的“移动病毒库”，身上携带埃博拉病毒、SARS 病毒等 1000 多种病毒。蝙蝠千百年来一直生活在深山老林的幽幽山洞里，跟人类本是井水不犯河水，而且它已经很努力地把自己进化成“不能吃”的外表样子了，然而终究还是不能逃过人类“美食家”的魔爪。野生动物本身是无辜的，是人类把它们送上了餐桌。科学研究表明，近些年来世界多地出现的新发传染病都和动物有关。因为少数人的口腹之欲，一些野生动物沦为餐桌上的“野味”。

1988 年 11 月 8 日，第七届全国人民代表大会常务委员会第四次会议通过了《中华人民共和国野生动物保护法》，2004 年 8 月 28 日，第十届全国人民代表大会常务委员会第十一次会议第一次修正了《中华人民共和国野生动物保护法》，2009 年 8 月 27 日，第十一届全国人民代表大会常务委员会第十次会议第二次修正了《中华人民共和国野生动物保护法》，2016 年 7 月 2 日，第十二届全国人民代表大会常务委员会第二十一次会议修订了《中华人民共和国野生动物保护法》。2018 年 10 月 26 日，第十三届全国人民代表大会常务委员会第六次会议修改了《中华人民共和国野生动物保护法》。《中华人民共和国野生动物保护法》第一章总则第二条：本法规定保护的野生动物，是指珍贵、濒危的陆生、水生野生动物和有重要生态、科学、社会价值的陆生野生动物。本法规定的野生动物及其制品，是指野生动物的整体（含卵、蛋）、部分及其衍生物。珍贵、濒危的水生野生动物以外的其他水生野生动物的保护，适用《中华人民共和国渔业法》等有关法律的规定。第六条：任何组织和个人都有保护野生动物及其栖息地的义务。禁止违法猎捕野生动物、破坏野生动物栖息地。

尽管中国国家最高权力机关和行政机关从制定和修订修正修改法规等方面不断加大打击力度，但一些食客给出的高价仍然让不法分子选择铤而走险违法交易，并用“活杀”“新鲜”“纯野生”等具有冲击力的词语是吸引野味食客，河豚、野猪、鹿、麻雀、大雁、河鹿、鳄鱼等都成了盘中餐。

没有买卖就没有伤害，没有买卖就会减少公共卫生安全隐患。乱捕滥猎、滥食野味是一些人钻了法律的空子所为，《中华人民共和国野生动物保护法》自首次颁布后，虽然经历 2 次修正、1 次修订和 1 次修改，然而可以看出，第二条中关于“野生动物”的定义“指珍贵、濒危的陆生、水生野生动物和有重要生态科学、社会价值的陆生野生动物。”一直没有变化，也就是说并非所有的野生动物都是法律保护的对象。数据显示，中国自然分布的脊椎野生动物达 7300 余种，已定名昆虫达 11 万～13 万种，而依法受保护的珍贵、濒危的陆生、水生野生动物和“三有”动物只有约 2000 种。

2020 年 2 月 24 日全国人民代表大会常务委员会作出“关于全面禁止非法野生动物交

易、革除滥食野生动物陋习、切实保障人民群众生命健康安全的决定”（图 4-3），“全面禁止食用国家保护的有重要生态、科学、社会价值的陆生野生动物以及其他陆生野生动物，包括人工繁育、人工饲养的陆生野生动物。全面禁止以食用为目的猎捕、交易、运输在野外环境自然生产繁殖的陆生野生动物。”此规定拓展了“野生动物”的外延，希望能够从更深层次和更高水准上提高民众的认识。

全国人民代表大会
The National People's Congress of the People's Republic of China

首页 | 宪法 | 人大机构 | 栗战书委员长 | 代表大会会议 | 常委会会议 | 委员长会议 | 权威发布 | 立法 | 监督 | 代表
对外交往 | 选举任免 | 法律研究 | 评论与理论 | 机关工作 | 地方人大 | 图片 | 视频 | 直播 | 访谈 | 专题 | 资料库

当前位置：首页

全国人民代表大会常务委员会关于全面禁止非法野生动物交易、革除滥食野生动物陋习、切实保障人民群众生命健康安全的决定

来源：新华网　浏览字号：大 中 小

2020年02月24日 22:35:31

新华社北京2月24日电

全国人民代表大会常务委员会关于全面禁止非法野生动物交易、革除滥食野生动物陋习、切实保障人民群众生命健康安全的决定

（2020年2月24日第十三届全国人民代表大会常务委员会第十六次会议通过）

图 4-3　全国人大常委会决定

（http: //www. npc. gov. cn/npc/c30834/202002/c56b129850aa42acb584cf01ebb68ea4. shtml）

消费者不讲伦理的消费会刺激不讲伦理的食品生产者和经营者提供不安全的食品，占小便宜吃大亏，谋小利而失大益。2019 年 3 月 15 日中央电视台“3·15”晚会上，报道了青少年特别是在中小学生中间备受追捧而热销的小食品——辣条——生产过程脏、乱、差的现象。为了迎合消费者，更多地也是为了企业的经济效益，不讲伦理的企业冒险做坏事，不按法依规办事，生产的产品严重偏离标准的要求，带来严重的安全风险，最终的后果承担者和受害者还是消费者自身。不安全的有害食品不同于药品，其作用是潜在的和缓慢表现出来的，而一旦有明显的表现也许就成了疾病，也可能就无法医治、康复，影响是终生的。

第五章

文化宗教饮食伦理

第一节　东西方饮食文化的差异

一、西方饮食文化的特征

西方饮食秉持理性思维，不论食物的色、香、味、形如何，营养一定要得到保证。西方人的生活是“计算”着过的，这很大程度上归因于西方国家工作岗位的职业化，如很多人日常吃饭和做饭都是根据食谱和膳食操作指南进行的。人一天要摄取多少热量、维生素、蛋白质都是营养师根据消费者所从事的工作等职业特点，经过计算后得到的。标准化生产是西方饮食的最大特点，产品的口味和形状几乎千篇一律，好不好看、好不好吃都不是最重要的，重点要看“有没有营养”。在口味方面的关注，根据消费者的喜好自己调节，所以西方食品调味料工业很发达，产品的种类很多，消费者的选择也就很多。

西方的饮食观念与其哲学体系是相适应的，西方哲学所研究的对象为事物之理，即形而上学理，形而上学理互相连贯，结成形而上哲学。形而上学哲学用孤立、静止、片面和表面的观点去看待事物，是研究单凭直觉（超经验）判断事物的哲学——重形式而轻本质。所以，形而上哲学的主张大大地起了阻碍文化发展的作用，如饮食文化。西方的生活方式沿袭游牧和航海的传统，膳食结构以动物为主，植物为辅，摄入能量较高，加工方法简单，加工程度较低。西方哲学重理性思维，体现在饮食文化方面就是注重营养，把饮食视为维持生存的必要手段，西方人理性科学地进行食物材料和加工生产方法的选择，对膳食营养的研究比较具体、细致。“半生不熟”可以用来描述西餐的加工特点，这是出于理性思维和注重科学成果的考虑，认为应该尽可能少地加工，避免破坏且尽可能多地保留食物材料中的营养和有效成分。适度加工的理念如今也被我国食品工业界普遍认同。

西餐桌上的餐具可是很讲究的，如使用银器，这与中国饮食文化中的“器”的要求是一样的。讲究用料，讲究食物原料的“形”和“色”的搭配及色彩上的鲜明对比，但在产品的滋味上各种原料互不相干，不似中餐那样强调“五味调和”，而是各菜各味，简单明了。但不论餐厅的豪华程度、档次高低，名称相同的菜肴，如牛排，差不多都只有一种味道，与中餐相比，少了地方特征和厨师的手艺特色。注重服务和就餐环境是西方饮食文化的另一大重点。

西方人普遍信奉宗教，因此其生活方式中充满了宗教的色彩和仪式感，这在膳食结构和组成成分以及就餐方式方面都有所体现，这也是西方饮食的又一特点。

二、中式饮食文化的特征

传统的中式膳食结构以素食为主，这与西方的以动物性食品（主要是肉和乳）为主的膳食特点相差很大。中式的就餐方式体现了中国文化的“全”“圆”及“和”的特征。中餐更注重食品间的“渗透”，即味道的搭配和匀称；相比而言，西餐更注重食品的“齐全”，即保证营养的搭配和匀称。而中餐更注重感官，除了奢华的菜单内容，色、香、味、形和器是很重要的。口感要“丰满”，味道要“足”。滋味要回品，讲究“回味”无穷，各种呈味物质要协调和谐，没有突兀感。五味调和百味香，味是最重要的。当然，当今社会，食品和菜肴“养”（营养）的作用正越来越为人们所重视。食器与环境也很受人们重视，尤其在商务活动中。

中式宴会更多地体现了全席的交流互动，而西式宴会多体现于全员之间的自由交谊。与中国饮食方式的差异更为明显的是西方流行的自助餐。将所有食物一一陈列出来，大家各取所需，不必固定在位子上吃，可以走动自由，这种方式便于更多的交流，不受空间的限制，无需将所有的话摆在桌面上，个别交谈，具有更多的私密空间，不会出现“一言堂”，这体现了西方人对个性、对自我尊重的特点。与西方形而上学哲学相对的是，中国哲学强调用综合、运动、全面和本质的观点去看待事物，讲究辩证法、普遍性和共性，形式和内容皆统筹考虑。中餐更多的是讲究和合“团圆”，围桌而坐，以“桌”为单位，身份和地位与座次相关，生活和工作总是混在一起，社交和休闲过程中处处都没有个人的私人空间，话题只能围绕“主宾”。虽然越来越多的自助餐形式被用于大型会议等，总的来看，围桌而坐的就餐习俗仍然是我们就餐方式的主流。因为民以食为天，多数民族都是以提供食品作为待客之道的。中国传统更是迎客要办酒席“接风”，客人离开也是要办酒席为其“饯行”的。

世界正变得越来越小，不同民族、不同国家的人员交往越来越多，中国的企业和工程师有更多的机会参与别国或其他民族的食品工程、工厂和产品建设与开发中，当地文化、宗教、生活习俗和饮食习惯都应作为考虑的因素，入乡随俗是基本的伦理。西餐便捷、适口性好和高能量的特征导致的我国儿童肥胖者数量剧增的现象也应引起我国食品生产者、食品和营养科技工作者的伦理思考。

第二节　宗教的食品禁忌

一、宗教的本质

宗教是关于超人间、超自然力量的一种社会意识，以及因此而对之所表示的信仰和崇拜的行为，是综合这种意识和行为并使之规范化、体制化的社会文化体系。它包括指导思想（宗教信仰）、组织（宗教组织，如教会，宗侣）、行动（宗教组织内的活动，如祭祀，礼仪）、文化（宗教建筑，宗教绘画，宗教音乐）等方面的内容。宗教是一种对社会群体认知主宰的崇拜和文化风俗的教化，多数宗教是对超自然力量、宇宙创造者和控制者的相信或尊敬，它给人以灵魂并延续至死后的信仰体系。多数宗教认为在现实世界之外，还有超自然的力量或实体（上帝、天神、鬼、灵魂等）存在，并认为这种超自然的力量能够影响人们的命运，进而产生敬畏和崇拜的思想感情。宗教一般是由共同的信仰、道德规范、礼仪和教团组织等要素所构成的。

虽然不同的历史时期、不同的地区、不同的民族可能有不同的宗教信仰，但是，具有培养和加强人的社会性作用是所有成功的宗教的共性。中国文化认为：有一个创始人、被崇拜对象为“宗”；有一群追随者，有一定的祭祀仪式为“教”。西方文化的宗教 Religion 是从拉丁词“re”和“legere”演变来的，意思是“再”和“聚集”，就是一群人为了一个目的聚集在一起，共同发展到有同一信念、同一信仰，为了这一信仰可以不畏生死。宗教只要求人们相信，不要求人们问为什么。宗教在世界上各个国家和民族中都存在，迄今为止，没有发现没有宗教的国家。

宗教是人类社会发展到一定历史阶段出现的一种文化现象，属于社会特殊意识形态。古时，由于人类对宇宙缺少探索和了解，同时渴望表达不灭解脱的追求，从而相信现实世界之外存在着超自然的神秘力量或实体，这使人对这种神秘产生了敬畏及崇拜，从而引申出信仰认知及仪式活动体系，彼此相互串联，宗教本质上是一种精神寄托和终极关怀。

宗教通常发源于下层群众，是他们对抗统治、从精神上摆脱苦难、寻求心灵寄托的一种“出路”，宗教在不同的社会历史条件下发挥着不同的作用。宗教最初包容着大量的科学、文化、艺术等内容，并对其发展和传播起了巨大的推动作用，后来科学的发展冲击着宗教的权威，宗教与科学形成了对立，欧洲中世纪的宗教裁判所对所有违背圣经言行的人都处以酷刑，受到迫害最多的是科学家。宗教对科学的发展也起到了促进作用，在很大程度上，科学的发展是从宗教理论中诞生和分化出来的不同分支的科学发展的综合。在一些国家和地区，宗教的力量是至高无上的，有政教合一的，也有实行国教的体制。宗教在统一社会意志、增强社会凝聚力、协调社会关系、降低社会内耗、稳定社会秩序等方面往往起着其它政治力量所难以替代的作用。

世界主要的宗教有：基督教（包括天主教、新教、东正教）、伊斯兰教（包括逊尼派、什叶派）、印度教、犹太教、佛教、道教、神道教等。世界上信仰宗教的人口占总人口的 2/3 以上，基督教、伊斯兰教、佛教并称为世界三大宗教。三大宗教中，以基督教人数最多，伊斯兰教次之，佛教最后，虽然人数各有不同，但是各个宗教的信徒都是平等的。此三种宗教之所以能成为人数最多的三大宗教，是因为目前世界上仅有这 3 个宗教各自被一部分国家列为国教的宗教，如基督教在欧美的一些国家、伊斯兰教在中亚、西亚和北非一些国家、佛教在东南亚一些国家分别被列为国教。

一带一路沿线国家聚集了全球几乎所有的宗教类型。在一带一路沿线国家的总人口中，有宗教信仰的人口大约占总人口的 80%，其中穆斯林、基督徒、印度教徒、佛教徒、民间宗教信仰人口数之比大致为 16∶14∶10∶5∶5。这对于食品工程师理解“一带一路”国家的文化特点、社会风尚、意识形态、生活方式和习惯，是一个需要理解和考虑的重要的社会变量。无论是陆上丝绸之路国家还是海上丝绸之路国家，不同宗教在各国的人口中错杂分布，它既是各国文明发展多样化的重要来源，也是不少国家内部社会冲突的重要来源。饮食问题在人们生活中占据着极为重要的地位，这对于宗教信徒也不例外。从食品工程的角度来看，伦理问题的重点在于宗教对食物的禁忌。

二、宗教的食物禁忌

一般而言，宗教有不同的要求和戒律与禁忌，从食品工程的角度来看，饮食方面的禁忌是关注的重点。如果不注意，就会被视为对信徒的不敬甚至大不敬，从而引起冲突与争端。了解宗教对饮食的禁忌是食品工程师必备的素质，这对于从事跨国业务的单位的食品工程师尤为重要。

1. 基督教

基督教信徒将血视为生命象征，基督教信徒生活中一个比较明显的禁忌就是不能把动物的血作为食物。《新约圣经》（*New Testment*）把血的作用解释为耶稣基督在十字架上流血舍命而带给人的救赎能力。血既然有如此重要的意义，所以出于纪念，不吃血成为《圣经》（*Holly Bible*）对基督徒的一种要求。对于大多数中国基督徒而言，因为有圣经明训，所以将吃血视为禁忌。勒死的牲畜也在基督教禁食之物之列，这与禁食动物血的禁忌是一脉相承的。因为勒死（包括病死，或其他非宰杀原因死的）动物的血液未流出，被吸收于肉中，故不食为妙，从卫生角度来看，血中也可能带有病毒等有害因子。安息日（the Sabbath，星期五日落至星期六日落）信徒在生活中的另一个主要禁忌是关于饮食的，如不食猪肉和某些水产品等。

2. 佛教

佛教中出家人在饮食方面的禁忌很多，其中“吃素”是最基本、最重要的一条要求。“吃素”是指食用“素食”，不吃“荤”和“腥”。“荤”是指有恶臭和异味的蔬菜，如大蒜、大葱、韭菜等。《楞严经》说：荤菜生食生嗔，熟食助淫，所以，佛教要求禁食“荤”。所谓“腥”是指肉食，即是各种动物的肉，甚至蛋，对此类食物，出家之人也不能吃。素食的范围比较广，例如：辣椒、生姜、胡椒、五香、八角、香椿、茴香、桂皮、芫荽、芹菜、香菇类等都可食用，豆制品、牛乳和乳制品，如乳酪、生酥、醍醐等也都不在禁止之列。佛教要求僧人不饮酒，也包括不饮一切能麻醉人的饮料，如米酒、果酒、大麦酒、啤酒等。不吃零食是佛教对僧人的要求，这既是僧人威仪的需要，也是僧人修行的需要。

佛教不食无鳞鱼、牛、蛇、猫、犬和鳖。不食牛肉是因为食用者会有牢狱之灾，也许是觉得牛总被遏制住干活的象征之意吧，后 4 种是很有灵性的动物，所以也不可食用。

3. 伊斯兰教

伊斯兰教在饮食方面要求“洁净”，禁忌食用的东西很多，不过最主要的有 4 种情形：自死物、溢流的血、猪肉和“非安拉之名而宰的动物”，即便是牛、羊、鸡、鸭的自死，如病死、冻死、摔死、砸死以及压死等，也均不可食。原因如下所述。

凡自死物，其死亡原因可归为 2 个，一是因为自死之物一般是由于伤病中毒、衰老等原因而致死的，食后对人的健康不利；二是因为动物不宰自死者，其血液未从体内全部流出，而血液中难免有某些病毒细菌，对人体健康不利，因此，不可食。但是，在所有的不可食的自死物中，鱼类是例外的。伊斯兰教认为，安拉是万物的创造者，是生命的赋予者和掌握者。因此，要求穆斯林在宰杀牛、羊、鸡等可食动物时，诵“以安拉之名”表示结束该动物的生命是奉安拉的名义进行的，不是出于仇恨该动物，也不是由于它弱小可欺，这样宰杀的动物，其肉是合法可食的，是清洁的。而不以安拉名义宰杀的任何可食动物也是不能食用的。

伊斯兰教禁食血液的原因是，动物的血液乃是“嗜欲之性”，也是污秽的物质，所以不可食用。

伊斯兰教之《古兰经》上说，猪肉是不洁的，所以不可食。这里的“不洁”不单是指卫生，更重要的是指宗教意义上的不纯洁。穆斯林从宗教的、伦理的、审美的和卫生的角度，认为猪肉是不干净的，所以严禁信徒食用猪肉，这是出于“重视人的性灵纯洁和身体安全”的考虑。

穆斯林除了不吃猪肉外，还有猛禽猛兽和非反刍的畜类也不食用。大概的区分是：凡是反刍的、吃草的畜类，吃谷子的禽类都能吃，如：牛、羊、驼、鹿、兔、鸡、鹅、鸠、鸽及河海中的鱼和虾等都可食用；相反，吃肉的、有爪子的、非反刍的兽类，鹰钩嘴、吃肉、性情凶暴的禽类都不能吃，如：驴、骡、狗、豹、狼、鹰和鹞等。伊斯兰教信徒还不食用无鳞鱼、青蛙、蟾蜍、麻雀和奇形怪状的海鲜（如龙虾）等。

伊斯兰教肉食方面的规定具体而严格，对植物性的食物几乎没有任何禁忌。但是伊斯兰教严禁教众饮酒，也禁止饮用一切与酒有关的致醉物品。所以，一切有危害性及能麻醉人的植物或可食植物，如葡萄、大麦、小麦等一旦转化成能致醉的饮料如酒一类的东西，就成为禁忌的对象。

4. 道教

道教不吃葱、蒜、香菜，不饮酒，不吃还没有成熟的动物。传说历史上张天师世家还有“四不吃”的规矩。既不吃牛羊、乌鱼、鸿雁和狗肉。究其原因有以下说法。①牛。一辈子吃的是草，挤出的是乳，终生劳作，普济众生，它太辛劳了，不能吃。②乌龟。人们常说：“乌龟精最可恶，连自己的亲生子都吃”，但天师世家的说法与此恰恰相反，他们认为：乌鱼一到产卵期，两眼昏花，什么也看不见，只待饿死升天；乌鱼的崽最有孝心，宁可自己游入母嘴，给娘充饥，也不能让娘饿死，其精神可贵可嘉，吃不得。③鸿雁。失偶孤雁，终生独居，处境凄凉，矢志不渝，不再婚配，精神可嘉，不该吃。④狗。古往今来，人们常说：“子不嫌母丑，狗不嫌家贫。”终生随主，为主效劳，不可食也。狗、乌鱼、鸿雁和牛也寓意“忠孝节义”。

5. 印度教

印度教奉牛为神，其教徒严禁吃牛肉。在日常生活中，印度人忌吃蘑菇、木耳和笋类蔬菜。他们大多不喝酒，不吸烟，但是“舔饮”，即把茶水盛在盘子中，伸出舌头舔茶水而饮。忌讳用左手或双手递食或敬茶。印度教也不食无鳞鱼。

东方的佛教、道教和印度教都不食牛肉，都不伤蛇、食用蛇；西方的犹太教，伊斯兰教都不食猪肉，基督教《圣经·创世纪》：蛇是魔鬼撒旦的象征。

几乎所有的宗教都禁食无鳞鱼。

宗教中关于饮食的禁忌是其信仰者的传统和习惯，应理解和尊重宗教禁忌或民族禁忌。食品工程师的工作，无论是产品开发、加工和销售，都应充分考虑宗教和民族的接受程度。食品加工技术和设备及其售后的服务，如工作时间，也应考虑到使用者的宗教要求。

第三节 清真（Halal）食品和犹太（Kosher）食品

Halal是阿拉伯语“允许的”，在这里延伸为“按照伊斯兰教规宰杀牲畜加工食品的”，简单翻译用“清真”表示。古代，汉语中的“清真”，被道家用于表示“纯真朴素”，元明清时期的中国伊斯兰学者用“清”“静”和“真”等说明伊斯兰教的特征，随后“清

图 5-1 “清真”标志

真”（图 5-1）并被用来说明与伊斯兰教相关的事务等，如伊斯兰教被称为“清真教”，其教堂称为“清真寺”，其食品称为“清真食品”。工业化生产需要通过特殊的认证程序。阿拉伯联合酋长国、马来西亚和澳大利亚为全球清真食品领军者，清真食品的市场增速迅猛，2019 年达到价值 2.53 万亿美元。

Kosher 指“符合犹太教规定的”，简单表示为“诚实的、合法的、真正的”。Kosher 一词来源于希伯来语，意为可接受的和适合的。这说明了食品和食品成分必须符合严苛的犹太教的饮食规定，只有原材料、材料处理、加工和生产设备通过犹太牧师（Rabbi）鉴定，才能获得 Kosher 证书。

世界上人口众多，地方特色各异，虽然食品安全是基本的保障，但是在原料要求、原料处理和生产加工等过程方面，清真食品（Halal 食品）和犹太食品（Kosher 食品）（犹太洁食）具有浓烈的宗教色彩。从食用本身来讲，清真食品和犹太食品强调的是洁净和安全。

一、清真食品

清真食品的原料选择和加工过程有严格的要求，清真饲料首先要确保不给牛、羊、鸡添加催生素，动物和鸟禽应该被喂以蔬菜饲料和天然饲料。饲料在清真食品认证中非常重要，有时会被人忽视，任何从猪身上提取的添加剂和成分都不能被混入清真饲料中。与 Halal 相对的是 Haram（禁止的）或 Najis（不干净的）。

清真食品应符合以下条件。

（1）食物或其添加成分不含任何非 Halal 动物及其衍生品，不能是没有根据伊斯兰教规屠宰的动物产品。

（2）食物安全，对人体健康无害。

（3）食品不是使用受物质污染的设备生产、加工或制造的。

（4）食品或其成分不含任何人体部分或其衍生物。

（5）在准备、加工、包装、储存或运输过程中，食物没有接触任何可能污染它的物品。

清真动物有以下种类。

（1）动物：牛，水牛，绵羊，山羊，骆驼，鸡，鹅，鸭和火鸡等。

（2）非捕食性野生动物：鹿，羚羊，羚羊和野牛等。

（3）非捕食性鸟类：鸽子，麻雀，鹌鹑，椋鸟和鸵鸟等。

（4）昆虫：草蜢/蝗虫。

值得注意的是，根据伊斯兰教规要求，对于动物的宰杀应讲究动物伦理，动物宰杀前必须是活的，最好不要受到惊吓。必须使用锋利的刀割断气管和血管，刀不能有缺陷或者损坏，应尽可能减小动物的痛苦。不是所有穆斯林能吃的动物都需要被宰杀，海产品和没有血的动物以及昆虫蚱蜢则无须宰杀。屠宰要切断动物的气管、食管及颈动脉和颈静脉，立即和同步口头朗诵“以安拉（真主）的名义”进行操作。屠宰的方式有 2 种：

（1）Zabah——快速切割动物的血管，例如，牛、羊和山羊等动物的宰杀。

（2）Nahar——在胸部附近的颈部下部切割动物的血管，例如，长颈类的骆驼和鸵鸟等动物的宰杀。

来自 Haram 动物的任何成分都不是 Halal。不能用于清真食品生产的 Haram 动物为：

（1）猪、狗及其后代。

（2）以安拉（真主）以外的任何人或物品的名义屠宰的动物。

（3）未按伊斯兰教法屠宰的动物。

（4）意外或自然死亡的动物。

（5）会杀死猎物或保护自己的犬科动物或具有獠牙（象牙）的动物，如熊、大象、猴子、狼、狮子、老虎、黑豹、猫、豺、狐狸、松鼠、貂、黄鼠狼、鼹鼠、鳄鱼和短吻鳄等。

（6）具有锋利爪子的掠食性飞禽类，如鹰、秃鹫、乌鸦、乌鸦、鸢和猫头鹰等。

（7）害虫和有毒动物，如大鼠、蜈蚣、蝎子、蛇、黄蜂和老鼠等类似的动物。

（8）被认为是令人厌恶的动物，如蜥蜴、蜗牛和昆虫及其幼虫阶段等类似的动物。

（9）伊斯兰教中禁止被杀害的动物，如蜜蜂和戴胜鸟。

（10）家驴和骡子。

清真产品的加工和处理很重要，生产者要遵守清真食品规范，不仅原料要获得许可，原料的供货商也必须是穆斯林或具有提供清真产品许可的经营者。生产清真食品的设备、机器和其他材料都必须满足清真食品生产规定的要求。清真食品的储存和展示过程也要符合清真标准。清真食品的物流、售卖应尽可能单独处理，若无条件单独运营，也应将清真食品与非清真食品分开陈列、存储、运输、配送和售卖。所有清真食品必须贴上清真标签或者明确的标识。

卫生、清洁和安全是清真食品加工过程的基础，相关要求涉及人员、设备、服装和经营场所。伊斯兰教强调清洁卫生，因此，食品加工和生产从个人卫生、服装、仪器和设备到工作环境都要计算在内。食品的加工、生产和经营过程都必须符合清真标准。制造商需要确保食物的安全性和卫生要求，也要负责管理好废弃物处理和排放及化学品的使用。

对于既生产清真食品又生产非清真食品的企业，必须严格注意产品的生产和包装。密封的清真食品和非清真食品在储运时无须分开，但是新鲜的非清真肉类应该被隔离存放，因为可能肉汁会顺着包装流出来而造成污染。如果清真食品碰到了非清真食品或者有害物质，就会变成非 Halal 食品。

我国穆斯林总人口超过 2200 万人，有 10 个民族遵从清真饮食习惯，它们是回族、维吾尔族、哈萨克族、东乡族、柯尔克孜族、撒拉族、塔吉克族、乌孜别克族、保安族和塔塔尔族。我国幅员辽阔，不同地域地理气候和生活环境存在较大的差异，各地清真食品的范围和标准可能有差异，而呈现出较强的地域性特征。但可以明确的是，凡不含肉类、动物油脂、乳类成分的食品，不属于清真食品，例如蔬菜、水果、水和盐等，也不应冠以“清真”（Halal）字样或以“清真食品”的名义进行生产、经营活动。2009 年，宁夏、甘肃、青海、陕西和云南 5 省和自治区以《宁夏回族自治区清真食品认证通则》为基础，参考国际上有关清真食品认证标准，在广泛征求各地宗教团体、食品监管及标准化部门意见的基础上，共同制定了 5 省区联盟认证标准《清真食品认证通则》，于 3 月 1 日起实施。5 省区在执行统一认证标准的前提下，制定了符合本地实际的清真食品认证规则，分别发布，统一实施。

对于生产出口食品的企业而言，清真食品的生产和经营应通过清真国际认证机构组织的认证。

二、犹太食品

犹太人主要分布在以色列、俄罗斯、美国和加拿大等数十个国家，他们信奉犹太教(Judaism)。犹太食品泛指与犹太饮食相关的产品，犹太食品和食品成分必须符合严苛的犹太法饮食规定，只有原材料和设备通过犹太牧师（拉比，Rabbi）的鉴定，才能获得犹太证书。图 5-2 所示为一些世界公认的犹太认证机构的标志。

图 5-2　世界公认的部分犹太认证机构的标志

犹太食品认证分为二种，一种是看厂家有没有生产犹太食品的条件；另一种是对食品本身的认证，需要拉比监管它的整个生产过程。不过，犹太食品认证人员并不过多关注食品原料是如何生产的，只有在需要加工、烹饪的食物时，才需要这个认证标记，因为并没有什么“经过犹太认证的大米或葡萄”这样的原料认证机制和要求。

犹太食品是根据犹太教的膳食法令生产的，严禁使用猪肉等原料，另外，有一些原料必须在经过特殊制作后才能食用。Kosher 食品拥有世界上标准最高的食品安全认证，中国有近 1500 家工厂在犹太拉比的监管下生产犹太食品。

犹太教的膳食法令将食物分为“洁食”和“非洁食”2 大类，饮食遵守“五不食，一遵从，一禁止”的法规。“五不食”是：①不食动物的血液；②不食自死的动物；③不食牛羊后部的某些筋腱；④不食猪、兔、马、驼、龟、蛇、虾、贝、有翅昆虫及爬行的昆虫、跳鼠和凶禽猛兽；⑤一餐饭中不可同时食用肉品及乳品。“一遵从”是：烹调必须遵从“特里法”，即不能断定是否洁净的原料不做，烹调方法不正确的菜品不吃；符合教规的食品应有犹太认证标志。“一禁止”是：安息日（the Sabbath，星期五日落至星期六日落）不可举火做饭，以便摒除一切杂事和杂念去“修身养性”；安息日的食品要提前一天备妥。

犹太人的这种禁忌在现代发展到了将形形色色的乳类衍生物都算作乳制品的程度，包括加了乳糖、乳清或酪蛋白的素食。这种种近乎严苛的限制也带来了额外的好处：素食主义者和乳糖不耐症患者就此成了犹太食品的非犹太客户。在美国超过 2/3 的犹太食品购买者不是犹太人，其他的购买者包括穆斯林、七日基督降临教派、素食主义者、饮食过敏者及寻求高质量食品的消费者，也就是说购买犹太食品的动机并不仅仅是宗教原因。因为要保证食用的乳及乳制品都采自可以食用的动物且不得混入任何“杂质”，所以犹太食品里的乳的来源必须是从挤乳开始就由拉比全程监管至封装完成的。

根据犹太教规，谷物、蔬菜和水果都是“洁食”，而牲畜等肉类、禽类和水产类则不尽然。牲畜等肉类中，鲜活偶蹄反刍动物的肉，也就是新鲜牛肉、羊肉和鹿肉等为“洁食”，可食；分蹄但不反刍或反刍但不分蹄的如猪、马、骆驼、岩狸和兔子等动物的肉为“非洁食”，禁食。犹太人也不吃虾、龙虾、鳗鱼和蛤蚌。与信奉伊斯兰教的阿拉伯人一样，犹太人也忌食猪肉。在以色列，人们甚至忌讳提到“猪”这个词。对允许食用的羊肉、牛肉、鹿肉，犹太教还做出了种种具体的限定。对于它们是否合乎教规以及洁净与否，需要由犹太教士拉比验证。犹太教规定：在宰杀牛羊与禽类时必须要一刀毙命，不得延长其痛苦的时间，这方面的要求与伊斯兰教宰杀法相同，给动物以充分的伦理关怀。禽类食品中，鸡、鸭和鹅等家禽属“洁食”，是可以食用的；食肉和食腐的猛禽以及鸵鸟、乌鸦和夜鹰等禽类以及除了鸭和鹅以外的水鸟皆属“非洁食”，不可食用。所有水生物之中，凡有鳍有鳞的鱼类都可以吃，但无鳍、无鳞和无骨及有壳类的水生动物，如鳗鱼、鲶鱼和贝类等水产品则不可食用。对于昆虫类的蝗虫、蚂蚱、蟋蟀和蚱蜢可食，所有蠕虫、昆仲、爬虫和节肢动物均不可食，除了蜜蜂产的蜂蜜。

犹太教饮食律法对食品添加剂的规定，大致分作三类：①绝对不能使用的；②可以随意使用的；③视烹调具体过程而决定能否添加的。要判定食品添加剂类与类之间的严格界限不容易，但是，从昆虫提取的纯天然的食用色素——胭脂红色素——因为来源是不符合犹太教规的，所以被列入了犹太食品的禁忌清单。

世界全球化的今天，人员、技术和商品等的交流频率高范围广泛，在涉及不同文化时因充分尊重对方的传统，尤其是宗教的信仰，因为其特殊性，食品工程师应该更加敏感，不能冒犯，即使是无意的，也可能造成严重的民族和宗教冲突，甚至会影响到国家的声誉和形象。宗教的意志是历史形成的，是意识形态的领域和人们的精神追求，对宗教的尊重也是食品工程伦理的要求。

第四节　素食运动与伦理

图 5-3　毕达哥拉斯［Pythagoras，约公元前 580—约前 500（490）年？］

在西方，对不杀生的倡导可追溯到 2000 年前。公元前 500 年，希腊哲学家和数学家毕达哥拉斯［Pythagoras，约公元前 580—500（490）年?］（图 5-3）提出对所有物种都应提倡仁慈，并遵循可以被描述为素食的饮食行为。同一时期，在东方，古印度著名思想家、古印度迦毗罗卫国释迦族人、佛教的创始者、被后世尊称为释迦牟尼佛的乔达摩·悉达多（巴利文：GotamaSiddhattha；梵文：Siddhārtha Gautama，更多被称为佛陀）也在与他的追随者讨论素食。

图 5-4　梁武帝萧衍（464—594 年）

佛教传入中国后，汉传佛教寺院未实行托钵乞食制度，又信奉大乘，强调慈心不杀，农业发达，自然条件允许，特别是虔信并了解大乘佛法慈悲教义重点的梁武帝萧衍（图 5-4）强调释迦牟尼带来了“肉食会让人永堕地狱”的警诫，告知修行者必须持纯净素食的戒律才能成就真理。为此，他下了一道“断杀绝宗庙牺牲诏”，禁止宗庙用肉食祭祀，也不准宫廷太医以“生类合药”。公元 511 年，他亲自写了一篇《断酒肉文》，公告说明这项历史性措施，以王法为后盾强制执行，规定：“不得食一切众生肉，食肉得无量罪”，“不得食五辛：大蒜、葱、韭、薤、兴渠”，严格施行僧人吃素的制度。他自己则严格遵守此戒律并带头终身吃素，推动了素食在中国的发展。

自 17 世纪起，素食主义开始在英国发展起来，拒绝肉食的宗教团体越来越多。托马斯·泰伦（Thomas Tryon，1634—1703 年）是十七世纪突出的素食主义倡导者，他主张完全弃绝以“动物同伴的肉体”为食。著有《健康的生活方式》（*The Way to Health*，图 5-5）。18 世纪中突出的素食主义倡导者有美国政治家、物理学家、共济会会员，大陆会议代表及《独立宣言》起草和签署人之一，美国制宪会议代表及《美利坚合众国宪法》签署人之一，美国开国元勋之一的本杰明·富兰克林（图 5-6）和法国启蒙思想家、文学家、哲学家伏尔泰［Voltaire，本名弗朗索瓦-马利·阿鲁埃（François-Marie Arouet），1694—1778 年，图 5-7］。

图 5-5　健康的生活方式

图 5-6　本杰明·富兰克林（Benjamin Franklin，1706—1790 年）

图 5-7　伏尔泰（本名弗朗索瓦-马利·阿鲁埃，François-Marie Arouet，1694—1778 年）

“纯素食”的概念最早于 1806 年就已经形成了，当时出生于英格兰苏塞克斯郡的诗人、思想家、改革家珀西·比希·雪莱（Percy Bysshe Shelley，1792—1822 年）（图 5-8）等基于伦理的理由公开反对食用蛋和奶。素食主义运动正式诞生于 1809 年英国的曼彻斯特。当时，有一些圣经基督教（Bible Christian）成员一起发誓禁食酒肉。1847 年，这个修行团体脱离了教会并成立了素食者协会。1908 年在德国的德累斯顿（Dresden），召开了第一次世界素食大会，并同时成立了国际素食者联合会（International Vegetarian Union，IVU），将素食定义为由植物派生的膳食，含/不含乳制品、蛋制品和/或蜂蜜，其目标为“在全世界推行素食主义（To promote vegetarianism throughout the world）”。素食者分为部分素食者（Vegetarian）和严格素食者（纯素食者）（Vegan），前者有奶素食者（Lactovegetarian）即食用奶类和植物，蛋素食者（Ovovegetarian）即食用蛋类及其相关制品和植物，食果实主义（Fruitism）即仅食用水果类和生食主义（Raw Foodism）即将所有食物保持在天然状态，即使加热也不超过摄氏 47℃。1944 年英国的唐纳德·华生（Donald Watson，1910—2005 年）（图 5-9）创立了严格素食者（纯素食者）协会（The Vegan Society，https：//www. vegansociety. com/），为了体现排除奶制品的含义，尝试了多个词后，华生决定将严格素食者称为“vegan”，该词保留了素食者“vegetarian”的前 3 个字母和

图 5-8　珀西·比希·雪莱（Percy Bysshe Shelley，1792—1822 年）

后 2 个字母，标志着“素食者的开始和结束（the beginning and end of vegetarian）”。虽然对严格素食者的膳食早就有定义，但直到 1949 年该协会才将严格素食主义（纯素食主义）确定为“人们解放动物的原则（[t]the principle of the emancipation of animals from exploitation by man）”，后来进一步明朗化为“寻求终极人类将动物用于食物、商品、工作、狩猎、活体解剖以及涉及人类对动物生命利用的所有其他用途（to seek an end to the use of animals by man for food，commodities，work，hunting，vivisection，and by all other uses involving exploitation of animal life by man）”。

图 5-9　唐纳德 · 华生（Donald Watson，1910—2005 年）

肉食是造成制度性屠戮动物的根本原因，肉食以杀害生命、折磨生命为代价。伏尔泰曾问道“如果它们会说话，我们还敢杀它们吗?”19 世纪中期俄国批判现实主义作家、政治思想家、哲学家列夫 · 托尔斯泰（Лев Николаевич Толстой，1828—1910 年，图 5-10）说“吃荤是不道德的，因为吃荤需要靠违背道德的行为——杀生来达成，只有贪婪、好吃的人才会这么做。”除了宰杀，高密度的工厂化饲养，不利于动物的自由生长，而如果普遍采用素食，那么就会很容易消灭虐待和迫害动物的行为。美国诗人、短文作家梭罗（Henry David Thoreau）说“在人类逐渐进化的过程中，不再吃荤是宿命的一部分，就像以前野蛮民族接触文明生活后便不再吃人肉一样的道理。”

荤、素由原来的植物间的差别到后来的动植物之间的相对概念经历了历史的演变。随着人们消费理念和环境意识的改变，素食者人数增加，素食的影响力越来越大。对世人而言，素食并非一定要与信仰挂钩，它也并非教众的专利。为了健康、环保或养生，人人都可以奉行素食。

新素食运动是“一种哲学和生活方式，力求在可能和切实可行的范围内，排除对动物的一切形式的利用和对动物的虐待，以用作食物、衣服或任何其他目的；并促进对动物、人类和环境有益的无动物替代品的开发和使用。从饮食角度上讲，这是指放弃全部或部分源自动物的所有产品的做法。”。

图 5-10　列夫 · 尼古拉耶维奇 · 托尔斯泰（Лев Николаевич Толстой，1828-1910 年）

提倡素食对于人类社会可持续发展、提高植物农产品的食物转化效率意义重大、效果显著。联合国 2017 年《世界人口展望》预测，世界人口持续增长，预计 2030 年和 2050 年世界总人口将分别达到 86 亿和 98 亿，国家统计局 2020 年 1 月 17 日发布的数据显示，2019 年末我国总人口（不包括香港特别行政区、澳门特别行政区和台湾地区以及海外华侨人数）14 亿 5 万，因此，人类直接面临的是粮食食品安全问题，优质的食品是人类的第一物质需求。预计到 2030 年，我国肉类农产品的供给缺口将达到 3804 万 t，2050 年全球肉蛋奶水果等高营养类食物的需求将增长 70%～90%，为此全球政策制定者、政府和商界应该通力合作，提高生产力，促进技术进步，改进供应链和鼓励创新

与肉类需求量增加相关的环境和伦理问题日益凸显——土地和水资源的需求增大，温

室效应引起的生态变化、生物多样性的丧失以及动物福利等。30%的温室气体排放和70%的淡水消耗与食品生产直接相关，动物肉尤其是牛肉的生产比植物食品生产产生大得多的碳排量。

动物肉并非人类膳食所必需，证据是很大数量的素食者的食谱在营养上是完全可行的，不同来源植物蛋白加工的人造肉在营养上与动物肉没有显著差异，但对环境的影响小很多。越来越多的人青睐素食，不仅是因为素食有预防和治疗慢性病的功能，还能降低患2型糖尿病、肥胖症、癌症、冠心病风险，延长寿命。同时，植物性膳食对环境友好，与动物性膳食相比，可大量减少温室气体的产生。

历史上，以汉族为主的中华民族发祥于黄河流域，处于平原地区的我国的农业生产体系以谷物（粮食作物）种植为主，这就决定了民众的食物以谷物为主。成书于先秦至汉（公元前722～221年?）的医学典籍《黄帝内经》（图5-11）载："五谷为养，五果为助，五畜为益，五菜为充。"意思就是谷物是人们赖以生存的根本，是膳食的主体，水果、蔬菜和肉类作为辅助、补益和补充，这充分体现了我国膳食结构的基本特征。从现代营养学角度来看，这仍然是科学合理的膳食结构。

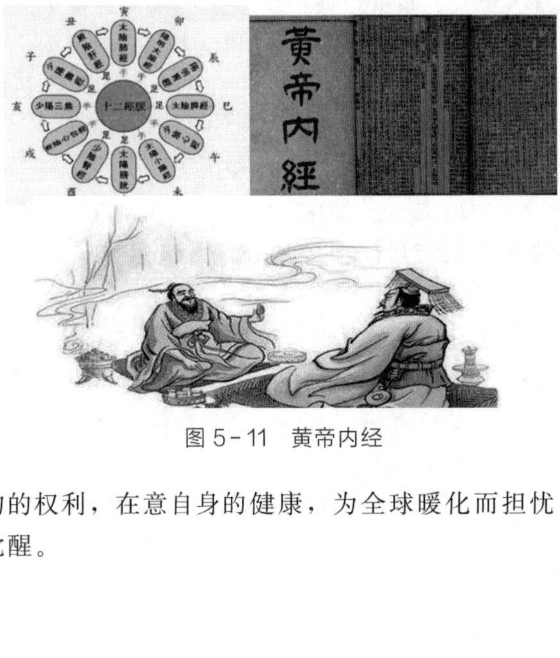

图5-11　黄帝内经

有数据显示，英国素食者的人口比例已达到7%，荷兰、德国和法国分别是4.4%，1.25%和0.9%；而意大利某些地区的素食人口比例已经达到了10%～18%，美国上世纪90年代的调查也显示有7%的人自称是素食者。在印度，由于各种主张素食的宗教十分盛行，使之成为世界上素食人口比例最多的国家。

与传统的素食者不同，新素食者们大多受过良好的教育，不是为了单一的宗教信仰而食素，他们更关心动物的权利，在意自身的健康，为全球暖化而担忧，希望通过自己的方式唤起公众意识的觉醒。

第六章

工程师伦理

第一节　工程师的概念

工程师（Engineer）的称呼和科学工作者（Scientist）一样，内涵很广泛，不是一个特定的职业，虽然工程师是由从事某项具体工作的人构成的，但不是指一个单独的个体。承担设计和施工的各专业工程技术人员和管理者，国际上统称为“工程师”，我国大陆地区是把工程师作为一个职称使用的，要注意区别。本书中所说的“工程师”不是职称，而是从事工程工作的人。作为职业的工程师，行业很多。对某些行业而言，职业资格是必需的，例如，通过相关机构组织的考试和认定、取得相应的资格、获得执业许可的注册工程师。职业和注册资格类的考试，在我国大陆地区一般都是国家行政部门组织考试和认定，西方国家职业化程度较高，通常是由相关协会组织考试和认定的。

其实，我国也是有工程师组织的，詹天佑（1861—1919 年，图 6-1）于 1911 年在广州创立了中华工程学会，是我国工程师团体组织的开端，后来颜德庆（1878—1942 年，图 6-2）在上海创立中华工学会，又有徐文炯等组设路工同人共济会，不久三会合并，改名为中华工程师会，选詹天佑为会长，以汉口为本部住址。1912 年，更名为中华工程师学会，迁总会于北平（北京），会务等皆以北平为中心，1951 年将总会迁至台湾台北。

图 6-1　詹天佑（1861—1919 年）

图 6-2　颜德庆（1878—1942 年）

第二节　职业伦理

工程师职业伦理是工程伦理学的基本组成部分。无论专业和行业有何差异，工程师的工作性质是相似的，所以，他们有相同的职业伦理要求。所谓职业伦理，是指社会分工体系中从事职业活动的职业人员，在其从事的职业范围内所采纳的行为标准，是职业活动中的伦理关系及其调节原则，根据在社会系统中的角色及其功能性要求，职业活动有具体社会角色及其社会权利、义务和责任的规定。职业活动体现了特定的价值理念，职业关系是特殊的伦理关系。职业伦理不同于个人伦理和公共道德，它是职业活动中一切涉及伦理方面的现实内容。职业伦理是指导职业活动的价值理念合理性的准则，其内容包含：职业利益与公共利益的关系的伦理调节，职业活动中的职业精神、职业良心和职业态度的伦理调节，职业活动中的社会分工与社会平等的伦理调节，职业关系即职业集团之间、同一职业集团内不同成员之间、不同职业集团或成员之间以及与服务对象之间的关系的伦理调节等。恪尽职守、服务公众，是职业伦理的核心。

职业伦理规范实际上表达了专业人员之间以及专业人员与公众之间内在的一致性，或专业人员向公众的承诺：确保他们在专业领域内的能力；在职业活动范围内促进公众的福利。因此，工程师的职业伦理规定了工程师职业活动的方向。职业伦理还应注重培养工程师在面临义务和利益冲突时做出正确判断和解决问题的能力，以及前瞻性地思考问题和预测自己行为的可能产生的后果并做出判断的能力。一些工业发达国家把认同、接受和执行工程专业的伦理规范作为职业工程师的必要条件。

随着经济全球化程度的加大，跨国服务的工程师越来越多地去其他国家工作。由于地域、政治和社会制度、生活方式等的差异，东道国具有与工程师来源国不同的文化、传统和价值观，由此可能引发工程与文化之间的关系的问题。在不同的文化背景下，工程师是否应该遵守相同的职业伦理规范？或者说，是否应当制定超越不同文化的国际工程伦理规范？在决定工程师何时应该采用何时可以不采用东道国的价值观和实践的时候，依据什么样的标准才是合适的？这些问题仍然值得探讨，是职业伦理研究的课题。

第三节　工程师与伦理

一、工程师的身份特征

工程从策划、立项，到设计、施工，再到监理、验收，都需要由专门的人员完成，工程师利用专业知识，为工程提供咨询和管理方面的服务，进行可行性研究、论证，因此，是工程决策的咨询者；工程师也承担工程的设计、组织、计划和管理，又是工程活动的策划者、执行者和监督者。现代工程师主体的结构可以划分三元立体结构模式。①直接从事工程技术活动的单个主体，即专业人员（工程师）个人。②专业工程师集团，即在同一工程技术领域从事工作的工程师，如传统技术领域的土木工程师、机械工程师，新兴领域的食品工程师、化学工程师、网络工程师等。③工程师共同体，即在一个特定的时间和空间内不分专业的、遵守相同范式的工程师全体。工程师一般不是工程最终产品和服务的直接用户，不与最终用户进行直接沟通，对工程建设和运行的影响没有直接的感受。

工程管理的具体实施和实施情况将决定工程能否顺利实施、能否按期完成、能否符合预定的质量标及能否达到预定的功能等。业主投资的多少、企业成本花费的高低等，直接依赖于工程师的工作能力、经验、积极性、公正性和管理水平等。但工程师在工程实施中的责任和权利是不直接相关的，工程管理工作常常既难又吃力不讨好，很可能使参与的各方都不满意，而且工程的最终经济效益与工程师无关。

工程师的身份角色是矛盾的，工程的成功要依靠程师的努力，但工程师没有决策的权力。工程师虽然有很大的管理权，但工程师仅仅是业主或企业的代理人（雇员）、对管程中的失误不承担或承担很小的法律和经济的责任，工程失败的很多因素常常不是工程师能够控制的。

二、工程师的伦理要求

1. 如何成为有伦理的工程师

澳大利亚皇家墨尔本理工大学工程簇学院的退休荣誉教授约翰·巴克里奇（John Buckeridge）在谈论“如何成为一个有伦理的工程师”（https：//www. engineersaustralia. org. au/Event/how-be-ethical-engineer）时，重点提出了以下 4 个问题：

（1）所有职业工程师都要讲伦理吗？

（2）做讲伦理的专业人员有什么好处？

（3）工程师是讲伦理的、简单的“硬汉商人”——只在方便的时候才讲伦理？

（4）但更重要的是究竟什么才是支撑人类道德的基础？

作为职业工程师而言，这些问题可能会产生共鸣。未来的工程师们——正在课堂上学习和阅读本书的学子们——对于这些问题也应该进行深刻的思考。

工程的目标具有多样性，各参与方的价值观及行事方式会有不同，因此，工程的多元主体之间客观上存在伦理冲突的可能性，需要相互理解，需要怀有利他共生的理念，对工程的实施和实现需要兼顾整体利益和其他利益通盘考虑。工程管理依赖工程师的职业道德、自觉性、积极性和声誉而展开工作，工程师职业和工程管理社会化的制度之间存在内在的矛盾，工程师必须具有很高的职业道德水平，恪守伦理，才能完成工程建设任务，建成成功的工程。

工程师是工程活动的核心，在工程活动中起着举足轻重的作用。工程中具体的勘察、设计、施工和操作的过程都是由工程师主导完成的，工程师的技术水准、工作态度、职业道德与工程的质量、进度和效益紧密相关。工程师在工程经济中处于中心位置，这就要求他们具有高度的责任感和工程良心。“良心”是后天形成的，人们的生活方式和环境、受教育的程度和水平、职业活动方式和实践以及对道德责任和义务的认识，都对职业良心的形成起着决定性的作用。儒家认为“人之初，性本善。性相近，习相远”，只有不断加强自身修为，才能形成完整的人格。工程师只有具备了应有的工程良心，才会在能源利用、资源的再生循环利用等方面重视效率，其工程活动才可能促进经济发展、社会发展和国家发展，进而实现可持续发展，最终对人类文明的发展起到至关重要的积极作用。

2. 做有伦理的工程师

工程师应以工程的使命、准则和总目标为出发点，追求工程全寿命周期的整体效益，不仅要获得工程目标和企业目标，还要担负起社会责任。工程师的职业角色容易成为利益相关者矛盾的焦点，工程师伦理体现在工程师的职业道德上，是社会对工程师活动的基本要求。工程伦理责任要求工程师关心社会事业，利用其知识和技能为人类谋福利，必须将公众的安全、健康和福祉置于至高无上的地位。

（1）遵纪守法，服务至上　工程师的“本分”是遵守法律法规、标准规章，全心全意为工程服务，安全第一，用户至上，将用户利益放在第一位，不谋私利，忠于职守，全心全意地为社会公众谋取福祉。有良知，有理性，以勤勉、认真细致、务实和负责任的态度工作，廉洁自律，不将工程视作为自己获得或企图获得额外财富的途径或办法，也不应因客户的不理解或误解而在工作中采取不适当的对策和做法，降低工作质量。

（2）爱岗敬业，勇于创新　工程师应热爱自己的专业、职业和工作岗位，维护专业人士的尊严、荣誉、责任和成就感，具有强烈的事业心，遵循工程规律，为工程提供合适而高效的技术和严格而科学的管理，忠于专业判断，充分发挥聪明才智，追求精益求精，不投机取巧，不迁就错误意见，任劳任怨，追求工作的完美。以满腔的热忱积极主动工作，最大限度地发挥自己的聪明才智，自觉刻苦地钻研业务，掌握先进知识和技能。全心全意地管理工程，努力降低工程的交易成本、管理成本和运行成本，提高工程管理效率。开拓创新，积极进取，勇于承担责任，追求更高的目标。

（3）诚实守信，团结合作　工程师应充分理解工程的共同目标，光明磊落，胸怀坦荡，正直善良，实事求是，高效高质，秉公办事，合理对待各方利益诉求。不挑事，不找事，不坏事，不闹事，能做事，做好事，做成事。具有团队精神，精诚合作，不隐瞒自己的观点，充分表达自己的意见，分工不分家，相互信任，相互协作，民主沟通，友好协商，维护组织的凝聚力，营造良好的工作氛围。

三、工程师的责任

责任是与社会角色联系在一起的义务，通常是指与某个特定的职位或机构相联系的职责，指分内应做的事或没有做好分内应做的事而应当承担的过失。义务是情愿、志愿和应该，与“权利”相对，又称“社会责任”“直接社会义务”。满足一定社会关系的参加者享受直接社会权利，人们日常的生产和生活活动以及其他各种条件直接作用的结果，一般为习惯和道德等社会规范所确认。工程师在行使自己的社会职责时做了超出他的职业责任之外的具有积极正面意义的工作称为“善举”（Good Will）。善举是值得称道的，但这不是工程伦理的必然要求，因为从不同的角度出发会得出对“善举”的不同解释，这是不同伦理立场的具体差别所在，也是伦理困境存在的原因和理由。

工程师的责任有一个从简单到复杂、从一元到多元、从个人维度到职业维度逐步扩大的发展过程。在产业革命之前，没有行业、产业分类，其后的工业革命使得技术发展速度加快，工种和工程分类高度细化，工程师的职业性质突显出来，工程师面对的工作内容和社会环境更加丰富和宽广，与工程师职业秘密相关的各种伦理要求因而逐渐形成，凡此种种，要求工程师必须面对和承担。

工程师从事的工作是职业的要求，现代科学技术赋予工程师和科技工作者等专业人员影响自然、社会和人类的巨大力量，要避免工程活动给他人、社会和自然造成巨大伤害（规避工程风险），除了过硬的专业知识和技能之外，还应具有在承担相应社会责任和义务方面高度的责任感。工程师的责任大致上可以分为 5 个方面：诚信与廉洁责任、质量责任、环境责任、人文责任和伦理责任。

1. 诚信与廉洁责任

任何职业岗位，廉洁自律是基本纪律要求。工程师腐败，必然会导致工程腐败，出现偷工减料、“豆腐渣”工程，在工程建设招投标中搞暗箱操作，监理形同虚设，搞关系工程、关系监理、假监理、只拿钱但不进行监理或只做形式上的监理——到现场走走之类的，甚至有只签字而不去现场等现象。

美国全国职业工程师协会提出的工程诚信与道德的基本内容包括：①工程师应以维护

公众的健康以及安全作为自己工作的首要目标；②工程师所作的工作不应超出自己的能力范围；③工程师不应对公众隐瞒事实真相，应该坦诚公布的声明；④工程师应对自己的雇主忠诚；⑤工程师不应该有欺诈行为；⑥工程师应坚守道德尊严，以自己的行为来维护本职业的尊严与荣誉。工程师在工程职业活动中对其直接服务对象所承担的责任，其中主要是对雇主和公众（消费者）承担责任。工程师的工作是为人服务，其工作性质的特点具有直接性和现实性，遵循的原则是忠诚（对雇主）和服务（对公众）。工程师在职业活动中面对人类社会整体所承担的责任，应当以满足人类的合理需要和人类的整体利益为其工作的根本目的，也就是一切工作都应该为了人类的福祉，所以，应遵循的相应伦理原则是人类利益至上，其特点是前瞻性和整体性的。这也是人类责任。

2. 质量责任

工程师对工程和产品的全周期质量负有责任，在工程和产品的设计寿命时期内，工程师应跟踪检视和评估。工程师不仅要在工程和产品的开发设计过程中承担设计的质量责任，也要监督工程和产品的建设或制造过程以保证达到设计的目标和要求。考虑到工程和产品的最终用户和最终使用情况下的产品责任，在工程和产品建设或加工制造完成后，工程师对工程和产品也负有在工作中主动关心和跟踪维护的义务和责任。工程师对工程和产品的质量负责是保证实现工程和产品建设初心和造福消费者的关键，如果工程和产品的质量不能保证，那么不仅有违造福消费者、奉献社会的初衷，还可能造成消费者生命财产安全及国家和集体经济利益的损失。工程师的质量责任应从工程管理的全过程考察，工程的每一个过程都应严格按照设计的标准要求进行，明确相应的责任，以对社会、对公众负责的态度，在质量问题上坚持做到尽职尽责，认真抓好建设和生产过程的每一个环节，认真履行操作规程和技术实施规则，一丝不苟，严格把关，关注细节，始终坚持质量第一的原则。在任何情况下，绝不以牺牲质量为代价获取个人利益。从技术的角度看，任何工程活动都是技术实现的活动，任何工程在实施过程中都有可能遭遇技术问题，工程师在工程技术活动中解决技术难题时对于技术本身所承担的责任是质量责任的组成部分，在引进新技术或革新原技术的决策过程中，工程师作为技术行为的主体，应本着对满足实现工程建设需要的目标要求和尊重科学规律的求真态度，兼顾技术主体服从生产效率的总体要求进行所用技术方案的抉择。

3. 环境责任

工程的实施牵涉到社会的方方面面，工程师职业活动中承担的环境责任是多方面的。环境不仅限于自然环境，还有生态环境，工程师职业活动涉及社会生态，人与自然、人与自然环境、人与社会和人与人等诸多方面。一方面，工程师必须受法律法规的约束从事职业活动；另一方面，工程师在职业活动中要涉及更多的环境伦理责任，这些责任不具有强制性，是工程师道德上的自律，需要借助精神的力量——传统习惯、社会舆论和工程师的内心信念和良心来维系。工程师要自觉将环境责任转化为道德情感、道德意志和道德信念并体现在工程实施和建设过程中，为此，工程师需要加强自我修养，形成自己的“环境良心”的职业本能。对于具体的工程产品而言，其有一定的使用寿命，工程师的环境责任就是在该工程的全寿命期内对雇主、对社会、对环境、对相关利益各方负责，对于环境的责任应进行必要的评估，不可草率从事，因为有些不良影响的时间延续和滞后效应可能在数十年甚至更长时间后才会显现出来。工程师的工作应对未来人类有足够的尊重、承担责任与尽可能履行相关义务，以对自然环境和生态环境不破坏、少破坏、能修复、可持续为选择的顺序。

在工程师的生态责任所包含的广泛内涵中，人与人的生态关系涉及了更多的社会学内容，要进行具体的条文式的描述比较困难，因此在工程师伦理章程等条款中，更多的要求是针对自然环境生态而言的。例如，台湾地区的“中国工程师信条”中规定了工程师应当“尊重自然，维护生态平衡，珍惜天然资源，保存文化资产”，并要求工程师：

（1）保护自然环境，充实环保有关知识及实务经验，不从事危害生态平衡的产业。

（2）规划产业时应做好环境影响评估，优先采用环保物资，减少废弃物对环境的污染。

（3）爱惜自然资源，审慎开发森林、矿产及海洋资源，维护地球自然生态与景观。

（4）运用科技智慧，提高能源使用效率，减少对天然资源的浪费，落实资源回收与再生利用。

（5）重视水文循环规律，谨慎开发水资源，维护水源、水质、水量洁净充沛，永续使用。

（6）利用先进科技，保存文化资产，与工程需求有所冲突时，应尽可能降低对文化资源的冲击。

工程的建设是根据社会的需求进行的，工程师是工程的设计者和实施者。工程活动对环境的影响已得到了普遍的认识，在20世纪90年代之后，与环境责任相关的条款出现在电子与电器工程师协会（IEEE）、土木工程师协会（ASCE）和机械工程师协会（ASME）这三家美国工程师社团的章程中。工程师对环境是否应承担责任，以及关于这种责任的基础和范围是什么一直存在着争议。其中一个核心的问题是，是否只有当人类的健康和福祉受到明显威胁的时候，接受对环境的责任的理由才是充分的，或者说，是否应该出于环境自身的原因而关注环境。

工程活动的建设和运行过程与环境的关系是社会系统的两个不同组成部分，工程活动的全过程与自然环境和生态环境联系紧密，且非对立和独立存在。工程过程通过与自然环境和社会环境进行物质、能量和信息的交换，以实现自身的生存与发展。环境为工程活动提供所需的物质资源，没有环境提供的物质资源，工程活动的开展和运行就没有物质基础。环境是既为工程建设提供物质资源，也为工程活动产品和副产品（如各种废弃物）提供物理存放、消化、吸收，并利用自然力量进行无害转化的场所。保护好自然环境和生态环境，可以为工程提供不间断的物质需要和进一步发展的条件。一旦工程建设或运行造成环境被严重损害、被掠夺、被不可逆破坏，那么受损、贫瘠的环境就会对工程系统的发展造成直接或间接损害，最终使工程与环境关系进入不可调和的恶性循环，最后的结果只有一个——人类的生存空间恶化甚至丧失。为了取得经济发展和环境保护共赢的效果，工程师在“保护环境的设计”“可持续发展”“绿色设计”“清洁生产”与“可替代技术”等方面负有极其重大的责任，应该发挥巨大的作用，这也是工程师发挥自身专业知识、展现自己的才华和实现个人价值的体现。

人类是自然进化的产物，人与自然应该和平共处。人生活在自然中，自然是人类生存的保障。人类保护自然和爱护自然，自然就会给人类更美的居住、生活和工作环境。人类始终面临严重的环境污染、全球气候变暖、资源过度利用、生态平衡失调、生物多样性丧失、臭氧层破坏和持久性有机物污染等环境问题，工程活动是对地球影响最大的人类活动之一，破坏生态环境的工程不仅损害人类的生存条件，而且工程自身的功能也会丧失。生态伦理学认为，自然成为权利主体意味着人类对自然承担责任，而工程师职业活动的性质决定了他们比其他职业的人群对自然环境应该承担更多的责任。尊重自然，敬畏自然，自然才会对人类友好，环境才会对人类友好，人类才会幸福。

在环境责任中工程师遵循的原则是尊重和保护自然，环境危机、发展危机与能源危机紧密相关，而地球上的资源与能源如果不能满足生存和发展的需求，那就必须为当代人和未来人类的生存而转变发展模式。工程师应该具有更高的觉悟和自觉性去认识和对待工程对环境的影响问题。

然而，现实总不是那么令人乐观的，例如，德国大众汽车尾气排放丑闻（图 6-3）。2015 年 9 月上旬，美国环境保护署（Environmental Protection Agency，EPA）指控德国大众汽车公司（Volkswagen Automobil GmbH）在柴油机内安装作弊软件，这种软件可以伪造汽车尾气排放数据，降低汽车尾气排放标准，在检验时能以“高标准水平”通过环境保护评价。排放丑闻曝光前，大众汽车柴油发动机一直备受推崇。然而，随着丑闻的曝光，大众汽车柴油车的环保神话被戳穿。监管部门和消费者遭到当头棒喝，这才意识到大众汽车柴油车的环保技术需要重新评估，涉及的 48.2 万辆汽车由大众公司召回处理。媒体报道称，根据美国《清洁空气法》(Clean Air Act)，大众汽车公司面临最高 180 亿美元罚款。2017 年 3 月 10 日，德国大众汽车承认三条罪状违反美国联邦法律，并与司法部达成民事赔款 43 亿美元及向受影响方赔款 250 亿美元的认罪协议。

图 6-3　德国大众汽车尾气排放丑闻

我国的部分地区为了片面追求财政上的数字好看，不顾对自然环境和生态环境的恶劣影响进行项目开发，将从发达地区淘汰的产业大量引入不发达地区，只想要 GDP 指标，结果造成局部甚至整体生态环境和自然环境的恶化。高消耗和低产出的粗放型生产，使资源消耗、单位 GDP 的消耗和原材料消耗大，环境污染严重。作为城市和国家的建筑者，工程师在工程实践中应该以节约资源与能源为准则，不应以破坏岌岌可危的生态环境和自然环境为代价，应开发并应用环境友好技术，将废物变成可再生、再利用的资源。要实现工程师的环境责任意识，需要在实践中对工程师进行环境行为伦理引导，在教育理念上，要树立环境道德教育，这是素质教育和人格教育必需的，也是继续教育和终身教育的基本共识，在校工科类大学生必须学习环境道德教育类的课程，在注册工程师（如造价工程师、监管工程师和建造工程师等）考试中也应加入环境道德相关内容，要求工程师牢固树立生态伦理的观点。全社会应该形成“破坏环境就不做工程”的社会发展共同理念。

可持续发展要求，在进行工程活动时必须从道德的角度审视工程与自然和生态的关系，协调好人与人（业主与消费者）、人与自然和工程活动与环境的关系；避免高投入、高能耗和高排放，尽量争取少投入、低能耗和低排放；既要实现经济社会的快速发展，又要保护好人们赖以生存和发展的自然和生态环境。经济发展和环境保护的矛盾在任何国家都将持续永远存在，并长期困扰政府、企业和工程技术人员。这一矛盾并非不可调和，但是，在自然面前，人类要有敬畏感。随着人们生态意识的加强，环境保护措施改善，经济发展和环境保护的矛盾有所缓和，但是，工程活动所带来的环境问题仍然十分突出。工程技术人员作为工程活动的设计者、管理者、实施者和监督者，在解决环境问题的过程中扮演着重要角色。可持续发展战略呼唤工程师勇于承担起环境责任，工程师履行环境责任是现实的呼唤和伦理逻辑的必然要求。

4. 人文责任

工程是为人而建造的，也是由人建造的，由此需要有人文意识和人文关怀贯穿其中，即方便于人，服务于人，真正实现工程的人文价值。因此，不能只把工程当成“物”来看待，而是要当成人的一种存在与活动场所来看待，看成人的一种广延形式。建筑除了应具有独特的造型和宏大的气派外，在细节设计的方面，应该考虑到使用的最佳功能。例如，大街两侧的人行道上现在一般都设置了盲道，但不少的地方也只是做到了“有”，实际情况是无法使用，树、消防栓、垃圾桶和违章停放的车辆等都成为了阻断盲道的因素（图 6-4）。我国工程建设中人文水平普遍较低的另一个重要表现则在于劳动条件和安全设施落后，劳动保护、保障措施不足。对人的生命重视不够、总是用侥幸的心理来看待未发生的安全事故，处处以利益和金钱为本，实际上是一种根基性的人本意识的缺乏。一旦出现安全事故，雇主往往付出很大代价，而受害人却只能得到很少的补偿。工程建设中的人本意识要求工程师在职业活动中始终树立“以人为本”的观念，将为了人、理解人、关心人、尊重人并且平等待人作为制定工程决策和组织工程实施的价值前提，从而使尊重生命价值、维护群众利益的伦理原则与追求经济利润、促进社会进步的效益目标达到有机统一。

图 6-4　形同虚设的盲道

5. 伦理责任

伦理责任是指人们要对自己的行为负责，是以善与恶、正义与非正义、公正与偏私、诚实与虚伪和光荣与耻辱等作为评判准则的社会责任。对于任何具体事件的发生和结果判断，都存在 2 个时间段——“事前”和“事后”，因此，伦理责任相应地也可以分为事前维度和事后维度的 2 个维度。事前的伦理责任就是工程师在着手进行某项工程的工作之前，必须保证其所从事的工作在其知识领域和可以掌控的技术范围内，对于可能造成的结果要有预测和预知能力，并准备好防范和事件发生后的处理预案和措施，事前伦理责任的能力与工程师的知识背景、专业能力、社会阅历和经历以及道德水平有直接关系。事后伦理责任一般是在发生问题后的追究，如果没有问题发生，也就无须讨论事后的伦理责任。对于工程师完成得好的工作应当得到伦理上的赞扬，坏的结果应当受到伦理上的责备。在对责任进行事后评价时，对责任的追究应该具体问题具体分析，不要匆忙下结论，更不能带具有感情色彩的偏见，哪怕发生的是不幸的或灾难性的事件。对于责任的追究不应对号入座，而应该详细了解有关责任人当时是否已经了解事故发生的原因了，是否具备了解事故的能力，是故意隐瞒不报还是疏忽大意，是人为因素还是由于不可抗拒的外力因素而导致的技术或工程事故等。事前的缜密考虑和详细预案制定应该充分，事后的问题处理也应及时、到位，尽力减少事故的损失，最大限度地保护公众生命财产安全。推卸责任、掩盖事实真相、作伪证、作假证、出假报告、散布虚假消息等行为，都是不道德的。伦理责任的分析和认定不能等同于刑事责任追究的方式方法。在评价一个人时，社会上有一种不正常的普遍现象：倘若做了100件事，其中99件做得很好，而只有1件做得不（够）好，得到的评价绝大多数还是针对这不（够）好的1件。“事后诸葛亮”“马后炮”和“说风凉话”等通常是事后对某些事情的评论，尤其是对有问题事件的评论。

工程师主体的责任在结构上具有互相对应的关系：诚信和廉洁责任起基础性作用，它主要约束工程师个体；质量责任是根本要求，它约束专业工程师集团，同时也约束个体；环境责任、人文责任和伦理责任属于最高层次的责任，这是对作为共同体工程师的要求。当然，作为具有高尚道德的工程师个体而言，这5种责任应该成为其工作的行为准则而自觉遵守。

四、工程师伦理章程

工程师伦理章程是工程师组织对组织内工程师成员提出的具有一定约束力的、全体成员应该共同遵守的伦理规范的条款，不同国家和不同组织的工程师章程不完全相同。在20世纪70年代之前，工程伦理章程主要关注点在于诸如限制职业广告、保护小型企业、为企业投标提供咨询以及工程师对客户和雇主所承担的首要义务等的问题上。大多数的工程伦理章程认为，工程师的首要义务是对客户或雇主忠诚，而很少提到要对公众承担的义务。

1974年，美国职业发展工程理事会（Engineering Council on Professional Development，ECPD）采用了一项新的伦理章程，该章程认为，工程师的最高义务是公众的健康、福祉与安全。现在，几乎所有组织的伦理章程都把这一观点视为工程师伦理的首要条款（paramount clause）或首要义务，而不再把工程师对客户和雇主所承担的义务作为首要义务。美国土木工程师协会（ASCE）的伦理章程的第一条基本原则是：工程师“运用他们的知识和技能来提高人类福利和保护环境”，基本标准就是：“工程师应该把公众的安全、健康和福利放在首要位置，并在履行他们的职业责任时，努力遵守可持续发展原则。”其实践指南是：“工程师应该认识到大众的生命、安全、健康和福利与体现在建筑物、机器、产品、工艺和装置中的工程判断、决策和实践息息相关。”英国、德国、美国、日本的土木工程师协会、电气与电子工程师协会、机械工程师协会和化学工程师协会的章程和规则也都有与此相似的内容。1968年成立的、联合国教科文组织（United Nations Educational，Scientific，and Cultural Organization，UNESCO）赞助的国际性的工程职业组织——世界工程组织联盟（World Federation of Engineering Organizations，WFEO）于1985年通过的《工程师的环境伦理规范》（Environmental Ethics for Engineers）指出，工程师应该“尽最大的能力、勇气、热情和献身精神”“增进人类健康和提供舒适环境（不论在户外还是户内）”；“努力使用尽可能少的原材料和能源，并只产生最少的废物和任何其他污染”来达到工作目标。要特别讨论其方案和行动所产生的后果对人们健康、社会公平和当地价值系统所产生的影响。充分研究和评价环境和生态系统所可能受到的静态的、动态的和审美上的影响，“并选出有利于环境的和可持续发展的最佳方案”。要求工程师“拒绝任何牵涉不公平地破坏居住环境和自然的委托，并通过协商取得最佳的可能的社会与政治解决方法”。

为了更好地理解国际上影响力和规模比较大的和代表性较强的工程师协会的章程，附录五、附录六、附录七和附录八所示为英文版的世界工程职业联盟［The World Federation of Engineering Organizations，WFEO］伦理章程（*Model Code of Ethics*）、美国土木工程师协会（The American Society of Civil Engineers，ASCE）伦理章程（*Code of Ethics*）、电气与电子工程师协会（Institute of Electrical and Electronic Engineers，IEEE）伦理章程（*Code of Ethics*）和美国机械工程师协会工程师（The American Society of Mechanical Engineers，ASME）伦理章程（*Society Policy Ethics*），以防止翻译不当造成理解上的偏差。

第四节　职业对个人的伦理挑战

一、工程师的责任与冲突

在现代社会生产中，科学技术转化为生产力是通过其物化在生产工具中和人格化在劳动者中实现的，在这两者之间，又以科学技术的人格化载体——工程师——为主导。工程师是现代生产力中最积极和最重要的因素，工程师的社会角色决定了他们必须担负特别的社会责任。爱因斯坦曾经说过：“在我们这个时代，科学家和工程师担负着特别沉重的道义责任。”当然，根据责任因果理论，责任与个人行为能力是因果相连的。只有当一个人能够完全控制特定的情形和自身的力量，且具有行为的自由时，他/她才能承担责任。工程师在履行各种社会责任的时候，难免会出现顾此失彼、责任相互对立和矛盾的状态，这就使得工程师的责任显示出互相冲突的特点。工程师责任冲突的本质在于利益的冲突，即工程师在面对不同的利益方（也是责任对象）——公众、雇主、环境和人类时的责任产生冲突与矛盾。在与工程师职业相关的这些责任对象中，公众、雇主和环境各自代表不同的利益诉求，即公众（消费者）的利益、雇主的利益和环境生态利益。

① 在对公众（消费者）的责任中，工程师在工程监理、产品设计、制作、加工、生产、包装和物流等环节都需要从公众（消费者）利益的角度进行考虑，想公众（消费者）之所想，思公众（消费者）之所思，供公众（消费者）之所需。此时，工程师面对的责任对象是公众（消费者），因此，其应该承担的责任就是“公众至上”。

② 在对雇主的责任中，工程师面对的责任对象从公众（消费者）变成了雇主，工程师在工程监理、产品设计、制作、加工、生产、包装和物流等环节就需要从雇主利益的角度去考虑，思考如何做到以最少的成本赢得最大的利润。此时，工程师面对的责任对象是雇主，因此，其应该承担的责任就是“雇主至上”。

③ 在对自然环境和生态的责任中，同样的道理，工程师面对的责任对象就从消费者、雇主变成了自然环境和生态环境，工程师在工程监理、产品设计、制作、加工、生产、包装和物流等环节都需要从环境友好和生态保护利益的角度考虑，工程师在工程监理、产品

设计、制作、加工、生产和包装都要从环境保护和生态友好的角度考虑，此时，工程师面对的责任对象是环境和生态，因此，其应该承担的责任就是“自然至上”。

显然，在工程活动中，不同的责任对象会对工程师产生不同的责任要求。“公众至上”“雇主至上”和“自然至上”甚至“人类至上”的要求都有其合理性，但各种利益很难兼顾，因此各方的利益之间不可避免地会发生冲突。雇主在任何情形下都是当事的一方，工程师的工作是雇主提供的，如果没有雇主，就没有工程师的工作，也就不存在责任的冲突了，因此，现实社会实践中工程师遭遇的突出矛盾可以归纳为“雇主至上”—“公众（消费者）至上”的矛盾和“雇主至上”—“自然至上”的矛盾这两大矛盾。在面对第一对矛盾冲突时，工程师必须考虑对雇主的责任，若要为雇主赚更多的“不合理”的钱，很大程度就会牺牲消费者的利益。例如，食品工程师往往会因为雇主的指令而加入某种添加物，而这种添加物已经证明对消费者的生命健康是极其有害的，如“三鹿乳粉事件”。当然，如果工程师遵守伦理道德，拒绝执行雇主的指令，那么结果可能会导致被迫辞职离开。在面对第二对矛盾冲突时，如果工程师首先考虑对雇主的责任，为雇主赚更多的钱，结果很可能是以破坏自然环境和生态环境为代价，此时对工程师的考验可能更为严峻，因为有时对自然和生态环境的破坏不是立即表现出来的，如果按照雇主的指令去办，工程师可能不会感到很强的“歉意”或“负罪感”。

在绝大多数情况下，工程师的利益与企业（雇主）的效益具有正相关，企业（雇主）效益好，工程师不一定在经济上得到实际的回报，但是可能会产生成就感，因此出于为了实现在企业中的“自我”价值、为企业做出更大贡献的目的，工程师可能更多地做出“雇主至上”的选择，不可避免地产生与自然环境和生态环境的冲突。

二、工程师的伦理困境

工程师的伦理准则和要求存在很多矛盾性，常常无法被全面顾及，也很难被平衡，工程伦理冲突和工程管理的矛盾困扰着工程师。1986 年美国制造与维护“挑战者号”航天飞机部件的承包商莫顿·塞奥科公司（Morton Thiokol）的项目主管就提出要求工程师“去掉你的工程思维，戴上管理决策的帽子”的警告。在一个组织中，工程师所扮演的角色常常很难被分清楚。

1. 工程师角色的多元性

工程师受雇于企业，就应该服从和忠诚于企业。企业需要盈利，要追求工程活动的成本与效益以及投入与产出比，这与工程师应承担的社会责任——保护社会公共利益、关注自然环境和生态环境以及可持续发展的职业伦理之间可能存在矛盾或冲突。在工程活动中，监理工程师受业主委托管理承包商，协调各方面的关系，需以业主的利益为目标采取行动。业主与承包商的矛盾也会困扰工程师，例如，业主要求赶进度，在假定质量不会出问题的情况下，承包商必须投入更多的人力，这无疑会影响承包商的正常工作安排和进度管理。由于工程任务承担角色和责任不同，利益存在差异，工程参与者之间的利益和伦理冲突很难被轻易处理和解决。工程师工作的动力源于生存和社会生活的双重需要，即通过工作获得良好的物质生存条件，实现个人追求，实现自我价值等。但是工程师同时面临来自业主的限制、职业的限制、社会的限制和家庭的限制等，需要同时兼顾自身利益、公司利益、业主利益、社会利益和环境利益，这又会使工程师陷入伦理困境，产生伦理困惑，面临最后无解的局面。工程的成功需要各方有共识，共识可以分为目标共识、程序共识和道德共识。目标共识常常追求利益的一致性，这一点比较容易实现；而伦理要求达到道德共识，这是很困难的，因为工程各方所遵循的伦理原则不同，也不会在同一个水平上，所以自然客观存在价值观的差异。无论是作为职业工程师的社会人个体，还是作为社会人的工程师，工程师都会面临工作和生活的多重考虑，其角色无法独立存在，必然表现出角色的多元性。

2. 创新的风险

虽然从技术业务层面上而言，工程的实践和实施是由工程师主导的，工程师负责提出工程的技术、组织计划和管理方案，但参与工程的各方会从不同的视角来对具体方案进行评判，因此不可避免地会产生矛盾和冲突。常见工程项目的矛盾和冲突表现在技术、经济、社会和环境价值的审视和评估方面。

（1）技术角度　技术人员追求技术实现、技术效应和效果，或是挑战技术极限、追求技术独特性和领域内的影响效果。

（2）社会角度　要求公平、和谐、稳定。

（3）经济角度　追求经济效益，低投入，高收益。

（4）环境角度　无污染、无损害。

工程师在专业方面具有权威性，从专业的角度可以给出综合意见，对不利情况有预见性，可以独立作出决策。但是，工程的所有权不在工程师，而属于业主，在工程组织中工程师是执行者，处于从属地位，权力受到制约。而管理者或决定（策）者通常不具备工程师所有的专业能力，但是他们是“当权者”，工程的决定权在业主和管理层，工程师没有决定权而只能提供服务（打工），因此，当工程师理性和科学的专业意见在受到压制和反对时，他们很容易产生困惑，影响工作情绪，失去工作积极性。虽然按图施工、按规范执行、不对保守计划提出任何异议的按部就班式的程序一般是最保险的，但可能造成工程建设的浪费和低效率，也缺乏技术的创新和进步；而采用新技术、新材料和新结构往往无法预测最终结果，且一旦出现不可抗拒的因素导致工程事故，受到谴责或责任追究的常常是工程师。

3. 知情举报与忠诚

许多经典案例都涉及一个伦理问题，那就是知情“举报”，对这种通常被称为“叛徒”的“间谍”行为如何看待应该是见仁见智的。这类举报在非军事方面的情况下发生时，通常都与灾难性的事件有关，而且通常也都在事后才会被提出，在事先进行伦理判断时，对于促进公众安全、健康和福祉而应该采取的措施所做的预先估计不足。工程社团的章程中很少提到要求工程师在问题失控之前预测和解决问题的努力，而较多的是关注过错和防范过错。工程师与工程相关，所以他们知道工程相关的所有信息是很正常的，但是在已发生的事件调查中，一旦工程师透露某些直接可能造成责任认定的信息，就可能会被认为对雇主或任职机构不忠。例如，在 1986 年美国挑战者航天飞机失事的原因调查（图 6-5）中，制造与维护航天飞机 SRB（solid rocket booster，固体火箭助推器）部件的承包商莫顿·塞奥科公司（Morton Thiokol）的工程师罗杰·博伊斯乔利（Roger Boisjoly）和阿兰·J. 麦克唐纳德（Allan J. McDonald）的境况就充分说明了这个问题。由于他们在美国国

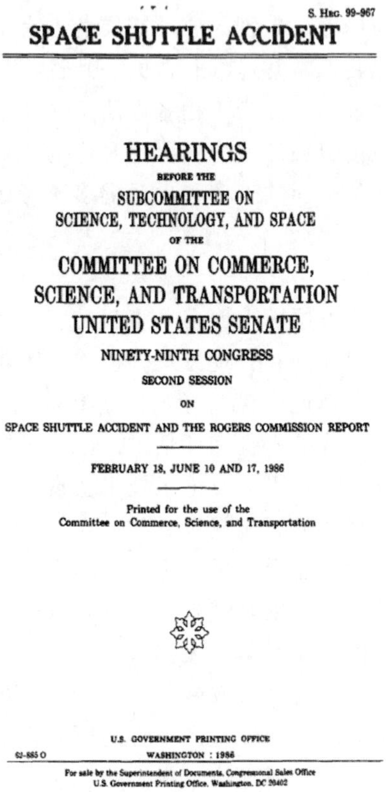
S. Hrg. 99-967

SPACE SHUTTLE ACCIDENT

HEARINGS
BEFORE THE
SUBCOMMITTEE ON
SCIENCE, TECHNOLOGY, AND SPACE
OF THE
COMMITTEE ON COMMERCE,
SCIENCE, AND TRANSPORTATION
UNITED STATES SENATE
NINETY-NINTH CONGRESS
SECOND SESSION
ON
SPACE SHUTTLE ACCIDENT AND THE ROGERS COMMISSION REPORT

FEBRUARY 18, JUNE 10 AND 17, 1986

Printed for the use of the
Committee on Commerce, Science, and Transportation

U.S. GOVERNMENT PRINTING OFFICE
62-885 O WASHINGTON : 1986

For sale by the Superintendent of Documents, Congressional Sales Office
U.S. Government Printing Office, Washington, DC 20402

图 6-5 美国国会挑战者号航天飞机失事事件调查

会听证调查时反映，认为天气的温度变化可能会导致密封环的性能变化而失去作用，并曾努力试图阻止当时的航天飞机发射，结果是他们遭到了整个行业的孤立和排斥，同事们不愿与他们交往，最终他们被迫离开了行业。事实上，很多情况下，工程师可能会对工程某些方面的隐患事先有所认识，但其意见不被上级采纳或认可，对于这样的情形，没有任何章程给予明确说明工程师是否应该向监管机构举报或越级举报，因为很多时候可能工程的进度不允许这样的程序去额外花费过多的时间，这其实也是伦理章程制订的困境。

三、冲突与调和

不同的责任之间发生冲突的情形，属于伦理学悖论的范畴。工程师的社会责任存在很多的矛盾与冲突，但是并非完全无法调和，且应该尽可能调和，否则很多工程就无法实施。

（一）冲突可以调和

1. 责任各方具有统一性

工程师对相关利益各方——企业（雇主）、公众（消费者）和生态（社会）——的责任是可以统一的。生态（社会）效益具有全局性、根本性和长远性，这是由社会存在和发展决定的；企业（雇主）利益（效益）则具有局部性、非根本性和短期性，企业的生存依赖社会环境。损害全局的、根本的和长远的生态（社会）效益必然会影响和削减企业（雇主）的利益（效益），而保护全局的、根本的和长远的社会和生态利益则会促进企业（雇主）利益（效益）的增长。公众（消费者）的利益与企业（雇主）利益（效益）和生态（社会）效益相关，进入良性的企业（雇主）利益（效益）和生态（社会）效益关系的循环，企业（雇主）才有生存的基础和发展的空间，公众（消费者）才有商品和服务提供者及选择的机会和内容，因此，兼顾责任者的利益和需求是工程师可以做到的。

2. 工程师是独立的伦理主体

工程师具有自己独立的“自由意志”，作为伦理主体，在面对伦理冲突时，完全可以对需执行的行为进行理性的价值判断，通过思辨和调整，实现责任冲突的协调。例如，食品添加剂的使用总是消费者敏感的话题，大量使用防腐剂无疑会延长食品的保质期，还可以降低对食品贮藏条件的要求，实现常温长寿的产品保存效果。要使月饼在常温下保存3年而不坏，不仅要防腐，还要防止脂肪氧化，防止食用质量恶化，使用添加剂完全可以做到，但是大量甚至过量使用添加剂会不会造成对人体的伤害，目前并不能提供足够的证据做出正和负的评判，但是控制使用量应该是对各方都有利的。

（二）解决伦理悖论的原则

伦理准则并不能为解决伦理困境提供明确和直接的答案，但可以为寻找解决途径提供参考。伦理选择的关键问题在于思考问题的角度和出发点，在于对思考问题的深度和广度探究，在于思考问题的落脚点和时空观，在于考虑问题的原则立场和利益评价，还在于被考虑问题的政治性、经济性和社会性。答案不是唯一的，选择更是多样的。

既然涉及工程伦理问题，就说明工程师要面对的问题是可能对他人、社会和环境造成损害的问题。在不能万全的情况下，要寻求解决伦理悖论的方法，可以依据一定的基本原则。

1. 责任关系原则

从企业（雇主）、公众（消费者）和生态（社会）三者关系方面协调工程师伦理责任冲突的基本原则总结如下。

（1）对公众（消费者）的责任优于对雇主的责任　也就是说，当对公众（消费者）的责任与对雇主的责任发生冲突时，工程师应当首先考虑和尊重公众（消费者）的利益，把公众（消费者）的利益放在第一位。这并不是否定工程师对雇主的责任，而是说，在不损害公众（消费者）利益的前提下，才考虑雇主的利益。如果片面否定工程师对雇主的责任，整个工程活动就会失去物质和经济的依托，也就根本谈不上工程师对公众（消费者）的责任。工程师应当对分派的工程项目进行道德审视，对不合乎道德伦理的应予以拒绝。过去，在伦理学界的普遍认识是：作为雇员或受托人，工程师首要的义务就是忠诚于雇主，而这种忠诚义务的主要表现就是保守雇主的秘密，维护雇主声誉；反之，揭发雇主不道德或违法行为是一种严重的背叛行为，会对团体造成伤害，会被同仁所不齿。但是，现代社会普遍认为企业应该承担社会责任，工程师也应承担一定的社会责任，在履行社会责任的情形下工程师对雇主的揭发不能认为是对雇主的背叛。只有利益相关者之间利益均衡，工程才会处于和谐的状态之中。

（2）人文责任大多数情形下优于技术责任　技术的求真和效率是从属于人的利益的，

工程师对人文责任应该大于或者优先于技术责任，合乎技术要求的工程，必须同时是合乎人性的。例如，从杀虫效果方面来看，某种农药的效率非常高，其发明和使用合乎科学技术原理，但是它对人有害，它所创造的经济价值超出它造成的损失和危害，显然，在这种情形下，出于对人文的责任工程师应该毫不迟疑地选择放弃，重新去发明危害程度相对低、即使杀虫效率也降低的替代品。

（3）人类整体责任优于人文责任和技术责任　在社会生产中，工程师的工程活动不是在一个孤立封闭的系统中进行的，因此，工程师应该有全面的社会效益和人类长远的整体的道义眼光。德国卡尔斯鲁厄大学退休名誉哲学教授汉斯·伦克（Hans Lenk）提出的“直接的、原初的道德责任在大部分情况下优先于间接的、远距离的责任”，这种提法存在着忽视对人类未来的长远整体利益的危险。从总体上讲，工程师对人类整体责任应该优于同一文化圈、同一种族的人文责任和技术责任。

在进行伦理选择的具体操作时，需要实事求是，换位思考，从各方的角度审视工程决策。应先进行情境判断，分析利益相关者，预测各方与工程的关系、动机与目标、可能采取的伦理选择以及对工程的影响程度，考虑各方的基本权利、优先次序，考虑每个方案的公平性和公正性，以及对社会正义的影响。对工程目标进行伦理价值分析，对可能的结果进行预测，将多目标和价值追求进行优先级别的合理排序，评估所有关系人（及团体）的基本权利，以及其优先次序。兼顾企业利益、业主利益、自身利益、社会利益和环境利益，寻求尽量使各方面满意的方案。

2. 优先秩序原则

伦克提出了以下优先秩序原则来解决责任的冲突：

（1）当事人的道德权利优先于利益的考虑。

（2）人权正义的行为优先于纯粹事物性的正义。

（3）公共福祉优先于其他特殊的非道德的利益。

（4）人类、社会的可承受性优先于环境、物种、自然的可承受性。

（5）当遇到两项同等权利相互冲突之时，应同等对待，寻求妥协。

（6）普遍的及直接的道德责任优先于非道德的、有限的义务，即普遍的道德责任优于角色-任务性责任。

（7）直接的、原初的道德责任在大部分情况下优先于间接的、远距离的责任。

（8）在紧急情况下，生态的可承受性优先于经济利用。

3. 技术伦理原则

（1）合理关照（Reasonable Care）原则　在正常情况下，工程师行使应有的关照来避免有可能对社会和他人造成的伤害，把公众的安全、健康和幸福放在自己工作的首位。

（2）均衡关照（Proportionate Care）原则　当有可能导致更大伤害，或者，对于避免伤害的产生，能比其他人起到更大的作用时，工程师应该行使更多的关照来避免伤害的产生。

（三）伦理选择没有唯一

虽然工程师要解决具体伦理冲突可选择的方式很多，但不能逼迫工程师做“非黑即白”的抉择。事实上，既然必须面对伦理选择，那就说明事件本身已经有了一定的严重性，所以，任何一种选择都可能带来很大的潜在或直接的问题。错误的选择将会对工程师的个人职业发展甚至生存产生巨大影响。例如，坚持原则、不同流合污、检举揭发工程中不道德的行为和人，会遭到工程其他利益群体的蔑视甚至报复，在特殊社会状态下会被视为行业中的“异类”从而影响其整个职业生涯。在社会高速发展的情况下，五花八门的社会问题不断出现，使得人们的观念不断快速更新，多元化的价值观容易使人迷失。如果在工作中坚守健康的伦理规范但很难得到利益，也得不到社会的褒奖或不能给未来的职业生涯带来好的发展前景，那么工程师就会动摇坚守伦理的决心。

任何职业都是神圣的，人是有尊严的。工程师必须尊重自己的职业，维护人的尊严，保持清醒的头脑，坚定立场，忠于职业操守，不断反省检讨，摒弃功利主义，做有担当有良心的工程师。严格按照法律规定执行相关标准进行工程制造或建造活动是对工程师的基本职业要求，工程师应该秉持人道主义精神，在工作中开发、设计有利于人类社会发展与进步的工程科技作品；对新产品或新技术的应用，应该向用户提供必要的技术数据和使用说明，使用户和关系人了解必要的信息，防止信息不对称带来不必要的麻烦和不良后果，尤其是工程存在潜在风险的情形下更需要细致的工作；树立正确的价值观，勇于承担社会责任，确保公共安全，维护公共利益和公众福祉；把个人的价值观、职业专长、工作目的与组织对社会提供的服务和承诺统一起来，尽可能让它们一致；诚实正直，勇于揭露不合法、不合理的行为；加强工程伦理精神宣传，以社会责任、历史责任、环境责任、良知和理性进行工程活动；增强对伦理问题的敏感性，培养在考虑工程问题时伦理问题优先考虑的习惯，提高对伦理问题的反思能力和应对技巧，对工程方案的伦理问题应进行合理的预测，避免在重大的伦理问题面前必须做出“非白即黑”极端选择的情况，避免冲突焦点的出现；遵循工程规律，不为赶时间或赶进度随意缩短或省略流程；不批准或执行不符合科学规律、危害公共安全或损害公众利益的工程任务；尽力维护雇主的权益，不擅自利用雇主的资源及工作时间从事私人事务，忠实、勤勉地完成雇主交付的工作任务；不抄袭、不剽窃他人的工作成果，尊重他人的知识产权；努力追求人生目标，不将职业仅仅作为谋生手段，实现自我价值。

（四）伦理推理

米歇尔·科尔萨斯（Michiel Korthals）提出了一些被视为工具或启发性的问题，以面对遭遇伦理问题的分析和评价。

1. 伦理问题的识别

（1）事实是什么？当事人是谁？涉及的责任人、行为或活动是哪些？

（2）涉及哪些规范、原则和推理？

2. 核对信息

（1）是否有信息缺失？如何获取必要的信息？

（2）还想知道些什么？

3. 伦理推理

伦理推理的过程始于功利论、义务论和商谈伦理学，还涉及到德性伦理学、关爱伦理学和境遇伦理学等。信息的收集可以根据问题的提出做成表格矩阵，一一回答。

科尔萨斯认为应区分以下 3 类问题：

（1）普遍性问题　是否关乎每个人的问题？例如食品的安全性和对健康的益处就关乎

每个人。这类普遍性问题可以通过义务论和功利论的讨论得到解决。

（2）值得普遍关注的特殊问题　是否存在面向特殊群体的实践和食品模式？这类问题应得到每个人的尊重。例如，宗教信仰、友情。这类问题可以通过关爱伦理学、德性伦理学和情境伦理学讨论得到解决。

（3）不值得普遍关注的特殊问题　是否存在面向特殊群体但不值得被每个人关注的问题？虽然不是每个人都在乎，但是基于完整性的要求，尽管该群体不值得普遍关注，但仍属于特定的群体，因此问题就具有特殊性。

伦理推理的过程会涉及更多的伦理背景知识，需要一定量的阅读，可以作为课后扩展训练进行练习。

第七章

食品工程伦理典型案例分析

人类的活动对环境（自然环境和生态环境）造成了很多重大影响，这使得人类的生存条件发生了很大变化，作为民之本的食品生产和经营状态也未能置之度外。食品工程领域的伦理最典型的就是食品的安全问题，食品安全引起了社会的共同关注，尤其是影响大范围广的食品安全事件在世界各地不时发生，这些事件有些是因为自然环境变化造成的，有些则是人为的因素造成的。人为因素造成的问题，实则就是伦理道德滑坡的问题，而忽视食品在安全方面的伦理问题很容易就会演变成违法案件。

本章案例取材自媒体报道，涉及的单位和人员的名称虽然直接引自信息源，但在学习时应该将重点放在事件本身上，而不必过多关注那些名字，在这里名字的作用也只是为了角色描述和区分。对于事件的过程和影响的基本思路是为了提供足够的背景，收集和采用了事件发生当时的舆论报道，以便于学习时思考，因为伦理思考的本质在于寻求多元化的方案，所以信息量越大，参考作用越大。虽然本书名为《食品工程伦理》，读者应该能够理解，任何事物和事件都不会仅仅限于一个“概念”的范围中，就如这些案例中所涉及的那样，会有很多不同概念上的伦理。书中的分析都是粗线条的，读者阅读时可以进行多角度多维度的思考。

第一节 “大头娃娃奶粉”事件

一、事件回放

因脂肪、蛋白质和碳水化合物等基本营养物质含量不及国家标准的1/3，充斥安徽阜阳农村市场的劣质乳粉被人们称为“空壳奶粉”。2004年3月15日前后，阜阳电视台连续7天报道了当地大量婴幼儿食用劣质乳粉后变成“大头娃娃”的消息。2004年4月19日下午6时，由国家食品药品监督管理局、国家质量监督检验检疫总局、国家工商行政管理总局、卫生部组成的调查组奔赴安徽阜阳，就此事进行调查。

从2003年开始，安徽省阜阳市陆续发现100多名婴儿患上一种怪病，头大脸大，四肢短小，当地人称之为“大头娃娃”（图7-1）。经对阜阳当地2003年3月1日以后出生、以乳粉喂养为主的婴儿进行的营养状况普查和免费体检结果显示，因食用“空壳奶粉”造成营养不良的婴儿229人，其中轻中度营养不良的189人，当时有28名诊断为营养不良的婴儿正在医院接受治疗。阜阳市因食用“空壳奶粉”造成营养不良而死亡的婴儿12人。自2003年5月起，安徽阜阳地区的近10个区县的近郊和农村，相继出现婴幼儿因饮用劣质乳粉而腹泻、重度营养不良的情况，因食用劣质乳粉出现营养不良综合征的共171例，死亡13例。消

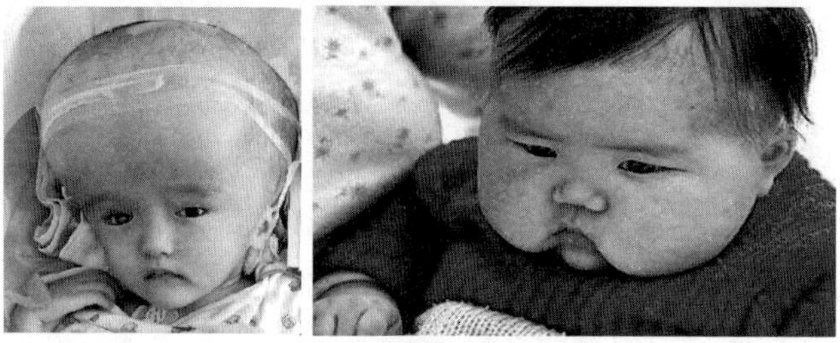

图7-1 受害娃娃的“大头”

息经广泛报道后，全国开始围剿劣质乳粉。

2004 年 3 月下旬，有关媒体的报道使安徽阜阳“空壳奶粉”害人事件引起社会关注。4 月 19 日，时任国务院总理温家宝做出批示，要求国家食品药品监督管理局对这一事件进行调查，随后组成的专项调查组很快先后奔赴阜阳。

安徽阜阳“空壳奶粉”残害婴幼儿事件报道后震惊全国，重庆、江苏、甘肃、浙江和四川等全国各地相继发现“空壳奶粉”。

调查组通过卫生学调查证实，不法分子用淀粉、蔗糖等价格低廉的食品原料全部或部分替代乳粉，再用乳香精等添加剂进行调香调味，制造出劣质乳粉，婴儿生长发育所必需的蛋白质、脂肪以及维生素和矿物质含量远低于国家相关标准。长期食用这种劣质乳粉会导致婴幼儿营养不良、生长停滞、免疫力下降，进而并发多种疾病甚至死亡。2004 年 4 月 19 日～5 月 16 日近 1 个月的时间里，阜阳市查获的 55 种不合格乳粉共涉及 10 个省、自治区、直辖市的 40 家企业。在国务院调查组的统一组织下，阜阳市对制售劣质乳粉违法犯罪行为依法进行了严厉打击。共抽检各类乳粉 586 组，扣留、封存、暂停销售乳粉 10 多万袋；立案查处涉嫌销售不合格乳粉案件 39 起，打掉生产及分装窝点 4 个，刑事拘留 47 人，留置审查 59 人，宣布正式逮捕 31 人，依法传讯 203 人。

8 月 12 日，国家质量监督检验检疫总局公布了对全国 496 家乳粉生产企业的检查结果，其中有 54 家生产劣质乳粉的企业被列入了首批“黑名单”。

二、事件的影响

受安徽阜阳“空壳奶粉”事件影响，国产乳粉销量一泻千里，仅在当年的 5 月和 6 月，国产乳粉与前一年同期相比销量下滑 25%。

相对于发达国家而言，中国乳品工业的发展较慢，质量和产量都有很大差距，乳及乳制品的国民人均消费量非常低。从 1999 年开始，中国乳品工业才开始进入良好的发展阶段，而“大头娃娃”乳粉事件对刚刚兴起的中国乳品工业而言，无疑是“毁灭性”的打击，它不仅冲击了国内乳业生产企业，还沉重打击了国民对国产乳粉的消费信心。

因为阜阳劣质乳粉事件的发生，国家对整个食品行业启动了安全工程，在全国范围内严抓食品安全问题。国人对食品安全表现出了空前的关注。

再看 10 年后当时的受害者（为了保护隐私，以下出现的人物、地点、时间均使用化名或虚化处理）。

已经上四年级的小旭课间休息时静静地望着窗外发呆，与同龄男生比起来，小旭的表现显得格外“文静”。这个曾经的“大头娃娃”不知道十年前阜阳的劣质乳粉在食品安全领域刮起的风暴。十年过去了，除了稍显瘦弱，在小旭身上已经看不出“大头娃娃”的痕迹了。老师说“学习上，小旭比一般孩子要用功很多，各科成绩却总在 70 分上下徘徊。有时候老师提问，他也要反应老半天才能回答。”

小婷也是曾被劣质乳粉所害的“大头娃娃”，8 岁之前经常生病，长大后也十分挑食。14 年过去了，小婷的身材瘦小，手掌不能完全展开，手指也无力。她的父母说，小婷的反应较慢，性格内向，不愿与人交流。

阜阳作为我国重要的民工输出地之一，不少父母在孩子出生后不久就外出打工，将孩子托付给家中长辈抚养，因此，乳粉喂养孩子在阜阳农村非常普遍。农村老人多数不识字，也没有辨别意识，无良商家正是利用了这一点，制假售假，产品价格低，使得劣质乳粉在农村很有市场，这也是事件爆发的重要原因之一。阜阳市三里湾批发市场是当年大量劣质乳粉流向农村市场的货源地，而今这个市场几乎已经没有店家从事乳粉销售的业务。对于当年劣质乳粉事件，当地人都不愿多谈，因为那是一个永远的痛。

三、伦理分析

1. 企业责任

虽然一批犯罪分子从法律上受到了应有的制裁，以制售伪劣乳粉、销售不符合卫生标准的食品罪定罪，然而，事情并没有戛然而止，这些伤害对患者的影响是长久的甚至终身的，小旭和小婷这 2 个例子就说明了影响的长期性和健康的不可恢复性。“大头娃娃”是典型的夸希奥科（Kwashiorkor）病，生产者和销售者明知国家对乳粉中的蛋白质等营养物质含量有明确规定，却故意违反这一规定，生产者在生产环节以次充好、冒充达标，销售者明知产品是伪劣产品而予以销售，不顾消费者的生命健康。根据国家标准，婴儿乳粉蛋白质含量一段不应低于 18%，二段和三段为 12%～18%。而充斥安徽阜阳农村市场的婴幼儿专用乳粉，蛋白质含量仅有 0.37%～3%，脂肪、碳水化合物和钙、磷、铁和锌等基本营养物含量均达不到国家规定的标准，基本上无营养可言，是“空壳奶粉”。

婴儿阶段是人的一生中发育最迅速和关键的时期。对于母乳缺乏或因各种原因吃不到母乳的婴儿而言，其生命的物质来源就是乳粉。长期食用营养素缺乏的劣质乳粉的婴儿往往会出现造血功能障碍，患上“重度营养不良综合征”，在本该发育最快的时期停止生长，造成心、肝、肾等器官功能衰竭，因年龄较小，重度营养不良患者的健康恢复非常慢，其健康状况可能影响终生。

“空壳奶粉”的生产和销售者完全不顾社会道德规范，没有企业责任感，无视作为基本社会组成单位应该承担的义务，甚至根本就不能算是正常的经济组织。

2. 政府监管的行政伦理

“大头娃娃”事件的发生虽然与农民经济收入微薄、买不起高档乳粉甚至基本符合要求的乳粉有直接关联，更与不法商家只顾赚昧心钱，不管他人生命安全有关。但主管部门的缺位、不作为则是悲剧产生的主要原因。

2003 年 5 月开始，阜阳当地 7 个县区的几家医院接治了几十例“大头娃娃”，但竟然没有任何方面做出警示和采取任何预警措施，导致病情恶化蔓延。阜阳市有关部门曾检测出一部分劣质乳粉，但直到半年后才向全市发布了《关于奶粉产品的消费警示公告》，公布了 33 个品牌的劣质乳粉，提醒市民予以注意。不仅仅这样的警示出现迟缓，在事件被披露之后，阜阳的一些地方也仍有被“叫停”的劣质乳粉出售，可以看出，监管部门的工作没有做细做到位，是行政不作为的表现，严重失职。监管部门的缺位、行政措施不落实不到位，缺乏市场监管执行和协调机制，使得悲剧产生并恶化。

根据对全国各地乳粉市场清查的结果分析，在广大农村消费市场，冒充知名品牌混迹于大小商铺的现象最严重。这次劣质乳粉事件中，立案查处涉嫌销售劣质乳粉案件 39 起，捣毁劣质乳粉制造及分装窝点 4 个，刑事拘留 47 人，留置审查 59 人，依法传讯 87 人。

以“徇私舞弊不移交刑事案件罪”，分别判处被告人、阜阳市工商局颍泉分局周棚工商所原副所长白启祥和李亭君有期徒刑2年6个月和2年。从“空壳奶粉”源头的分散性来看，受害者不仅限于阜阳一地。

“大头娃娃”乳粉事件是典型的质量问题，这严重反应在政府监管中“重安全轻质量”的问题上——这个问题仍然是现今食品标准、监管等方面存在的最大问题。“阜阳乳粉”中并没有发现铅、砷等有毒有害物质超标，也没有检出激素成分，受害婴儿受到毒性物质侵害的可能基本可以排除。但是目前食品生产许可现场核查所用的审查细则为2018年新成立的国家市场监督管理总局之前的国家食品药品监督管理总局所制，此类审查细则除个别类别的产品如饮料有所更新外，几乎全部沿用了原国家质量监督检验检疫总局2006年所制定的细则。国家机构变化频率高，相关工作脱节跟不上，行政系统“不顺”的组织关系导致办事体系差异，原来不同机构的组织架构和工作方式方法不同，合并后或成立新的部门势必会产生不同的办事结果，工作的延续性和连续性不够。现在所用的食品生产许可审查计分表和审查报告，落后时代太久，依据的仍然是2009年版的《中华人民共和国食品安全法》，强调了很多硬件设施等生产条件和相关规章制度的制定，严重的不足是，对生产过程实际使用和执行的情况没有扣分项，严重影响产品质量控制。很多食品生产者（企业和人员）并不真正了解食品生产的影响因素，管理根本谈不上水平，只知道把产品做出来，而不在意过程和消费者的利益。政府监管人员很多也不具备食品专业或相关专业的知识背景，监管效果达不到国家治理的要求。

3. 社会需要公平正义

农村同样是社会大家庭的组成部分，贫穷落后不是商家进行欺骗蒙蔽消费者的理由，人的生命具有同样的价值，不分贵贱、贫富。“空壳奶粉”突显了农村食品安全问题，在农村消费市场上，婴儿乳粉良莠不齐，代替外出打工的儿女照顾婴儿的农村老人难辨真假。在千万农村“留守家庭”中，吃不到母乳的娃娃们的生命安全因劣质乳粉肆虐而处于极大的风险中。农村市场管理力量薄弱，管理缺乏力度，经济基础差，农村居民受教育程度低，法律意识淡薄，自身维权意识不强，只要不出人命就算了。

与城市一样，加强对农村市场的监督管理力度，全社会联动，汲取“空壳奶粉”事件的教训，建立食品安全的长效监管机制，营造放心的食品消费环境，这一点应该与人类历史同步、共存。曾经一度风靡的“辣条”引起的食品安全问题一直为社会、媒体和学生家长诟病，因为食品生产许可由省级行政部门审批，不同地区采用的标准会有不同，这给生产经营者造成了困惑，更是“维权者”用经销商所在地的标准对生产商提出赔偿要求，直到国家市场监督管理总局于2019年12月10日发布《关于加强调味面制品质量安全监管的公告》（2019年第56号）（http：//gkml. samr. gov. cn/nsjg/spscs/201912/t20191210_309145. html，图7-2）才算有了统一的标准，《公告》从统一“辣条”类食品分类、严格食品生产卫生规范和设施条件

图7-2 国家市场监督管理总局关于加强调味面制品质量安全监管的公告

管理、加强原辅料和生产过程管控、严格标签标识管理、倡导减盐减油减糖以及加强监督检查和抽样检验等 6 个方面对加强调味面制品质量安全监管提出了要求。

第二节 “孔雀石绿” 事件

一、事件回放

2005 年 6 月 5 日，英国《星期日泰晤士报》（*The Sunday Times*）报道：英国食品标准局（Food Standards Agency，FSA）在英国一家知名的连锁超市出售的鲑鱼体内发现“孔雀石绿”。有关方面将此事迅速通报给欧洲国家所有的食品安全机构，发出食品安全警报。英国食品标准局发布消息说，任何鱼类都不允许含有此类致癌物质，新发现的有机鲑鱼含有孔雀石绿的化学物质是“不可以接受的”。

2005 年 11 月，继 3 款“珠江桥牌豆豉鲮鱼罐头”被查出含致癌物孔雀石绿后，香港食物环境卫生署公布的食物最新测试结果显示，“鹰金钱”牌金奖豆豉鲮鱼和甘竹牌豆豉鲮鱼等 3 个食物样本被查出含有致癌物“孔雀石绿”。

2006 年 11 月 17 日，上海媒体率先报道了山东产多宝鱼中药物残留超标的情况。2007 年 4 月，山东省日照市 1 个养殖企业正式起诉台湾统一企业股份有限公司及其在山东青岛的独资企业青岛统一饲料农牧有限公司生产的饲料产品中“孔雀石绿”超标。

二、事件的影响

孔雀石绿具有高毒素的副作用，它能溶解很多的锌，引起水生动物急性锌中毒，引起鱼类的鳃和皮肤上皮细胞轻度炎症，使肾管腔轻度扩张，肾小管壁细胞的细胞核扩大，影响鱼类肠道中的酶，使酶的分泌量减少，从而影响鱼的摄食及生长。美国国家毒理学研究中心研究发现，给予小鼠无色孔雀石绿 104 周，其肝脏肿瘤明显增加。试验还发现，孔雀石绿能引起动物肝、肾、心脏、脾、肺、眼睛和皮肤等脏器和组织中毒。

孔雀石绿具有高残留的副作用。孔雀石绿一经使用，养殖动物终身残留。孔雀石绿进入人类或动物机体后，可以通过生物转化，还原代谢成为脂溶性的无色孔雀石绿，具有高毒素、高残留和致癌、致畸变和致突变作用，严重威胁人类身体健康。

三、伦理分析

2005 年 6 月，《河南商报》记者对湖北、河南等地的养鱼场和水产品批发市场进行的调查，辽宁《华商晨报》记者对辽宁的养殖场和鱼药商店的调查结果都表明：在水产品的养殖过程中，很多渔民仍然用孔雀石绿来预防鱼的水霉病、鳃霉病、小瓜虫病等；在运输过程中，为了使鳞受损的鱼延长生命，鱼贩也常使用孔雀石绿。至于卖孔雀石绿的鱼药商店，由于孔雀石绿市场的存在，仍然在买卖孔雀石绿。使用和添加违禁药物是孔雀石绿事件的伦理焦点。

由此，2005 年 7 月 7 日，国家农业部办公厅向全国各省、自治区、直辖市下发了《关于组织查处“孔雀石绿”等禁用兽药的紧急通知》，在全国范围内严查违法经营、使用“孔雀石绿”的行为。

为了减少非法添加违禁药物的现象，2013 年 5 月 1 日，广东佛山开始试行水产品产地标识准入制，对桂花鱼、生鱼和黄骨鱼 3 种价格较昂贵的鱼类配上“身份证”，即追溯码，可以查到具体的鱼塘，该规定试行以后，发现鱼类产品仍然多次查出孔雀石绿残留。

当外界某种物质进入人体后，与人体组织发生反应，引起人体发生暂时或持久性损害的过程称为中毒，凡能引起中毒的物质统称为毒物，中毒或死亡都不是人体的正常需要，而孔雀石绿的使用存在明知故犯的主观故意，有违职业道德。

第三节　“毒粉丝” 事件

一、事件回放

2001 年 5 月底 6 月初，在浙江省金华市、衢州市等地市场上相继发现“有毒龙口粉丝”，当地卫生防疫部门查封了涉嫌含有工业用漂白剂“甲醛次硫酸氢钠”（俗称吊白块或雕白块）的粉丝。其中，金华市及义乌和盘安等地均查扣了大量二氧化硫超标或甲醛呈阳性的粉丝，品牌分别为烟台珍珠龙口粉丝有限公司的“珍珠”牌粉丝、山东招远市绞珠龙口粉丝厂的“绞珠”牌粉丝和山东招远市康源龙口粉丝有限公司的“康源”牌粉丝等。

同时，衢州市龙游县卫生防疫站也在粉干和粉丝等食品中检出“吊白块”。其中，仅在龙游交易城就查获含有“吊白块”的龙口粉丝、绿豆粉丝和米粉干共计 1161kg，产地分别为山东招远市张星龙口粉丝厂和河南温县豆制品厂等。

2001 年 6 月 10 日，浙江省卫生厅发出了《关于紧急查处粮食制品中违法使用甲醛、雕白块等非法行为的紧急通知》，要求严厉打击在粮食制品中违法使用非食品原料和非法使用食品添加剂的违法行为。其中所列的“吊白块”粉丝生产商和产品品牌有：山东招远龙口粉丝厂生产的“红塔”牌龙口粉丝、烟台珍珠龙口粉丝有限公司的“珍珠”牌粉丝、山东神珠龙口粉丝厂生产的“龙盛”牌龙口粉丝等。消息传开后，立刻引起了消费者的警觉。齐鲁晚报在报道中说，不少客商纷纷要求退货，“龙口粉丝”销售市场几乎陷入停滞状态，一时间，全国食品市场上谈龙口粉丝而色变。

2006 年 12 月 6 日北京市食品办宣布，山东省烟台德胜达龙口粉丝有限公司生产的“龙口粉丝”被检出致癌物“甲醛次硫酸氢钠”。

甲醛次硫酸氢钠俗称吊白块，具有漂白作用，人体食用后，对肌体的肝脏、肾脏等有严重损害，一次性食用剂量达到 10g 就会有生命危险。一位“龙口粉丝”企业的厂长在接受记者采访时表示，他们在生产龙口粉丝时，绝没用过什么“吊白块”。“毒粉丝风波”发生后，企业不明原委，还专门将样品送到烟台市卫生防疫站进行检测，结果并未检测出粉丝中含有“吊白块”。

《每周质量报告》记者采访了家住北京的一位特别爱吃粉丝的施女士，她发现她从集市上买回来的粉丝越来越不耐煮，煮二三分钟就全断了，而以前买的粉丝可以煮好长时间，耐炖煮。调查结果显示，施女士经常购买粉丝的北京锦绣大地农副产品批发市场有十多家专门经销粉丝的摊点，里面摆满了来自不同厂家的粉丝。尽管粉丝的商标不同，但在外包装上都醒目地标注有“龙口粉丝”的字样。因为山东龙口粉丝久负盛名，所以销路很畅，几乎到处都有龙口粉丝。在一个摊点上，记者找到了施女士购买的由山东烟台三利龙口粉丝有限公司生产的龙口粉丝，虽然摊主说这种粉丝卖得不错，没发现有什么问题，但记者还是赴烟台进行了实地调查。调查从找到三利龙口粉丝有限公司开始，随后调查了若干生产厂，发现的问题主要有：

（1）添加玉米淀粉，用玉米淀粉替代绿豆淀粉或豌豆淀粉，替代比例 50%～80%。

（2）使用工业产品碳酸氢铵和氨水作为提高淀粉得率的助剂。

（3）采用过氧化苯甲酰增白。

二、事件的影响

据齐鲁晚报报道，“龙口粉丝有毒”风波爆发后，烟台珍珠龙口粉丝公司、招远龙盛食品公司等上了浙江省卫生厅“黑名单”的龙口粉丝生产厂家，在“绝不相信自己生产的粉丝会有毒”的情况下，从 2001 年 6 月 7 日起，纷纷将自己的产品送到卫生防疫部门检测，其中烟台珍珠龙口粉丝有限公司还在当地政府、卫生防疫站的配合下，组成联合调查团到浙江金华和衢州调查。

烟台珍珠龙口粉丝公司的生产厂长声称，在生产龙口粉丝时绝对未使用过“吊白块”。去浙江调查的烟台珍珠龙口粉丝公司的总经理介绍说，他们于 6 月 11 日前往浙江，但就他们提出的对“珍珠”牌龙口粉丝进行复检的申请，浙江省卫生厅一直没有答复，他们前往衢州、金华等地联系，也没有结果。无奈之下，他们想方设法分别从衢州、温州的经销商手中取得部分被消费者退回的珍珠牌龙口粉丝，并在金华市卫生防疫站站长的同意下，从被查封的珍珠牌 200g 包装的龙口粉丝中取得 10 包样品，将样品分别送到山东省卫生防疫站、清华大学分析中心以及山东省科学院等检测机构进行检测，以求清白。

2001 年 6 月 25 日，该公司收到山东省卫生防疫站、山东省科学院分析测试中心、清华大学分析中心等 4 家机构的粉丝样品送检报告，结果显示均未检出“吊白块”。而从 2001 年 6 月 7 日起，招远“龙盛”粉丝等生产厂家也将各自的产品送检，据说也未检出“吊白块”。

于是，山东烟台珍珠龙口粉丝有限公司以名誉权受到严重侵害、经济遭受巨大损失为由，向山东省烟台市中级人民法院提起诉讼，诉状称，浙江省金华市卫生局和衢州市卫生局的检测结果严重失实，损害了其名誉权；浙江省某卫生行政主管部门在未经复核、核实的情况下，依据失实的报告发布未限定保密范围的文件，同样对其造成了损害；而金华、衢州当地两家晚报则将第三被告金华市卫生局对“珍珠”牌龙口粉丝错误的评价扩散到社会，构成了共同侵权。2001 年 11 月，山东省烟台市中级人民法院民事庭 2 次开庭审理，均因原告不能提供有证明力的证据支持其诉讼请求，未做出判决。2002 年 07 月，山东省烟台市中级人民法院裁定，准许原告烟台珍珠龙口粉丝有限公司撤回诉讼。

2004 年 5 月 8 日《北京青年报》报道：北京市政府食品安全办公室昨天公布了近期对本市市场上销售的部分粉丝、粉条等淀粉制品的抽检结果，在对 21 个样品的检测中只检出标称为山东大鹏集团有限公司生产的 250g 装“六六顺牌”纯绿豆龙口粉丝中二氧化硫残留量超过国家标准近 5 倍，其余 20 个样品均符合国家标准。根据这次抽测结果反映的北京粉丝市场总体情况，依据《北京市食品安全监督管理规定》，在全市范围内持续了 5d 的“龙口粉丝销售禁令”昨天宣布解除，龙口粉丝在京恢复销售。

据北京市食品安全办公室介绍，2004 年 5 月 2 日有关媒体报道了山东烟台地区一些企业在龙口粉丝加工中掺杂使假，或添加有毒有害农用化学物质的事件后，为确保首都食品安全，最大限度地减轻和防止不合格食品走上首都市民的餐桌，北京市食品安全办公室当即协调工商部门，依据《北京市食品安全监督管理规定》对龙口粉丝采取紧急市场控制措施，责令全市商场、超市和农副产品市场暂停购进和销售龙口粉丝，总共下架约 3 万袋。同时工商部门迅速对以龙口粉丝为主的粉丝、粉条等淀粉制品进行了抽样检测，其中在锦绣大地农副产品批发市场（北京市海淀区）抽取样本 10 个，在超市发连锁超市抽取样本 11 个，这 21 个样本中包括烟台地区 8 家企业生产的 13 种产品。检测机构对产品中的砷、铅、二氧化硫残留量、黄曲霉毒素指标等技术要件进行了严格检测。尽管工商部门后来解除了禁令，但记者昨天在本市海淀区的一些超市看到，销售龙口粉丝的商家依然不多。据销售人员介绍，虽然北京市场大多数粉丝是合格的，但粉丝依然很少有人问津。

中国的粉丝生产历史悠久，早在 300 多年前的山东招远地区，民间就开始有利用绿豆为原料制作粉丝的生产了，当时由于粉丝由龙口港埠集中销往世界各地，因此，“龙口粉丝”得名。作为烟台市的一块金字招牌，“龙口粉丝”驰名海内外。2002 年，“龙口粉丝”与“烟台苹果”和“烟台葡萄酒”一同获得国家质量监督检验检疫总局批准的原产地域保护产品［现在称为“地理标志（Geographical Indication，GI）产品”］称号。“龙口粉丝”在国际上享有很高的知名度，被誉为“中国玻璃丝”“中国龙须”和“中国春雨”，在世界粉丝市场中占有重要地位。山东烟台全市大约有粉丝生产企业 180 余家。“毒粉丝”事件对龙口粉丝的生产和销售带来了近乎毁灭性的打击，重创了烟台市的地方经济。

三、伦理分析

“毒粉丝”事件的伦理问题主要体现了企业责任的问题。

1. 违反国家标准

“龙口粉丝”是地理标志产品，《地理标志产品　龙口粉丝》（GB/T 19048—2008）明确规定：龙口粉丝是以绿豆或者豌豆为原料，利用当地水资源、地理环境、气候和微生物体系，采用传统的工艺加工而成的粉丝。事实上，微生物存在于当地的空气和水中，具体理解就是，除了绿豆或豌豆和水之外，龙口粉丝在生产加工过程中不使用其他任何物质，传统工艺中使用的微生物是由过程发酵水收集制备的酸浆。有些不法企业采用价格低至绿豆和豌豆十分之一或更多的玉米淀粉，目的在于谋取更大利益，产品质量显然会下降，违背生产企业的社会责任，损害消费者的利益。

2. 侵犯工人权益

氨水又称氢氧化铵是氨气的水溶液，无色透明且具有刺激性气味。由氨气通入水中制得，主要用作化肥。氨水有一定的腐蚀作用，碳化氨水的腐蚀性更加严重。对铜的腐蚀比较强，对钢铁的腐蚀性比较差，对水泥腐蚀不大。对木材也有一定腐蚀作用。吸入后对鼻、喉和肺有刺激性，会引起咳嗽、气短和哮喘等；可因发生喉头水肿导致窒息死亡；也可引发肺水肿，引起死亡。氨水溅入眼内，如不采取急救措施，可造成角膜溃疡、穿孔，并进一步引起眼内炎症，最终导致眼球萎缩而失明。皮肤接触可致灼伤。慢性影响包括：反复低浓度接触，可引起支气管炎。皮肤反复接触，可致皮炎，表现为皮肤干燥、痒、发红。

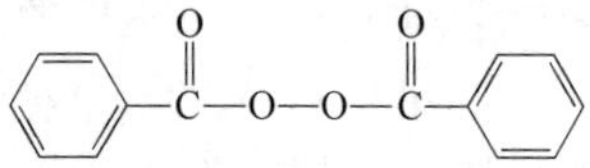

图 7-3　过氧化苯甲酰

过氧化苯甲酰［$(C_6H_5COO)_2$］，又称过氧化二苯甲酰（Dibenzoyl peroxide）（图 7-3），低毒，是一种有机过氧化物，也是常用的自由基聚合反应的引发剂。误服有害，对眼睛、皮肤和黏膜有刺激作用，应避免直接接触。2017 年 10 月 27 日，世界卫生组织国际癌症研究机构公布的致癌物清单中，过氧化苯甲酰被列在 3 类致癌物清单中。

生产过程会对操作工人造成伤害的情况，严重违反劳动保护法和工人的基本人身权利，不符合 SA 8000 企业的社会责任要求。

3. 正视企业责任

以烟台珍珠龙口粉丝有限公司为代表的正义企业勇于正视发生的问题，虽然最终官司未继续打下去，但其做法值得称道，为了证明自己的清白，也为了给消费者明确的“说法”，历经挫折，主动采集证据，表现出自己主动承担社会责任的态度。

浙江省相关的卫生行政部门发布了消息，表示在这个问题上应引以为戒，消息的发布不应该造成对非义务方的伤害或损失。积极干预是行政作为的要求，但应该注意方式方法和范围。

第四节　“三聚氰胺毒奶粉” 事件

2008 年中国乳制品污染事件是一起严重的特大食品安全事故。事故起因是很多食用三鹿集团（河北省石家庄市的一家企业）生产的乳粉的婴儿被发现患有肾结石，随后人们在其乳粉中发现化工原料三聚氰胺。

一、事件回放

2008 年 6 月 28 日，位于甘肃省兰州市的人民解放军第一医院收治了首例患“肾结石”病症的婴幼儿，据家长反映，孩子从出生起就一直食用河北石家庄三鹿集团生产的三鹿婴幼儿乳粉。7 月中旬，甘肃省卫生厅接到医院婴儿泌尿结石病例报告后，随即展开了调查，并报告卫生部。2008 年 9 月 8 日甘肃岷县的 14 名婴儿同时患有肾结石病症，引起外界关注。至 2008 年 9 月 11 日甘肃全省共发现 59 例肾结石患儿，部分患儿已发展为肾功能不全，并有 1 人死亡，这些婴儿均食用了三鹿集团价位 18 元左右的乳粉。与此同时，人们发现两个月来，全国多省相继有类似事件发生。卫生部高度怀疑三鹿牌婴幼儿配方乳粉受到三聚氰胺污染。

三聚氰胺（Melamine），化学式 $C_3H_6N_6$，又称密胺（图 7-4），是常见塑料化工原料，也可作为灭鼠药。人如果长期摄入会导致人体泌尿系统膀胱、肾产生结石，并可诱发膀胱癌。

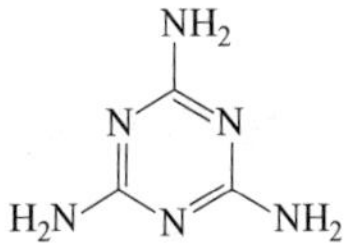

图 7-4 三聚氰胺

该事件不是三鹿集团自己主动发现和承认的，而是由其股东——新西兰恒天然集团（Fonterra Co-operative Group）多次要求三鹿集团主动处理未果的情况下，向新西兰政府总理报告，新西兰总理向我国总理通报了此事后，才在我国总理批示后展开调查的。

根据官方公布的数字，截至 2008 年 9 月 21 日，因食用婴幼儿乳粉而接受门诊治疗咨询且已康复的婴幼儿累计 39965 人，正在住院的有 12892 人，此前已治愈出院的有 1579 人，死亡 4 人。另截至 2008 年 9 月 25 日，香港有 5 人、澳门有 1 人确诊患病。同年 12 月 2 日，全国累计报告因食用问题乳粉导致泌尿系统出现异常的患儿共 29.40 万人。此事件引起了各国的高度关注和对中国乳制品安全的担忧。国家质量监督检验检疫总局对全国所有 109 家生产婴幼儿乳粉的企业的 491 批次产品进行了排查，发现包括伊利、蒙牛、光明、圣元及雅士利在内的 22 个厂家 69 批次产品中都检出三聚氰胺，在检出三聚氰胺的产品中，石家庄三鹿牌婴幼儿配方乳粉三聚氰胺含量最高，其中最高的达 2563mg/kg，其他为 0.09～619mg/kg，这导致事件迅速恶化。该事件重创中国制造商的信誉，多个国家禁止了中国乳制品进口。

2008 年 9 月 13 日，国务院启动国家安全事故Ⅰ级响应机制（“Ⅰ级”为最高级：特别重大食品安全事故）处置三鹿乳粉污染事件，对患病婴幼儿实行免费救治，所需费用由财政承担。有关部门对三鹿婴幼儿乳粉生产和乳牛养殖、原料乳收购、乳品加工等各环节开展检查。由质检总局负责会同有关部门对市场上所有婴幼儿乳粉进行了全面的检验检查。

石家庄市官方初步认定，三鹿“问题奶粉”为不法分子在收购原料乳时添加三聚氰胺所致，拘留了 19 名嫌疑人，传唤了 78 人。这 19 个人中有 18 人是牧场、乳牛养殖社区、乳厂的经营人员，另 1 人涉嫌非法出售添加剂。

河北省政府决定对三鹿集团立即停产整顿，并对有关责任人做出处理。三鹿集团董事长和总经理田文华被免职后刑事拘留，石家庄市分管农业生产的副市长张发旺等政府官员、石家庄市委副书记、市长冀纯堂也相继被撤职处理。河北省委决定免去吴显国河北省省委常委、石家庄市委书记职务。22 日，国家质量监督检验检疫总局局长李长江引咎辞职。根据原《中华人民共和国食品卫生法》和《中华人民共和国产品质量法》，三鹿集团被处罚金 2 亿元人民币。

新华社报道，三鹿“毒奶粉”事件事态扩大的主要原因是三鹿集团公司和石家庄市政府在获悉三鹿乳粉造成婴幼儿患病情况后隐瞒实情、不及时上报。

2009 年 1 月 22 日，河北省石家庄市中级人民法院一审判处三鹿前董事长田文华无期徒刑，三鹿集团高层管理人员王玉良期徒刑 15 年、杭志奇期徒刑 8 年、吴聚生有期徒刑 5 年。三鹿集团作为单位被告，犯了生产、销售伪劣产品罪，被判处罚金人民币 4937 余万元。涉嫌制造和销售含三聚氰胺乳的乳牛养殖者张玉军、高俊杰和耿金平 3 人被判处死刑，薛建忠被判处无期徒刑，张彦军被判处有期徒刑 15 年，耿金珠被判处有期徒刑 8 年，萧玉被判处有期徒刑5年。

二、事件的影响

原“石家庄三鹿集团股份有限公司”，成立于1956年2月，是集乳牛饲养、乳品加工和科研开发为一体的大型企业集团，总部所在地位于河北省石家庄市，2005年8月，“三鹿”品牌被世界品牌实验室评为中国500个最具价值品牌之一，2007年被商务部评为最具市场竞争力品牌。“三鹿”商标（图7-5）被认定为“中国驰名商标”；产品畅销全国31个省、市和自治区。2006年位居国际知名杂志《福布斯》评选的“中国顶尖企业百强”乳品行业第一位。经中国品牌资产评价中心评定，三鹿品牌价值达149.07亿元。企业通过了ISO 9001、ISO 14001认证、GMP审核和HACCP认证，获国家实验室认可证书和国家认定企业技术中心称号，产品有9大系列245个品种，满足人生不同年龄段以及特殊人群的营养保健需求。先后与北京、河北、天津、河南、甘肃、广东、江苏、山东和安徽等省市的30多家企业进行控股、合资和合作，盘活资产18亿元以上，使30000多名下岗职工再就业。三鹿集团为了培育自己的乳源基地，探索出了“四统一分一集中”集约化管理模式和“乳牛生态养殖园区”“乳牛公寓”“托牛所”等科学管理模式，有效地带动了乳业的大发展。饲养乳牛80万余头，日产鲜乳6800t，乳牛饲养辐射130个县（市、区），5500多个村，带动6万多农户发展乳业，通过延伸产业链吸纳80余万农村剩余劳动力。三鹿在遍布各地的乳源基地全面推广青贮玉米制作技术，乳牛每年消化玉米达300万亩以上。2006年6月15日，三鹿集团与全球最大的乳品制造商之一——新西兰恒天然集团的合资公司正式运营。三鹿乳粉是三鹿乳业集团主要开发的产品。

图7-5 曾经的三鹿商标

三聚氰胺事件爆发后，曾以18.26%的市场份额领跑国内乳粉市场的乳业巨头三鹿随之陨落，全行业也陷入质量泥沼。据报道，受此牵连的包括伊利、圣元、雅士利等国产乳粉企业遭遇业绩危机。2008年，蒙牛乳业亏损9.49亿元，光明乳业亏损2.86亿元，伊利乳业亏损高达16.87亿元，成为三聚氰胺事件中亏损最严重的中国乳品上市企业。

除了全国290家普通乳粉和配方乳粉生产企业外，国家质量监督检验检疫总局还要求凡涉及使用乳或乳制品为原料或辅料的企业都必须配备三聚氰胺检测仪器设备，半数以上中小乳品企业因分析仪器成本的投入大而倒闭或关闭。

多个国家和地区开始全面或部分禁止中国乳制品及相关产品（糖果、咖啡和巧克力等）的销售或进口，包括加拿大、英国、意大利、法国、俄罗斯、日本、马来西亚、越南、印度、印度尼西亚、不丹、缅甸、马尔代夫、科特迪瓦、尼泊尔、巴布亚新几内亚、苏里南、多哥、加纳、菲律宾、孟加拉国、文莱、新加坡、坦桑尼亚、加蓬和布隆迪等。欧盟也宣布，全面禁止含牛乳成分的中国制婴儿产品进口。中国乳品行业遭受重创，消费者几乎到了闻国产乳粉色变的地步。

注：1亩=666.6m^2。

2008 年 9 月 19 日，在 4 名婴儿因饮用含有三聚氰胺的乳粉而丧生后，联合国儿童基金会（United Nations International Children's Emergency Fund，UNICEF）要求中国政府对此事件“展开全面调查”。世界卫生组织（World Health Organization，WHO）也严厉谴责中国没做好食品卫生的管控，而且还刻意隐匿消息，其西太平洋总监尾身茂（Shigeru Omi）在马尼拉批评中国未在第一时间向国际社会通报毒乳粉丑闻。

欧盟委员会负责健康和消费者保障的官员马德林说，外国消费者都在观望毒乳粉事件的进展，他也期望北京方面能够有全面的解释。马德林说：“政府之间、监管人员之间最重要的问题是，我们是否彼此开诚布公？经济监管人员有责任公布信息。我期待监管人员在彼此管辖的范围内惩罚拖延。”

世界卫生组织、联合国教科文组织（United Nations Educational，Scientific and Cultural Organization，UNESCO）和联合国儿童基金会于 2008 年 9 月 25 日联合发布声明，对危机扩大表示担忧，希望中国政府今后对婴幼儿食品实施更严格的监管。

中国国务院总理温家宝在 2008 年 9 月 25 日对纽约 6 家华文媒体的记者说，隐瞒本次乳粉污染事件的是三鹿集团负责人和石家庄政府官员。中央政府在得知乳粉问题后已第一时间迅速向国内公开，向世界卫生组织公开，向台港澳地区公开，向有关国家公开，并没有刻意隐瞒。

世界卫生组织 2008 年 9 月 26 日倒是很公正地说，不要把中国描绘成“万恶之源”，这些问题会出在发达国家，同样也会出在新兴工业国家。他们正在帮助中国对相关机制进行改善。但是宣称所有食品安全问题都源于中国，则是完全错误的。

香港食物环境卫生署发现伊利牧场大果粒酸乳味雪糕的 1 个样本中含有三聚氰胺，香港有关部门已禁止由三鹿乳粉制造的台湾“尚效牌”饮料进入香港，但对于大陆乳制品方面，香港有关部门没有考虑禁止进口。2008 年 9 月 18 日，香港食物安全中心样本检测结果公布，5 批次伊利雪条和 4 批次伊利乳品含不同浓度的三聚氰胺。另外，食物环境卫生署食物安全中心也公布，8 款伊利牌产品的样本被测出含有三聚氰胺，香港有关部门已通知业界有关检测结果，并要求他们停止售卖有关产品，也要求进口商全面回收伊利牌的全部乳类产品。

2008 年 9 月 21 日香港食物安全中心公布，雀巢（香港）牛乳公司在青岛生产的餐饮业用 1L 装超高温（Ultra High Temperature，UHT）灭菌纯牛乳中发现三聚氰胺，检出值为 1.4mg/kg。指出，在一般食用情况下，不会对健康构成重大影响，但建议不宜给幼儿饮用，香港政府已要求业界停止售卖及回收该产品。22 日下午，雀巢（中国）[Nestlé (China)] 公司否认了这一说法，称所有在中国生产的产品都没有使用掺杂三聚氰胺的牛乳。但在 23 日下午，雀巢公司又改口，承认其产品中含微量三聚氰胺，并宣称所检测出的含量不会对健康构成影响，同时补充说，雀巢的其他产品并没有受到三聚氰胺的污染。22 日香港无线电视委托化验所检测，又发现雀巢鹰唛炼乳也含三聚氰胺。雀巢（香港）牛乳公司响应指称，除食物安全中心检测出的纯牛乳外，均无证据显示雀巢其他产品含有三聚氰胺，雀巢又反指“食物链中都可找到微量三聚氰胺”。23 日，香港食物安全中心检测出一款草莓味的四洲蛋糕含有三聚氰胺，其含量超标 1 倍半。又证实香港市面上出售的大白兔奶糖含三聚氰胺超标近 1 倍，而另一批次的乳糖更超标逾 5 倍。

日本主要食品公司丸大食品公司（Marudai Food Co.，Ltd.）于 2008 年 9 月 20 日表示全面回收 5 种有肉馅或奶油馅的包子和点心，原因是产品的成分包括中国的伊利牌牛乳，担心其产品可能受到三聚氰胺的污染。

韩国食品暨药物检验局在韩国国内销售的由天津嘉年华国际有限公司生产的“米之爱”产品中检测出含有三聚氰胺，韩国当局决定禁止进口含乳粉成分的中国产品。

2008 年 9 月 20 日，新加坡农业粮食与兽医局化验结果显示，伊利牌酸乳雪条及中国制子母牌草莓味牛乳含有三聚氰胺，要求全面下架，所有存货销毁。子母牌牛乳产品生产商宣布，回收所有在香港及澳门发售的子母牌胶樽装牛乳。同日，香港食物安全中心宣布回收盒装“日清美味宝喳咋糖水”，日清食品有限公司（Nissin Food Co.，Ltd.）指出产品曾使用伊利牌纯牛乳（1L 装）作原材料，而该产品早前曾检测出含三聚氰胺。21 日晚间，新加坡农业粮食与兽医局公布，一批在中国上海生产的大白兔奶糖受到三聚氰胺污染，呼吁公众不要购买和食用。新加坡的海鸥集团也决定延后引进蒙牛生产的所有牛乳及乳酪制品，直到引起争议的三聚氰胺事件得到彻底解决为止。新加坡在伊利一款雪条及内地制子母牌草莓味牛乳中检测出三聚氰胺后，宣布全面回收中国乳制品及禁止中国乳制品进口。

2008 年 9 月 20 日，星巴克（Starbucks）和肯德基（KFC）宣布由当日起停止供应蒙牛的牛乳。肯德基称，待与蒙牛确认所有产品符合食品安全标准后才会恢复销售。

印度于 2008 年 9 月 25 日起下令在 3 个月内禁止进口中国生产的牛乳和乳制品。印度政府一名发言人告诉记者，这个暂时性禁令只是预防措施，因为印度并未从中国进口乳制品。

印尼卫生部发表声明宣布，在该国出售的 19 种中国产乳制品和含乳产品中，有 12 种三聚氰胺检测呈阳性，产品包括奥利奥威化棒（苏州生产）、M&M′s 3 款巧克力（北京生产）和大白兔奶糖（上海生产），含量 8.51～945.86mg/kg，其中 1 款 M&M′s 牛乳巧克力三聚氰胺的含量高达 856.3mg/kg，成人吃 1 包已超出安全范围。

美国食品和药物管理局（Food and Drug Administration，FDA）于 2008 年 9 月 11 日发出警告“不要购买和食用中国婴儿乳粉”，并将发警告提醒民众不要在网上买中国乳制品。但美联社（美国联合通讯社，The Associated Press）于 2008 年 11 月 25 日报道，美国食品和药物管理局检测出美国本土所生产的婴儿乳粉，美赞臣（Meadjohnson）的 Enfamil Lipil 补铁婴儿乳粉验出含三聚氰胺，雀巢 Good Start 强化补铁婴儿乳粉含有三聚氰胺的一种衍生物——三聚氰酸。

欧盟（European Union，EU）对中国毒乳粉可能通过其他食品进入欧洲，采取紧急应对措施。欧盟委员会（European Commission）2008 年 9 月 26 日发给会员国的紧急通报中清楚地指出，欧盟禁止从中国进口含有任何牛乳成分的婴儿及儿童食品，所有从中国进口的产品，只要含有 15%以上的乳粉成分，将在进入欧盟时进行检测，所有含三聚氰胺量超过 2.5mg/kg 的产品应立即销毁。

欧盟从 2002 年起，已开始禁止中国乳和乳制品进入欧盟，原因是由于当时欧盟兽医检验官员到中国考察后，认为中国在这方面的保障措施令人担忧。不过欧盟一直没有禁止进口含有中国乳粉的巧克力、糖果和饼干等食品。

巴西政府于 2008 年 10 月 8 日宣布禁止进口中国食品。巴西国家食品安全机构（La Agencia Nacional Vigilancia de Sanitaria，ANVISA）食品课长黑森吉女士说，由于中国毒乳安全引发忧虑，这项禁令是针对含有乳糖和牛乳的中国制产品的，同时禁止此类产品在巴西各地销售。巴西并未有进口这类中国食品的协议，也未在中国设有乳糖工厂，不过仍担心受污染产品从邻国流入。

2008 年 10 月 27 日下午，中国海峡两岸关系协会致函台湾海峡交流基金会，正式向台湾的消费者与厂商表达歉意，函中指出：三鹿牌不合格婴幼儿乳粉事件，已被证实是一起不法分子制造的食品安全事件。对于由此给台湾消费者和厂商造成的困扰和损失，海协会对台湾民众表达歉意……

事件进一步升级后，中国乳制品行业在网络抽样分析中，民众的信心指数降至最低点。广大消费者听到国内乳品企业和乳制品就是风声鹤唳，谈乳色变。大陆消费者人心惶惶，不敢再吃大陆品牌的乳制品，外国乳粉销量开始上升，甚至以小三通方式到金门或马祖购买台湾乳制品，或是到香港购买乳粉，重庆市一位 75 岁市民的市民称：代言人“传递错误信息，代言人应对此负责。”将代言三鹿牌乳粉的 2 名艺人告上法庭。

该事件也殃及三鹿牌原产地河北省一带的乳农，由于生产的牛乳卖不出去，许多乳农只好忍痛倒掉，损失惨重。

在国际上，中国的声誉受到严重损害。

三、伦理分析

（一）企业责任

2000 年后，由于我国经济的迅速发展，乳制品市场转变成一个很大市场，为了调节大陆市场供应与需求，除了从日本、新西兰等国进口将近 30 万 t 乳制品以应付中高端消费人群外，中国大陆绝大多数消费者，包括婴幼儿，还是以我国自主生产的产品为主。三鹿集团推出以 1 袋 18 元人民币的婴幼儿配方乳粉，该价格不到进口乳粉价格的一半，三鹿因此成为大陆重要且知名婴幼儿乳粉品牌，多年连续位居中国大陆自产乳品市场的首位。在占领市场、进行价格竞争的效益观主导下，公司与政府对生产流程及质量管控的漠视，最终引爆了这个事件。

虽然相关单位调查后认为该污染事件应由乳品收购站负主要责任，并严惩逮捕相关当事人，但是，也有人质疑该毒乳粉事件的原因是因为三鹿集团抢夺大陆贫穷农村市场，为降低成本偷工减料所衍生出来。逐利目标成了企业的唯一追求。

据新浪网从有关方面获得的“三鹿内部邮件”显示，同时期，三鹿集团先后接到消费者反映：婴幼儿食用三鹿婴幼儿乳粉后，出现尿液变色或尿液中有颗粒的现象。后在法院审判中，公司管理人员证实公司最早接到投诉是在 2007 年底。2007 年底，三鹿集团已经先后接到农村偏远地区反映，称食用三鹿婴幼儿乳粉后，婴儿出现尿液中有颗粒现象。到 2008 年 6 月中旬，三鹿集团又收到婴幼儿患肾结石去医院治疗的信息。于是，三鹿集团于 2008 年 7 月 24 日将 16 个样品委托河北出入境检验检疫技术中心进行检测，在 2008 年 8 月 1 日得到的报告结果显示，问题很严重。

2008 年 5 月 20 日和 21 日一位网友揭露，他在 2007 年 11 月在浙江泰顺县城一家超市里买的三鹿乳粉的质量有问题，他女儿吃过这种乳粉后便出现了小便异常，后来他与三鹿集团和工商局交涉未果。为此，该网友以网上发文自力救济，并以“这种乳粉能用来救灾吗?”为题提出控诉，不过该控诉遭三鹿集团地区经理以价值2476.8元的4箱新乳粉为代价，取得该网友的账户密码以请求删除网上有关帖子。事后该网友则表示说，他因为相信了三鹿集团的解释，说他买到的是假货，因此同意接受赔偿并删除帖子。

与此同时，三鹿集团并没有对乳粉问题进行公开，其原乳事业部、销售部和传媒部各自分工，试图通过乳源检查、产品调换、加大品牌广告投放和宣传的措施，将“三鹿”与“肾结石”的关联封杀于无形。

2008年7月29日，三鹿集团向各地代理商发送了“婴幼儿尿结晶和肾结石问题的解释”，要求各终端以天气过热、饮水过多、脂肪摄取过多、蛋白质过量等理由安抚消费者。

而对于经销商，三鹿集团也同样采取了糊弄的手法，隐瞒事实造成了不可挽回的局面。从2008年7月10日到8月底的几次回收过程中，三鹿集团从未向经销商公开产品质量问题，而是以更换包装和新标识进行促销为理由，导致经销商响应者寥寥无几。正是召回的迟缓与真相的隐瞒耽搁了大量时间。大规模调货引起了部分经销商对产品质量的极大怀疑，可销售代表保证质量绝对没有问题。在2008年8月18日，一份标注为“重要、精确、紧急”的传达给经销商的《通知》中，三鹿集团严令各地终端货架与仓库在2008年8月23日前将产品调换完毕，但仍未说明换货原因。调货效果依然不佳，毒乳粉仍在流通。

据“三鹿内部邮件”显示，2008年8月1日下午6时，三鹿集团取到了检测结果：送检的16个婴幼儿乳粉样品，15个样品中检出了三聚氰胺的成分。2008年8月2日下午，三鹿集团分别将有关情况报告给了其注册所在地石家庄市政府和新华区政府，并开始回收市场上的三鹿婴幼儿乳粉。2008年8月4日至9日，三鹿集团对送达的原料乳200份样品进行了检测，确认“人为向原料乳中掺入三聚氰胺是其引入婴幼儿乳粉中的最主要途径”。

此时，三鹿公司所做的不是首先将涉案商品下架、回收，而是开始进行危机公关。三鹿集团的公关公司——北京涛澜通略国际广告有限公司被指在2008年8月11日向三鹿集团建议与中国最大的互联网搜索引擎公司百度合作，屏蔽有关新闻的公关解决方案建议。“安抚消费者，1～2年内不让他开口；与百度签订300万广告投放协议以享受负面新闻删除，拿到新闻话语权；以攻为守，搜集行业竞争产品‘肾结石’负面新闻的消费者资料，以备不时之需。百度的300万框架合作问题，乳粉事业部已经投放120万元，集团只需再协调180万元就可以与百度签署框架，享受新闻公关保护政策。”这封由自称是三鹿集团公关公司的员工在网上发布的声称为公关解决方案的建议在“三鹿毒乳粉事件”曝光后的2008年9月12日，在网络上广泛流传。

事发后的2008年9月13日，百度公司针对此说法发表声明，表示从未接受这种要求，声称“2008年9月9日晚，三鹿集团的代理公关公司致电百度大客户部希望能协助屏蔽最近三鹿的负面新闻，由于该提议违反公司规定以及百度一贯坚持的信息公正、透明原则，大客户部在第一时间严词拒绝了该提议。2008年9月12日，该公关公司再次致电希望能屏蔽三鹿的负面新闻，再次被大客户部予以否决。”

2008年9月11日上午10点40分，《新民网》联机三鹿集团传媒部，该部负责人表示，无证据显示这些婴儿是因为吃了三鹿奶粉而致病的。据称三鹿集团委托甘肃省质量技术监督局对三鹿乳粉进行了检验，结果显示各项标准符合国家质量标准。不过事后甘肃省质量技术监督局召开新闻发布会，声明该局从未接受过三鹿集团的委托检验。在同一天的晚上，三鹿集团承认经公司自检发现 2008 年 8 月 6 日前出厂的部分批次三鹿婴幼儿乳粉曾受到三聚氰胺的污染，市场上大约有 700t，同时发布产品召回声明，不过三鹿集团也指出其公司无 18 元价位乳粉。2008 年 9 月 12 日三鹿集团声称，此事件是由于不法乳农为获取更多的利润向鲜牛乳中掺入三聚氰胺引起的。对于回收的 5t 乳粉的处理办法是将其倒进了地沟，这又是给环境增加负担的问题，涉及环境伦理。乳粉是全营养产品，即使添加的是淀粉，仍然是富营养的物质，进入水源会造成一系列的水污染问题。

据说三鹿公司是将三聚氰胺能够均匀混合在牛乳中作为“创新”技术之一包含在申报国家科技进步奖的材料中的，在乳和乳粉的蛋白质含量检测方法中，采用了“凯氏（Kjeldahl）定氮法”测定样品的总氮量并计算粗蛋白质的总含量。因为三聚氰胺的氮原子数量较多，所以可以使得蛋白质的测定值高，但是，三聚氰胺不是蛋白质。为了提高总氮含量采取掺假的手段，这本身就存在主观上的故意，是道德沦丧的行为。

在经历了那么多的病例后，三鹿集团相关人员还不主动找出原因向相关机构说明情况并报告主管部门和监管部门，甚至在所有的一切都指向其三聚氰胺乳粉时，仍然虚假应付，故意隐瞒，不承认错误，不承担责任，这其实已经超越了伦理讨论的范畴，完全是彻头彻尾的犯法行为。

（二）行政伦理

关于这一事件的行政方面的伦理问题涉及 3 个层面，第一是国家奖励机制，第二是监管机制及国家标准的使用，第三是地方政府盲目追求 GDP。

1. 奖励评审机制

2008 年 1 月 8 日，三鹿集团“新一代婴幼儿配方乳粉研究及其配套技术的创新与集成项目（编号 J-211-2-07）”，获得 2007 年度国家科学技术进步奖二等奖（图 7-6，此奖后被撤销）（http：//www. most. gov. cn/ztzl/gjkxjsjldh/jldh2007/；http：//www. most. gov. cn/ztzl/gjkxjsjldh/jldh2007/jldh07jlgg/200801/t20080108_58277. htm）。当地媒体以“中国乳业界 20 年来空缺国家科技大奖的局面终于被打破”为题作了报道。这项所谓的“成果”的“获奖单位”为石家庄三鹿集团股份有限公司，“获奖人”是田文华（三鹿集团董事长）、生庆海、王玉良、邱泉若、徐丽、李朝旭、刘建光、张志国、贾晓江和魏鹏，该“成果”称：“集全集团 5 个技术中心和实验室的科研力量，历时 8 年完成，成果凝聚了三鹿人的聪明才智。”事发后的媒体和网友评论说这种造假、吹嘘居然骗过了多级评奖专家而获得了国家级的科技进步奖。在牛乳中添加三聚氰胺居然成为提高牛乳蛋白的“技术”。这一个“奖”不仅危害了数十万婴幼儿，更损害了科技进步奖的声誉，挑战了国家科技进步奖的权威和公信力。他们把

图 7-6　“三鹿”曾经的获奖证书

三聚氰胺放在乳粉“配方”中，就成了“技术”，冠以“创新与集成”。三聚氰胺婴幼儿配方乳粉获得国家科技进步奖不仅仅是损害了国家科技奖励的尊严，更多的是暴露了科技奖励制度的某些弊端。因为国家奖有巨大的广告作用，也是个人晋升各种荣誉头衔的敲门砖和单位申请各种项目的垫脚石，所以，无论是个人还是单位都会千方百计去争取，以获取更大的效益。

据称，三鹿集团与全国 16 家科研院所合作，聘请国内外食品、营养、畜牧、金融、企业管理等 28 名专家为顾问，进行了科技创新，媒体当时就提出疑问：这些专家中难道没有一个对“添加三聚氰胺”的知情者或对该“成果”产生过疑问？专业人士的职业伦理也受到了拷问。

我国是人情社会，其表现不仅在人与人间的交往上，在官方的一切活动中也都表现得淋漓尽致。我国科技奖励体系依附于行政体制，行政色彩浓厚，行政干预和部门保护主义是官方活动的通例。要想获奖，科研人员必须进行“成果包装”（很多的包装是过度的、空洞的、言而无实的）“人情公关”，官方聘用的专家，是“著名”和“知名”的，业务专长不是必需的选择，跟政府熟悉更加重要，“随机抽取”的专家名单多数也是“抽到”熟悉的专家，而且最终的结果还是政府说了算，最终决定很可能是专家个人的意志。我国的奖励评审，主要是由当事人（单位）主动申报，而不是只能由他人（机构）提名，所以各级政府对本地的单位或个人能否获得奖项就格外重视。获奖项目是当地“形象工程”的组成部分，所以政府会出面“协调”，以便将来作为地方对外宣传的素材。专业的行业协会——中国乳制品行业协会——的相关人士甚至以此为例，不切实际地说：“三鹿获得国家科技进步奖，表明中国乳品企业婴幼儿配方乳粉技术达到国际领先水平”。

2. 监管不到位

2008 年 6 月中旬后，三鹿又陆续接到婴幼儿患肾结石等症状去医院治疗的信息。《南方日报》收到网友反映，7 月，江苏徐州儿童医院小儿泌尿一名外科医生在国家质量监督检验检疫总局食品生产监督管理司的留言系统里反映 2008 年婴儿双肾结石导致肾衰的病例出奇地增多，且大多饮用了三鹿乳粉，这位医生表示希望政府部门能组织流行病学专家协助明确原因，遗憾的是没有得到明确答复。

牛乳中蛋白质的检测方法采用凯氏（Kjeldahl）定氮法，这是蛋白值测定的经典方法，但所得结果是总氮，也就是说，不管是什么形式的氮——有机氮、无机氮，蛋白氮、非蛋白氮——结果只显示“总氮”，采用凯氏定氮法测定牛乳蛋白质含量，三聚氰胺理所当然地对乳蛋白做出了“贡献”，而且贡献很大，因为 1 个三聚氰胺分子中含有 6 个氮原子，三聚氰胺中氮的含量占 66.67%，若添加到其他材料中，表观蛋白质含量的增加效果明显，使用“效率”非常高。河北省产品质量监督检验院曾对三鹿乳粉的蛋白质、亚硝酸盐，以及抗生素残留等营养指标、理化指标和安全指标等进行过检测，结果全都合格。该检验结果由中国中央电视台新闻频道的“每周质量报告”节目专访播出。不知这家检验机构是使用的什么方法得到的结果，不过针对这样的结果，存在两个疑问：一是方法不当还是结果不对？二是敏感时期中央媒体发布这样“合格”的结果是否妥当？这些都值得深思。

3. 地方政府行政不作为

三鹿集团是中外合资公司，其最大海外股东是总部位于新西兰奥克兰的恒天然集团(Fonterra Co-operative Group)，也称恒天然合作社集团有限公司。根据新西兰政府的说法，恒天然公司在 2008 年 8 月份得知乳粉出现问题后，马上向中资方和地方政府官员要求召回三鹿集团生产的所有乳粉，并立即向中国政府有关部门报告。不过恒天然公司经过一个月多的努力未能奏效，石家庄地方官员对此要求置若罔闻，试图掩饰，以秘密方式缓慢从市场上换货，不予正式召回。恒天然公司对此极为不满，将此事上报新西兰总理海伦·伊丽莎白·克拉克（Helen Elizabeth Clark，1950—，图 7-7），克拉克于 9 月 8 日绕过河北省政府直接将消息传递给中国中央政府，中国政府才能知晓并严正对待此事。

图 7-7 海伦·伊丽莎白·克拉克（Helen Elizabeth Clark，1950—）

此外，从管理的职能来看，政府“一厢情愿”地打造“中国名牌”“中国驰名商标”“质量免检”资格等，应该是不属于行政范围内的行为。

（三）消费者行为

媒体不对产品广告和产品信息进行审核是过去广告的通病，代言的明星（图 7-8）只关注代言费，按照广告词脚本说，至于产品是啥，有啥性质，是不是真像广告词中说的那样好，明星并不关心。消费者没有产品相关信息，只得听从媒体的宣传，这导致一个现象：产品质量如何不重要，广告做得好消费者才会买。明星是公众人物，社会影响力大，他们说好，消费者自然就相信了。

图 7-8 “三鹿”的明星代言

不对称的信息是消费者无法做出正确选择的主要原因，国内消费者多数是“跟着广告走”，由于人们追星的心理不分年龄不分阶层，所以明星说好就是好，盲目跟风，盲目追星，商家正是利用消费者这样的消费心理，才不惜花费巨资请明星代言。另一方面，消费者不去真正关注产品质量，一部分原因是没有高消费能力，而更多的原因是没有对产品从价格方面考虑，没有建立产品的实际价值和价格之间的关联。

作为反面教材，从正面的效果来看，“三鹿毒乳粉”事件对国家的食品安全立法起了推动和促进作用。2009 年 2 月 28 日中华人民共和国第十一届全国人民代表大会常务委员会第七次会议通过了中国历史上第一部《中华人民共和国食品安全法》，从此食品安全得到了法律保障，并于 2015 年 4 月 24 日第十二届全国人民代表大会常务委员会第十四次会议和 2018 年 12 月 29 日第十三届全国人民代表大会常务委员会第七次会议对《中华人民共和国食品安全法》进行了修订和修改。这是一部修订（改）频次最高的法律，充分体现了党和政府对关乎食品安全民生事务的高度重视。

第五节 “皮革奶”事件

一、事件回放

2005 年，山东等地曝出在牛乳中添加“皮革水解蛋白”的信息，引起时任国务院副总理吴仪的重视，批示大力整顿。当时山东省工商部门至少查获 2.8 万多件添加水解蛋白的乳制品，有 200 多家小厂从事这类乳制品的生产。

2009 年 2 月，国家质量监督检验检疫总局收到匿名举报，举报浙江省金华市晨园乳业有限公司（以下简称晨园乳业）存在向乳粉中添加皮革蛋白粉以提高蛋白质含量的违法行为。2009 年 3 月 5 日，金华市质量技术监督局配合浙江省质量技术监督局依法对晨园乳业进行执法检查，当场查出 3 包 20kg 装的白色皮革水解蛋白粉，以及 1300 箱受污染的牛乳产品，少数流入市场的产品也被回收，证实该公司涉嫌添加非食用物质皮革蛋白粉生产含乳饮料。2009 年 3 月 18 日，浙江省质量技术监督局对“晨园乳业”生产的 8 个批次含乳饮料成品、半成品进行抽样。检测结果显示，3 批次的成品、2 批次的半成品中均含有皮革水解蛋白成分。2009 年 4 月 2 日上午，浙江省质量技术监督局从外围对“晨园乳业”销售到龙游、海宁和嘉善市场的 6 批次含乳饮料进行检测，发现所检测的样品中也均含有皮革水解蛋白（图 7-9）。

图 7-9 “皮革乳”

2009 年 2 月，在全国开展打击违法添加非食用物质和滥用食品添加剂专项整治中，全国食品安全整顿工作办公室将“皮革水解蛋白”列入《（第二批）食品非食用物质名单》；同年 3 月，卫生部、国家质量监督检验检疫总局等 9 个部门联合发布了《全国打击违法添加非食用物质和滥用食品添加剂专项整治近期工作重点及要求的通知》（卫监督发［2009］21 号）（图 7-10），在食品安全专项整治工作中，特别针对乳及乳制品中添加皮革水解物的违法行为进行打击。

2010 年 8 月，国家质量监督检验检疫总局再次与农业部等 5 部委联合印发“关于开展非法制售皮革蛋白粉等皮革碎料制品清理整顿工作的通知”，明确要求严禁使用皮革蛋白粉等皮革碎料制品作为食品原料，加大打击力度。

中华人民共和国中央人民政府

www.GOV.cn

The Central People's Government of the People's Republic of China

网站首页 | 今日中国 | 中国概况 | 法律法规 | 公文公报 | 政务互动 | 政府建设 | 工作动态 | 人事任免 | 新闻发布

当前位置：首页>> 工作动态>> 部门信息

卫生部发打击违法添加非食用物质等专项整治要求

中央政府门户网站 www.gov.cn 2009年03月09日 来源：卫生部网站

【字体：大 中 小】【E-mail推荐 发送 】 打印本页 关闭窗口

关于印发《全国打击违法添加非食用物质和滥用食品添加剂专项整治近期工作重点及要求》的通知

卫监督发〔2009〕21号

图 7-10 原卫生部发布专项整治非法使用非食用物质和滥用食品添加剂的通知

2011 年 2 月 17 日下午网上出现一条被广大网友热议的名为“内地‘皮革乳粉’死灰复燃，长期食用可致癌”的新闻报道。此报道一经发布，便被纷纷转载，从而迅速地登上了各大商业门户网站的首页。报道中声称，不法商家把皮革废料或动物毛发等物质加以水解提炼成“皮革水解蛋白”，再将其掺入乳粉中，企图以此来提高乳里的蛋白质含量。

二、事件的影响

短短几年内经历了“大头娃娃乳粉事件”和“三鹿毒乳粉事件”的中国乳业几乎已经到了一碰即碎的地步了，受盛传的“皮革乳事件”影响，内地消费者对于国产乳制品的信心再次受到打击。

由于内地乳粉安全问题，内地游客大批量到境外，尤其是港澳地区抢购进口乳粉，引发了一系列连锁反应。继香港部分药房规定每人限购 2 罐乳粉之后，澳门特区政府官方网站于 2011 年 2 月 15 日发布消息称，针对乳粉短缺、本地供货不足的情况，澳门已限制大量抢购乳粉的行为（图 7-11），适当给本地居民预留乳粉。“春节期间，确实有很多港澳团的湖南游客到那边买进口乳粉，不过经常缺货。”一个导游说，除了货源紧张、数量限制，带乳粉出关也很麻烦，曾经有个导游帮人代购了一箱港版美赞臣乳粉，过海关的时候抽查被发现后被没收了。澳门药房内的乳粉有不少是被内地顾客买走的，春节前夕爆发的“乳粉荒”导致了港澳两地乳粉货源紧缺，部分进口乳粉早已断货，何时恢复供货人们不得而知。内地顾客的疯狂抢购一方面导致乳粉货源紧张，同时，在利益驱使下，部分乳粉代理商趁机涨价，令港澳两地民怨四起。尽管相关部门一再公开表示，将采取措施保证供货商对乳粉的供应，民众的不满情绪并未因此消减。据了解，部分香港家长在网上发动了一起“历史规模最大”的联署行动，呼吁特区政府对内地游客开征“奶粉离境税”，并要求征税数额是乳粉原价的 10 倍。香港居民的这一举措得到澳门民众的积极响应，除了继续参与抢购以外，澳门一些家长也开始向当地海关发起倡议，建议开征离境税，以缓解本地乳粉货源紧张局面。

图 7－11　澳门一商铺限量品牌奶粉

与此同时，大陆很多大超市卖场、母婴店的进口乳粉货源供应正常，售价也相对稳定，春节期间没有出现缺货或涨价等现象。相关负责人称，“事实上，本地经销商通过正规管道进货的洋乳粉，质量都是值得信赖的，售后服务也更有保障。”

经多个相关网站调查发现，人们倾向于到港澳购买进口乳粉主要有两个因素：一是认为港版乳粉质量比大陆版乳粉好；二是港版乳粉比大陆版乳粉便宜 1～2 成。“过去大家总觉得香港的进口乳粉比内地卖得便宜，但现在闹乳粉荒，不少港澳地区的商家都提价销售，算下来可能比内地还贵。”一位网友称。

2011 年 2 月 27 日，中央电视台《焦点访谈》栏目“国产奶粉的‘危’与‘机’”调查显示，有七成受访者表示不选择国产乳粉。由于消费者对国产乳粉的信心不足，导致大部分超市和专卖店中，进口乳粉的销量都明显好于国产乳粉。显然，那段时间也是国内乳粉业的危机时代，“皮革奶”事件造成了人们对乳粉业的二度恐慌（前一次是三鹿乳粉三聚氰胺事件)，国产乳粉和整个乳制品行业都要付出重建公共信任的高成本。

三、伦理分析

1. 媒体伦理

“皮革奶”的传闻，缘起于 2011 年 01 月 07 日“农业部关于开展 2011 年生鲜乳质量安全监测工作的通知”（http：//www. moa. gov. cn/govpublic/XMYS/201102/t20110212_1817282. htm)，其中“2011 年全国生鲜乳质量安全监测计划”（图 7-12）提出了“对全国 30 个省（区、市）及新疆生产建设兵团进行生鲜乳中违禁添加物专项监测，其中检测项目为三聚氰胺、皮革水解蛋白和碱类物质，所有样品检测三聚氰胺，30％的样品检测皮革水解蛋白和碱类物质。”几天之后，有了题为“内地皮革乳粉死灰复燃 长期食用可致癌”的文章。

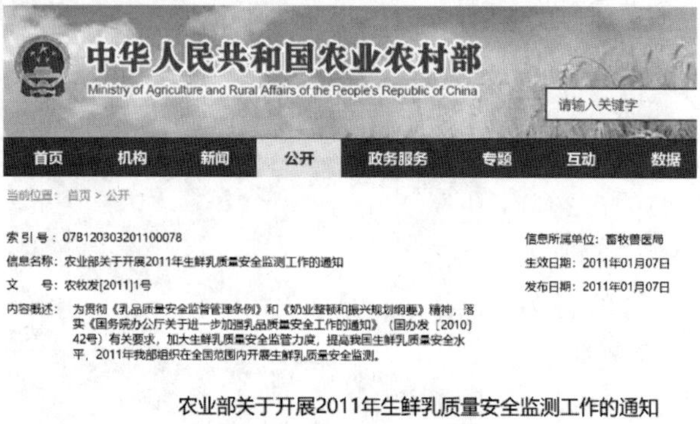

图 7-12　原农业部发布开展 2011 年生鲜乳质量安全检查工作的通知

销声匿迹数年后，内地再现“皮革乳粉”踪影，内地疑有不良商人竟将皮革废料的动物毛发等物质加以水解，再将产生出来的粉状物掺入乳粉中，意图提高乳类的蛋白质含量蒙混过关。有市场人士称，内地乳业股面临浪接浪的不利传闻，短期内股价并不乐观。

三聚氰胺事件对于内地乳业的影响尚未消退，国家农业部近日发现“皮革乳粉”死灰复燃。内地最早于 2005 年揭发山东奸商在牛乳中添加“皮革水解蛋白”，引发当时任国务院副总理吴仪的重视，曾经大力整顿。至 2009 年 3 月，浙江省金华市“晨园乳业”又被查出制造“皮革乳”。

有分析指出，事件将令内地乳业加速洗牌。2008 年以前，国产乳粉和进口奶粉分占中国乳粉市场的比例为六四比例，2010 年的比例为五五分，至今年预计国产乳粉的比例还会进一步缩减，内地乳业企业的冬天还没过去，尤其是中小型企业，根据中经乳制品产业景气指数报告显示，2010 年第四季度，乳业有两成以上企业处于亏损。

无论乳业企业亏损与否，他们都已经接到国务院办公厅发布的一纸通知，从今年 3 月 1 日起，未重获生产许可证的企业必须停止生产。根据新规定，乳制品生产企业必须配备相应检测设备，对三聚氰胺和食品添加剂等 64 项指标进行自检。据估计，企业需要投入二、三百万元购置设备，行业约两成企业可能被迫退出市场。

文章中的“皮革乳”“死灰复燃”“可致癌”这 3 个关键词每一个词都强烈地冲击着人们的神经，因此迅速产生了爆炸效应。虽然消息一出，农业部立即做出了澄清说明，指出报道是对文件的误读，并不属实，但是这种澄清似乎消解不了人们心中深深的忧虑。虽然国家有关部门做出的回应是市场上没有发现所谓的“皮革乳”，但是“皮革乳”事件为什么会被传得沸沸扬扬呢？

2011 年 2 月 22 日《中国青年报》（邓聿文）发文称：日前召开的国务院食品安全委员会第三次全体会议特别强调，要面向和依靠人民群众，搞好舆论宣传和监督，及时发布准确信息，及时澄清虚假消息，增强消费者信心，在全社会形成有利于保障食品安全的良好氛围。会议在部署今年的食品安全监管工作时，还明确要重点监管乳制品等行业。显然，这与市场上最近出现的“皮革奶”报道再次动摇公众对国内奶粉的信心有关。

虽然农业部及时否认去年检测到“皮革乳”，并指认“皮革乳”死灰复燃的报道失实，但公众大多宁信其有。从早年的“大头娃娃”事件，到几乎使全行业覆没的“三聚氰胺”问题，再到去年的“激素门”，公众已如惊弓之鸟。此时，要重建乳粉行业的安全，必须付出比过去艰难得多的努力，才可能让消费者再次信赖国产乳粉。

政府无疑在此过程中负有最重要的责任。这不仅是因为政府负有监管食品质量和安全的天然之责，更在于政府掌控着我们社会的多数资源，它有力量、有手段去打击那些违法违规的食品生产经营者。在现代传媒特别是网络愈来愈深地介入公众生活的情况下，运用好舆论的力量，将能有力地净化市场环境。政府应该支持传媒勇于揭黑，曝光问题，给它们创造一个揭黑的环境。

媒体履行监督职能，舆情发生和监督，客观公正是核心，不应以吸眼球为目标，更不能任性，尤其是主流媒体，不能见风就是雨，甚至把微风说成台风。大众的信息来源有限，绝大多数消费者的消费观并未养成，跟着广告走的消费理念和信息来源是正常现象也是无可奈何之举，虽然媒体有自己的行事方式，但应避免造成大众恐慌，影响社会安定和稳定。在事件的性质、危害和影响范围未查明核实的情况下，使用“剧毒”“致癌”和“致命”等字眼报道食品安全的问题是不合适的。舆情监督无疑对政府行政有很好的甚至是不可替代的帮助，及时沟通、通过正常途径反映问题，对问题的解决会达到更好的效果。

2. 行政伦理

据相关报道，早在 2004 年，国家卫生部门在食品卫生监督检查中发现，一些企业以皮革废料等为原料，使用石灰、盐酸、双氧水等工业原料生产食用明胶、水解蛋白（用作乳粉原料），其中含有多种有害残留物，食用后将会对人体健康造成危害。为加强食品卫生监管，2004 年 5 月 27 日，卫生部发布卫生部公告 2004 年第 10 号，明令禁止使用皮革废料、毛发等非食品原料生产食用明胶和水解蛋白；禁止以非食品原料生产的明胶、水解蛋白为原料生产加工乳制品、儿童食品和其他食品。

2009 年 3 月 6 日，国家食品药品监督管理总局印发了“全国打击违法添加非食用物质和滥用食品添加剂专项整治近期工作重点及要求（卫监督发［2009］21 号）”的通知（图 7-13）。其中，打击添加皮革水解物在乳及乳制品生产领域中是重中之重。

图 7－13　原国家食品药品监督管理局通知加强非法非食用物质整治

2010 年农业部乳业管理办

公室工作人员在接受采访时表示，“检测皮革水解蛋白是农业部门按照国际通行的惯例来操作的，近年来农业部门对这种物质每年都会检测，今年检测计划也只是一次例行检测。”2010年，农业部门尚未发现含有该物质的生鲜乳制品，媒体报道的“皮革奶”死灰复燃是失实报道。

该工作人员称，原农业部乳业管理办公室确实下发了《农业部关于开展2011年生鲜乳质量安全监测工作的通知》，皮革水解蛋白作为农业部门检测的项目之一，但这并不意味着国内出现了含有皮革水解蛋白的生鲜乳制品。

原农业部在官网上声明，2010年抽检生鲜乳样品7406批次，乳站4778个次，运输车2628台次，三聚氰胺全部符合临时管理限量规定，没有检出皮革水解蛋白等违禁添加物质，生鲜乳质量安全状况总体良好。

原农业部乳业管理办公室表示，在三聚氰胺事件后，国内生鲜乳制品安全状况进入了一个非常好的阶段，相关部门将通过例行监测、飞行抽检、隐患排查等方式，进一步强化生鲜乳质量安全监管，继续加大管理和查处力度，保证生鲜乳制品的安全性。如发现任何违法违规行为，将坚决打击，从重处罚，绝不姑息。

针对媒体报道的“皮革奶”问题，国家质量监督检验检疫总局新闻发言人李元平明确表示，质检总局要求各地质检部门结合日常监管和食品风险监测工作，加大执法检查力度，注意搜集有关线索，一旦发现企业有违法生产加工“皮革奶”的行为，一律严厉打击，严加惩处。国家质量监督检验检疫总局欢迎社会各界拨打12365投诉举报热线提供线索，或向当地质量技术监督部门直接举报。有关部门一直保持打击添加皮革水解蛋白等非食用物质违法行为的高压态势。

图7-14　原国务院食安委办公室负责人接受媒体采访

2011年5月5日，国务院食品安全委员会办公室主任张勇在接受采访时表示（图7-14），中国的食品安全状况“总体稳定向好，问题仍然不少”。张勇认为，目前最为突出的问题是非法添加非食用物质和滥用食品添加剂，三聚氰胺、瘦肉精、染色馒头等都是典型的非法添加案件。张勇表示，关于食品安全的报道很多，大致可分为两类。一些是客观反映存在的问题，如瘦肉精、染色馒头等；还有的则是夸大其辞或没有事实依据，如对圣元乳粉、皮革乳、牛肉膏等问题的报道，最后经核查属夸大或不实。这样的一些报道短时期内集中出现，容易产生放大效应，群众看了以后往往都会信以为真、焦虑担忧，也自然会有“还有什么敢吃”的想法。中国当前的食品安全总体上是有保障的，这样讲绝不是掩盖矛盾、粉饰太平。食品安全事件虽时有发生，但与庞大的食品及生产经营者规模相比，所占比例很小，食品安全形势总体稳定。对于为何媒体总是先于监管部门曝光食品安全问题，张勇说，很多案件是在监管部门查处并公布后，有关媒体再跟进报道的，像假薯粉、问题乳粉等案件。也有一些问题是在媒体先发现并报道后，监管部门组织开展了调查处理的。他不赞成在事件的性质、危害和影响范围尚未查明核实的情况下，媒体就将出现的食品安全问题冠以“致癌”“致命”和“剧毒”等字眼加以报道。

3. 工程伦理

从 2011 年 3 月 1 日起，国务院办公厅要求未重获生产许可证的企业必须停止生产。根据规定，乳制品生产企业必须配备相应检测设备，对包括三聚氰胺在内的食品添加剂等 64 项指标进行自检，这需要企业投入二三百万元购置设备，因此大约有两成的企业被迫退出市场。

皮革水解蛋白粉就是利用旧皮衣、皮鞋、手袋、沙发等废旧皮革制品或皮具厂的边角碎料或是动物的皮毛、脏器等，经水解，再加入双氧水漂白，然后将溶液冷却，就得到“皮革水解蛋白”，图 7-15 所示为“皮革水解蛋白”生产的漫画。如果采用的皮革原料未经鞣制、染色等加工处理，动物毛发等下脚来自无疾病动物且经过适当处理，从科学理性的角度来看，纯粹的皮革水解蛋白并没有危害。然而，实际情况是“皮革水解蛋白”多用皮革厂制作服装、皮鞋后的下脚料来生产，自然这种“蛋白粉”中混进了大量皮革鞣制、在染色过程中添加进来的重铬酸钾和重铬酸钠等有毒物质，如果长期食用含有“皮革水解蛋白粉”的食物，“铬”重金属离子便会被人体吸收、积累，导致人体中毒，使人关节疏松肿大，甚至造成儿童死亡。国家明令禁止将水解蛋白作为原料生产加工乳制品。

图 7－15　“皮革奶”的生产

皮革水解蛋白的检测难度比三聚氰胺更大，因为它本来就是一种蛋白质。农业部规定的检测方法，主要是检查牛乳中是否含有“羟脯氨酸”，这是动物胶原蛋白中的特有成分，在奶酪蛋白中则没有，所以一旦检出，则可认为产品含有皮革水解蛋白。

“三聚氰胺奶粉”事件后，有部分企业将水解蛋白用作替代添加物加入乳中以提高“蛋白质”的检测含量，从无机氮到有机氮而且就是蛋白氮，“技术”升级，运用科技造假，这是科技伦理沦丧的表现。牛乳中的蛋白质不是添加出来的，“皮革奶”大多出现在没有乳源或乳源质量较差的地方，如南方非重点乳产品生产区，这些地区对企业的监管不够重视，导致不法分子钻了空子。而北方产乳优势区，一是乳源好，二是监测比较全面。自从 2005 年媒体首次报出“皮革奶”事件后，乳品行业进行了大力整顿。国家对食品安全整治措施的力度又进一步加强，当地政府也应积极配合。安全无小事，应警钟长鸣，更不该有任何“非分之想”。

第六节　“地沟油”事件

一、事件回放

“地沟油”并非完全只指从地沟里捞上来的油，因为地沟是排放污物的，所以将“脏”的油通俗地称为“地沟油”，从这个意义上来看，“地沟油”可以分为三类：①狭义的“地沟油”指将下水道中的油类漂浮物或者将饭店的剩饭、剩菜等厨余废弃物（通称泔水）经过简单加工得到的油；②将劣质或存放过久的动物肉、内脏、皮以及屠宰场的动物废弃下脚料加工之后得到的油；③使用次数超过限定值的食品油炸加工用的油。

“地沟油”的加工过程包括：过滤、加热、洗涤、沉淀等，过程中使用工业洗涤剂和化学品，所以“地沟油”中含较高浓度的重金属和黄曲霉素及苯并芘等有毒有害物质，食用后严重损害人体健康。

2008年以后，江苏省淮安市裕丰饲料油脂有限公司购买了相关设备并招聘技术人员及生产工人，大量购进餐厨废弃油脂生产“地沟油”销往粮油和食品市场。查明该案共制售“地沟油”1000余t，案值近900万元。

2009年以后，山东济南发达油脂工业有限公司建立了2条生产线，大量购进餐厨废弃油脂等原料，以生产饲料油、油酸和硬脂酸等产品的名义生产“地沟油”，主要销往粮油经销企业。查明该案共制售“地沟油”1500余t，案值1300余万元。

2009年3月至2010年12月，山西省临汾添仓有限公司先后40余次从山东省济南市平阴县某油脂公司购进“地沟油”，掺入食用棉籽油后，以桶装和壶装等形式销往粮油市场。查明该案共销售“地沟油”400余t，案值320余万元。

2010年3月至2011年7月间，河南惠康油脂有限公司从山东济南格林生物有限公司购进“地沟油”，与食用植物油勾兑后销售。查明该案共制售“地沟油”近8000t，案值6400余万元。

2010年4月以后，四川眉山永健畜禽食品有限公司大量购进用餐厨废弃油脂加工成的“饲料混合油”，将食用油掺入到“饲料混合油”中，销售给餐饮企业、食品加工摊点。查明该案共制售“地沟油”2000余t，案值1700余万元。

2010年7月以后，吉林省长春超越饲料油脂厂大量收购火锅油等餐厨废弃油脂生产“地沟油”，销往粮油市场。查明该案共制售“地沟油”180余t，案值150余万元。

2011年3月起，重庆市九龙坡区走马镇灯塔村一组，一个叫“马厂”的废弃的养猪场里，几个陌生男子频繁出入，搬来锅炉、砌起灶台，每天烧煮从村外拉回的泔水。走马镇派出所民警获悉后，于4月20日，在养猪场内抓获6人。经重庆警方调查，这些从潲水烧煮提取的“地沟油”，经重庆、四川等食用油生产企业，掺入正品食用油后，再流入油脂批发市场，最后流上餐桌。公安部将“地沟油”案件列为“4·20”项目挂牌督办，警方侦破西南地区最大规模制售“地沟油”案，揭开了当地“地沟油”的黑色产业链。查实涉案“地沟油”2000余t，案值1700余万元，抓获涉案人员84人。

2011年3月，浙江省宁波市宁海县公安局在“大走访”开门评警活动中接到群众举报，有一伙人在各饭店高价收集餐厨废弃油脂，疑为炼制生产食用油所用。浙江省公安厅立即组织专门力量，先后5次赴山东、河南等地进行深入侦查，初步查明具有重大犯罪嫌疑。

2011年6月以后，江西省南昌环宇生物柴油公司大量收购餐厨废弃油脂生产“饲料混合油”，销往广东省东莞市胜辉饲料制品经营部。胜辉饲料制品经营部再加工后，假冒食用油销给东莞市中天食品公司和粮油批发市场经营户等。查明该案共制售“地沟油”1600余t，案值1300余万元。

2011年9月13日，公安部发布消息，统一指挥浙江、山东和河南等地公安机关，从

7 月起，全环节破获了利用“地沟油”制售食用油的特大系列案件，摧毁了涉及 14 个省的“地沟油”犯罪网络，捣毁山东省的济南格林生物能源有限公司和河南省的郑州宏大粮油商行等利用“地沟油”生产和销售食用油黑窝点 6 个，抓获主要犯罪嫌疑人 32 名。

2011 年 10 月，浙江省金华市婺城区城乡接合部苏梦乡的村民经常闻到一个院子散发出恶臭味。警方调查发现金华市院子门口堆放了大量空油桶，地上油迹斑斑，难闻的味道很像是熬制泔水加工“地沟油”的味道，现场没有泔水，只有成堆的油脂块。在随后的调查中，警方发现，生产“地沟油”的窝点不止一家，还有一些分布于当地的个体熬油户内。经过近 5 个月的侦查，警方查明这些新型“地沟油”被一个名叫李卫坚的人收购，其中很大一部分被销售到了安徽、上海、江苏和重庆等地的油脂公司，并最终制成食品和火锅底料等。2012 年 3 月 21 日，浙江、安徽、上海、江苏、重庆和山东六省市公安机关在公安部现场统一指挥下集中对浙江金华特大新型“地沟油”专案实施收网行动。此次行动从上游收购加工到下游销售全环节摧毁了特大新型跨省“地沟油”犯罪网络，捣毁了炼制新型“地沟油”的工厂、黑窝点 13 处，抓获犯罪嫌疑人 100 余人、现场查获新型“地沟油”成品、半成品及油渣 3200 余 t。

台湾地区警方 2014 年 9 月 4 日通报，查获 1 起以“馊水油”（即地沟油）等回收废油混制食用油案件。经查发现涉案嫌疑人郭烈成经营的地下油厂，用回收的潲水油和皮脂油等混制食用油（即地沟油），台湾地区强冠企业股份有限公司则以低于市价的价格购进并制成“全统香猪油”上市贩卖。经台湾地区食品药品监管机构查明，强冠公司 2014 年 2 月至 8 月间共出产劣质猪油 782t。2013 年 10 月，顶新集团旗下的顶新制油公司被查出向大统长基食品公司购买了含铜叶绿素的食用油品。2014 年 9 月，顶新集团旗下味全公司因为向强冠公司采购劣质地沟油，导致了该公司包括味全肉酱和味小宝肉松等 12 款产品在台湾地区下架。从 2013 年底到 2014 年，顶新集团 3 次被卷入劣质油品事件，一连串的事件让顶新集团声名扫地，并受到了来自台湾地区的多方抵制，同时连累了顶新集团旗下“康师傅”和“味全”等业务。

2014 年 9 月 14 日下午，“康师傅”发布公告，确认该公司部分产品使用了地沟油作为原料，但在大陆制造和销售的产品并没有卷入台湾地区地沟油事件。

二、事件的影响

2014 年康师傅控股有限公司财务报告显示，总营业收入为 102.38 亿美元，同比下滑 6.43%；净利润 4 亿美元，同比下滑 1.97%。其中，方便面业务销售额 41.38 亿美元，较 2013 年同期下跌 4.49%，净利润 3.6 亿美元；饮料业务销售额为 58.01 亿美元，同比下滑 7.46%，净利润为 7195.6 万美元；方便食品销售额 1.79 亿美元，同比下滑 11.88%，净利润亏损 1744.9 万美元。尽管“康师傅”的体量在行业内依然居于领先地位，但旗下方便面、方便食品和饮料销售额都出现了较大幅度下滑。

“馊水油事件”爆发一个月后，顶新集团旗下企业以饲料油混合制备食用油事件又被曝光，再加上 2013 年 11 月在台湾地区曝出的橄榄油掺铜叶绿素事件，这家旗下拥有“康师傅”和“味全”等品牌的知名企业，1 年竟连曝 3 起食品安全事件。随后，顶新宣布全面退出台湾油品市场。

据台湾地区东森电视台当时的报道，包括澎湖、金门在内的全台 22 个县市政府通令所属机关学校停用并抵制顶新所有产品。宜兰县县长呼吁县民不买、不吃、不用顶新产品，台北市市长更明确宣称，“要罚到倒闭”，而且“对主要的负责人更应该要处以刑责”。

台湾地区“行政院长”2014 年 9 月 14 日在“立法院”答询时表示，已交代“法务部”采取必要措施，在合法情况下扣押或冻结顶新和魏家的资产，以防顶新脱产影响消费者求偿。

三、伦理分析

“地沟油”问题表现在两方面：一是使用，二是处理。食品生产企业和餐饮服务企业都面临大量使用合格油和产生废弃油的问题，企业的逐利行为是正常的经济行为，合格材料的使用和废弃物的合理处理要求企业合法按章办事。不采购、不使用不合格油脂，坚决杜绝“地沟油”流入食品和餐饮行业是基本要求，建立和健全食品原料进货查验记录和索票索证制度是基本做法，从源头上根除食用油脂的安全隐患、规范食品生产和食材烹饪加工过程中的油脂使用和废弃油脂管理需要高度的自觉，严格执行将废弃油脂、泔水交给具有资质的合法加工单位的规定也只是最基本的要求和做法。

“地沟油”利用的参考做法：

1. 日本专业回收做燃料

日本的“地沟油”由专业公司负责处理，政府高价将其进行回收，回收后的废油中立即加入完全无法食用的蓖麻油以防止被重新食用，将回收的“地沟油”加工成可供垃圾车使用的生物柴油。另外，高昂的法律严惩代价使得违法犯罪者不敢妄动，社会舆论监督对食品卫生和安全也是非常严苛的，一旦肇事企业曝光，其结果通常是企业除了受罚外还会因为失去顾客而倒闭。

2. 美国分部收集集中处理

美国的厨余垃圾先被简单分步选出，将肉渣、菜叶之类不太油腻的食物，通过餐馆和家庭厨房在洗碗槽下方安装的“厨房废物粉碎机”直接打碎后从下水道排出；那些因油含量高的食物不能被放入粉碎机的，则被专门收集起来，倒入专用垃圾桶里，由专门的公司回收。专业公司必须取得卫生和环保部门颁发的经营许可证，并拥有专业的运输、回收及加工设备，才能定期从餐馆和居民区回收废油。餐馆如果私自将废油卖给不具备资格的机构或个人，一旦被发现，将被停业处理。

3. 德国给每桶泔水配身份证

德国是世界上环境保护工作做得最好的少数几个国家之一，“地沟油”回收利用率达到 100%。德国的每一桶泔水都配有“身份证”，从产出、回收到利用都有严格的记录，完全可以追溯。任何一个环节出问题，很快就能被查明。德国在 20 世纪 70 年代也出现过不法商贩把“地沟油”再加工后悄悄卖给餐馆二次使用的事件。此后，德国政府及时推出泔水回收的法律，对其进行跟踪监督，效果明显。在德国，餐馆要与政府签订“泔水回收合同”，合同详细规定泔水回收的企业名称、回收时间、回收后的加工企业名称等。同时，餐馆开业前，必须购置油水分离的设备。分离出来的油由取得政府许可的公司统一回收，这些公司许多都是规模很大的上市企业。利用其先进的化工技术，德国企业除了将回收的废油制成生物柴油外，还从中提炼出有用的成分用于生产化学品和有机肥料等。

4. 英国专设废油垃圾桶

英国对于餐饮行业废油的处理是将废油倒入政府免费发放的容器中，由政府认可的公司负责收集，最终将这些油加工成可利用的生物柴油等产品。无论数量多少，都不允许将餐厨废油、油脂和脂肪倒入水槽，否则将被处以高额罚款。英国大部分住宅集中区都设有一个蓝色的大型废油收集桶，周边生活区的居民都可以将使用过的废油收集起来，统一倒在桶里。桶内可存放 1000L 油。在油桶上方，安装有一个过滤网，用于过滤食物残渣。

5. 新西兰所有泔水先粉碎

因为泔水中的油脂会阻塞管道、污染水源、破坏生态环境，所以新西兰政府规定，烹调废油不允许倒入水槽或厕所，无论数量多少，无论是在餐厅还是居民家里。新西兰餐馆的厨房里都安装有食物垃圾处理机以及油脂分离装置，居民家庭厨房里也都有安装于厨房水槽下的食物垃圾处理机，与排水管相连。每几户人家房子下面有一个简易的油脂过滤装置，分离烹调以后的废油脂。废油回收公司用移动的专业过滤设备，上门为餐馆或家庭进行食用油过滤并清洗油桶。

四、行政措施

（一）国家层面

针对“地沟油”违法犯罪活动突出的情况，公安部部署全国公安机关在“打四黑除四害”专项行动中，开展打击“地沟油”犯罪破案会战，要求各地公安机关会同有关部门立足辖区，全面排查，及时发现违法犯罪，坚决打掉利用“地沟油”炼制有毒有害食用油的黑作坊、黑工厂和黑窝点。保护和支持依法依规循环利用餐厨废弃油脂者。

2010 年 3 月 18 日，原国家食品药品监督管理局办公室发布的《关于严防“地沟油”流入餐饮服务环节的紧急通知》（食药监办食〔2010〕25 号）（图 7-16）指出：为严防“地沟油”流入餐饮服务环节，切实保护消费者饮食安全，请迅速组织对餐饮服务单位采购和使用食用油脂情况进行监督检查，严查餐饮服务单位进货查验记录及索证索票制度的落实情况。同时，要高度重视群众投诉举报，及时对举报线索进行核实，如发现餐饮服务单位采购的食用油脂来源不明，或者采购和使用“地沟油”的，应监督餐饮服务单位立即停止使用并销毁，同时依法严肃查处，情节严重的，吊销许可证。

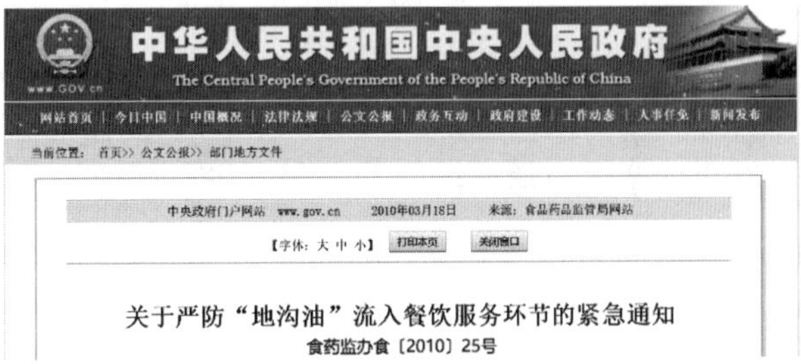

图 7-16　原国家食品药品监督管理局发布关于严防“地沟油”流入餐饮服务环节的紧急通知

原卫生部颁布于 2010 年 5 月 1 日起正式实施的《餐饮服务许可管理办法》和《餐饮服务食品安全监督管理办法》，用回收食品作为原料制作加工食品的最高可处 10 万元罚款。依照《餐饮服务食品安全监督管理办法》规定，用回收食品作为原料，或者用非食品原料制作加工食品，或者添加食品添加剂以外的化学物质以及其他可能危害人体健康的物质制作加工食品的，主管部门将没收生产经营者的违法所得及违法生产经营的食品、工具等。

2010 年 5 月 4 日，国家发展和改革委员会、住房和城乡建设部、环境保护部、农业部发布《关于组织开展城市餐厨废弃物资源化利用和无害化处理试点工作的通知》（发改办环资［2010］1020 号）（以下简称《通知》），决定组织开展城市餐厨废弃物资源化利用和无害化处理试点工作（图 7-17）。《通知》指出：我国饮食服务、单位食堂以及家庭等每天都产生大量餐厨废弃物。餐厨废弃物具有明显的资源特性和污染物特性，通过建立完善的回收运输、集中处理等方面的管理制度和激励机制，对其进行资源化利用，生产沼气、工业油脂、生物柴油和肥料等产品，可从源头上治理用“地沟油”加工食用油的非法行为，避免将餐厨废弃物直接作为饲料使其进入食物链，正确的回收途径可有效解决餐厨废弃物直接排入下水道或通过城市生活垃圾收运处理系统进行填埋或焚烧造成资源浪费和环境污染的问题。推动餐厨废弃物资源化利用，变废为宝，化害为利，不仅是发展循环经济的重要内容，也是解决餐厨废弃物引发食品安全问题的根本性措施。《通知》提出，要选择部分具备开展餐厨废弃物资源化利用和无害化处理条件在设区的城市或直辖市市辖区进行试点。探索适合我国国情的餐厨废弃物资源化利用和无害化处理技术的工艺路线；形成合理的餐厨废弃物资源化利用和无害化处理的产业链，提高餐厨废弃物资源化和无害化水平。

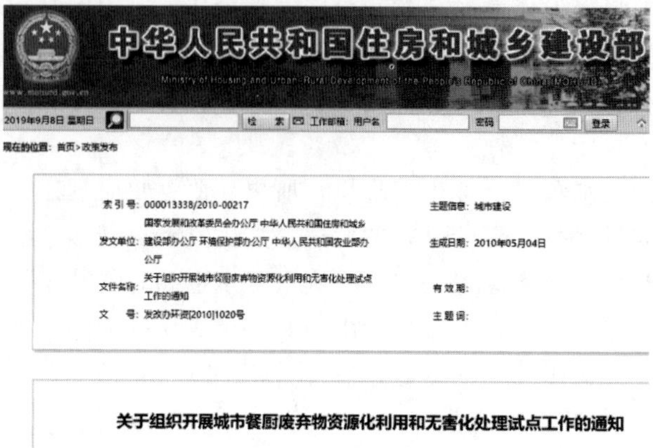

图 7-17　四部委发布无害化出来餐厨废弃物工作的通知

2010 年 7 月 13 日，国务院办公厅发布《关于加强“地沟油”整治和餐厨废弃物管理的意见》（国办发〔2010〕36 号）专项部署“地沟油”和餐厨废弃物整治与管理工作题（图 7-18）。经国务院同意，国务院办公厅就加强“地沟油”整治和餐厨废弃物管理工作提出了 5 条意见。

图 7-18　国务院办公厅发布《关于加强“地沟油”整治和餐厨废弃物管理工作》

1. 开展“地沟油”专项整治

（1）严厉打击非法生产销售“地沟油”的行为。以集贸市场、批发市场等场所为重点，严肃查处经营假冒伪劣和来源不明食用油的行为。

（2）严防“地沟油”流入食品生产经营单位。以集体食堂为主要对象，加强对食用油购货记录和票证检查，依法查处从非法管道购进食用油和使用“地沟油”加工食品的行为。对使用“地沟油”的食品生产经营单位依法责令停产停业整顿，甚至吊销许可证；涉嫌犯罪的依法移送司法机关，追究其刑事责任。

2. 加强餐厨废弃物管理

（1）规范餐厨废弃物处置　各地要制定和完善餐厨废弃物管理办法，要求餐厨废弃物产生单位建立餐厨废弃物处置管理制度，将餐厨废弃物分类放置，做到日产日清；以集体食堂和大中型餐饮单位为重点，推行安装油水隔离池、油水分离器等设施；严禁乱倒乱堆餐厨废弃物，禁止将餐厨废弃物直接排入公共水域或倒入公共厕所和生活垃圾收集设施中；禁止将餐厨废弃物交给未经相关部门许可或备案的餐厨废弃物收运、处置单位或个人处理。不得使用未经无害化处理的餐厨废弃物喂养畜禽。

（2）加强餐厨废弃物收运管理　餐厨废弃物收运单位应当具备相应资格并获得相关许可或备案。餐厨废弃物应当实行密闭化运输，运输设备和容器应当具有餐厨废弃物标识，整洁完好，运输中不得泄漏、撒落。

（3）建立餐厨废弃物管理台账制度　餐厨废弃物产生、收运、处置单位要建立台账，详细记录餐厨废弃物的种类、数量、去向、用途等情况，定期向监管部门报告。各地要创造条件建立餐厨废弃物产生、收运、处置通用的信息平台，对餐厨废弃物管理各环节进行有效监控。

（4）严肃查处有关违法违规行为　加大查处和收缴非法收运餐厨废弃物运输工具的力度，严厉打击非法收运餐厨废弃物的行为；对违法销售或处置餐厨废弃物的餐饮服务单位要依法予以处罚；对机关和企事业单位、学校、医院等内部集体食堂（餐厅）不按照规定处置餐厨废弃物的，除进行处罚外，还要追究食堂（餐厅）所属单位负责人的责任。

3. 推进餐厨废弃物资源化利用和无害化处理

要通过开展试点，探索适宜的餐厨废弃物资源化利用和无害化处理技术工艺路线及管理模式，提高餐厨废弃物资源化利用和无害化处理水平。发展改革委、住房城乡建设部、财政部要会同工业和信息化部、环境保护部、农业部、商务部等部门尽快确定餐厨废弃物资源化利用和无害化处理试点城市，制定试点管理办法，对试点工作及早作出安排；要加强对试点城市的指导，及时总结试点经验，在全国示范推广。要研究完善相关政策和措施，支持餐厨废弃物资源化利用和无害化处理项目建设，积极扶持相关企业发展，引导社会力量参与餐厨废弃物资源化利用和无害化处理。做好技术研发、资源化产品安全性评估等工作，加快建立相应的政策、法规、标准和监管体系，促进餐厨废弃物资源化利用和无害化处理产业发展。各试点城市要高度重视，加强领导，制定切实可行办法，完善相关配套政策措施，认真做好试点工作。其他地区也应结合本地实际，借鉴相关经验，积极推进餐厨废弃物资源化利用和无害化处理工作。

4. 明确分工、 落实责任

（1）强化食品生产经营单位的主体责任　食品生产经营单位要强化食品安全责任主体意识，坚持诚信守法经营，切实履行社会责任。要严格执行生产卫生标准和操作规范，建立健全并严格落实进货查验、索证索票和全程追溯制度，加强对食品原料的检验检测，发现问题立即处理并向监管部门报告。

（2）建立市（县）长负责制　城市是餐厨废弃物的主要产生地，城市周边地区是餐厨废弃物收运和“地沟油”提炼的主要集散地。加强餐厨废弃物管理是城市综合管理和公共服务的重要组成部分。各地区特别是各城市要建立“地沟油”整治和餐厨废弃物管理工作市（县）长负责制，加强统一领导和组织协调，结合实际进一步制定具体整治方案，明确工作目标和任务分工，及时研究、协调解决工作中遇到的问题和困难，统筹抓好各项措施落实。各省（自治区、市）人民政府要加强对本地区“地沟油”整治和餐厨废弃物管理工作的督促指导工作。

(3) 落实部门监管责任　各有关部门要按照部门职责和食品安全整顿任务分工，认真安排和做好有关工作。商务部门要加强对餐饮业行业的管理，引导餐饮企业诚信经营。质检部门要加强对食品生产加工环节的监管，严厉打击食品生产单位使用“地沟油”加工食品的违法行为。工商部门要加强对流通环节经营食用油的监督，严厉打击经营“地沟油”和非正规来源食用油的行为。食品药品监管部门要加强对餐饮服务单位的监管，监督餐饮服务单位建立并执行食品原料采购查验和索证索票制度，严厉打击购买、使用“地沟油”和非正规来源食用油的行为。卫生部门要会同有关部门加强对食用油的风险监测，完善相关检测方法。

(4) 建立健全全程监管和执法联动机制　各地区、各有关部门要加强协调配合，建立健全监管信息交流和回馈机制、监管执法联动机制和监督检查机制，及时通报情况，形成联动打击合力，实现对“地沟油”和餐厨废弃物的全程监管，确保不留隐患和死角。

5. 加强监督检查和宣传教育

(1) 认真组织督导检查　各地区、各有关部门要对“地沟油”整治和餐厨废弃物管理工作目标任务完成情况，逐级开展督导检查。对工作扎实、效果显著的，要给予鼓励表扬。对问题突出且长期得不到解决的，要通报批评、督促整改，并追究有关负责人的责任。要将“地沟油”整治和餐厨废弃物管理内容，作为创建卫生城市、文明城市等评选活动的重要指标。2010 年 9 月至 10 月，国务院食品安全委员会将结合督导检查食品安全整顿工作，对各地开展“地沟油”整治情况进行督导检查。

(2) 充分发挥社会和舆论监督作用　各地要建立有奖举报制度，支持鼓励群众积极参与到“地沟油”整治和餐厨废弃物管理工作中。要定期向社会公布在“地沟油”和餐厨废弃物管理方面出现问题的企业和单位，并纳入企业诚信记录。要支持新闻媒体及时报道有关工作措施、进展和成效，对违法使用“地沟油”的餐饮企业和非法制售窝点予以曝光。

(3) 大力开展宣传教育活动　要采取多种形式，广泛开展宣传教育，大力普及食用油等方面的食品安全常识和相关法律知识，引导群众科学消费，提高群众的健康意识、食品安全意识和环保意识。强化企业诚信和行业自律教育，加强从业人员培训，提高食品生产经营单位的法律意识和食品安全意识，形成保障食品安全的良好社会环境。

图 7-19　三部委确定餐厨废弃物资源化利用试点布

2011 年 8 月 2 日国家发展改革委员会、财政部、住房和城乡建设部联合印发了《关于同意北京市朝阳区等 33 个城市（区）餐厨废弃物资源化利用和无害化处理试点实施方案并确定为试点城市（区）的通知》（图 7-19），之后到 2015 年在全国共确定了五批餐厨废弃物资源化利用和无害化处理试点城市。截至 2019 年，对相关城市进行了验收，有些通过，有些主动申请撤销，也有未通过验收而被撤销的（图 7-20）。

图 7-20　第五批餐厨废弃物试点城市名单公示通告

（二）地方层面

各地方也相应制定法律和政策措施，采取行动，加强对废弃食用油的管理。

2009 年 11 月 26 日福建省人大常委会通过了《福建省固体废物污染环境防治若干规定》，以地方立法形式，要求从事收集、运输、处置废弃食用油脂经营活动的单位，应当为符合一定条件的企业法人，并依法申请经营许可证。产生废弃食用油脂的单位，应当将其提供给经依法许可的单位。不管是产生还是收集、运输、处置“地沟油”的单位，都应当建设、安装和使用符合环保要求的污染防治设施，并建立台账，记录每批“地沟油”的产生和处理情况，保存备查。

2010 年 3 月 25 日，重庆市商业委员会于 3 月 25 日印发了《关于引导餐饮企业杜绝使用“地沟油”的通知》，要求全市餐饮企业必须建立完善油脂购销登记台账，来路不明的食用油一经查实，将予以罚没，并向媒体曝光。顾客在餐馆用餐，可要求查看店家的油品购销台账。餐馆若不能向顾客提供台账记录，又不能证明自己用的不是“地沟油”，顾客可以拒绝买单，并向商贸主管部门投诉。市餐饮商会、市饮食行业协会、市火锅协会、市农家乐协会联合倡议，杜绝使用“地沟油”，在经营中，建立合法的食品、油脂采购管道，杜绝废弃食用油脂流入不法商贩手中。2011 年 12 月 12 日，重庆市公安局有关负责人表示，在公安部组织开展的“打四黑除四害”专项行动中，重庆警方查获了一批涉“地沟油”案件，极大地震慑了违法犯罪分子。这些战果对于净化食用油市场和维护群众食用油安全起到积极作用，再未接到相关“地沟油”的举报。

2010 年 3 月 26 日，内蒙古自治区卫生厅转发了国家食品药品监督管理局《关于严防“地沟油”流入餐饮服务环节的紧急通知》，要求内蒙古各地严防“地沟油”流入餐饮服务环节，确保饮食安全。各地要立即组织对辖区内的餐饮服务单位的采购、使用食用油脂情况进行监督检查。采购和使用“地沟油”的，应监督餐饮服务单位立即停止使用并销毁，同时依法严肃查处；情节严重的，吊销许可证。

2010 年 3 月 26 日，甘肃省卫生厅和甘肃省食品药品监督管理局联合下发《关于严防“地沟油”和不合格一次性筷子流入餐饮服务环节的紧急通知》。要求全省各级卫生部门和食品药品监督部门开展对辖区餐饮服务单位采购和使用食用油脂的进货查验记录及索证索票制度落实情况、废弃油脂管理情况，以及采购和使用一次性筷子情况进行监督检查，对餐饮单位使用的一次性筷子和食用油脂开展监督性抽检。《通知》要求各级餐饮服务监管部门在加大监督检查的同时，要高度重视群众投诉举报的信息，及时核实举报信息。如发现餐饮服务单位采购和使用的食用油脂来源不明、或采购和使用“地沟油”，以及一次性筷子存在影响食品安全的情况，应监督餐饮单位立即停止使用并销毁。

2010 年 3 月 31 日，江苏省扬州市市长召集卫生、工商、环保和商务等职能部门负责人，专题研究和部署了加强废弃食用油脂管理的工作，讨论通过了《关于进一步加强废弃食用油脂管理工作的通知》，并采取四大措施贯彻落实相关工作。一是加强日常监管。把与“地沟油”等废弃食用油脂的收集、加工、熬制、销售相关的企业和经营者，纳入监管范围。二是严格市场主体准入资格。重点加强食用油销售商的监管，确保销售的食用油“来有源头，去有踪迹”。三是积极参与市有关部门统一组织的专项整治行动。四是开展无证无照餐饮小吃店查处工作，缩减废弃食用油脂需求市场。餐饮单位餐桌上的垃圾以及地沟中难以处理的废物，每天交给环卫处送往垃圾处理处。餐饮单位的“地沟油”等废弃食用油脂由废弃食用油脂处理企业进行处理，由环卫处监督。废弃食用油脂不能直接排入下水道。

云南省昆明市卫生执法监督局连日对2240家餐饮单位、学校食堂、机关单位食堂的用油情况进行检查，没有发现使用“地沟油”的现象。检查结果显示，这些餐饮单位使用的食用油都建立了食用油原辅料索证及进货台账登记制度，食用油来源清晰，未查到餐饮单位购进和使用“地沟油”的情况；餐饮服务单位的废弃食用油脂，能够按照环保部门的要求，通过油水分隔设施，并能出示废弃油脂收购企业的收购合同。

从2010年3月底开始到4月中旬，福建省漳州市卫生局在全市范围内开展严防“地沟油”、不合格一次性筷子流入餐饮服务环节的专项监督检查工作。此次检查工作主要针对各类餐饮服务单位特别是重要庆祝场所、旅游景区、车站、各类食堂及火锅店、小饮食店和加工油条的小餐饮店，重点对餐饮服务单位采购和使用食用油、一次性筷子情况进行监督检查，严查进货查验记录及索证索票制度的落实情况，对一次性筷子的微生物和二氧化硫指标进行抽检，保证食用油来源的合法性和质量的可追溯性。相关部门将对城乡结合部、街头麻辣烫、小餐饮以及新开业的大排档等增加监管频次，严肃查处不法行为。卫生部门也呼吁广大群众如发现餐饮服务单位采购和使用来源不明的食用油或“地沟油”、影响食品安全的一次性筷子，及时举报。

2010年4月1日下午，上海市人大常委会召开“本市食用油监管情况专题座谈会”，力求解开“‘地沟油’之困”。

2010年4月1日，陕西省西安市食品药品监督管理局食品稽查分局组织餐饮企业集体签订了食品安全承诺书，杜绝“地沟油”等不合格油脂流向餐桌。这些单位集体向公众承诺：不采购、不使用不合格油脂，坚决杜绝“地沟油”流入餐饮业；建立和健全食品原料进货查验记录和索票索证制度，从源头上根除食用油脂的安全隐患；规范废弃油脂管理，严格执行将废弃油脂和泔水交给合法的收购加工单位的规定。

2010年4月4日，江苏省工商联餐饮业商会会长扩大会议在镇江召开，会上发表了旨在“捍卫餐饮尊严、杜绝‘地沟油’”的《镇江宣言》。

江苏省南京市启动泔水环保处理试点工作，将泔水转化成生物饲料、肥料，用于生态农业种植和养殖。将景区的餐饮企业纳入试点期泔水收集范围，泔水被收集后，由配备专用设备和车辆的专业人员和队伍运到试点站进行环保处理，私拉偷运泔水将会受到相应处罚。

吉林省长春市卫生监督机构对全市餐饮服务单位“地沟油”以及废弃油脂使用收集、流向情况开展专项监督检查，重点查处火锅店使用“地沟油”的情况。市民在发现餐饮服务单位采购和使用“地沟油”或采购的食用油脂来源不明等现象时，可拨打投诉举报电话。

湖北省武汉市2010年出台了《武汉市餐厨垃圾管理办法》，以防止“地沟油”重回餐桌。按照该办法，武汉市城管局负责餐厨垃圾的管理，兴建餐厨垃圾集中处理厂和设施，由具有资质的公司专门经营，对包括“地沟油”在内的餐厨垃圾统一回收、集中处理，由政府监督，确保所提炼的油脂用作工业油脂原料。不允许散捞“地沟油”的现象存在。

内蒙古自治区包头市卫生局要求餐饮监管部门严防“地沟油”和不合格一次性筷子流入餐饮服务环节，并将此项工作作为餐饮服务食品安全整顿工作的重点。将餐饮单位集中的重点区域和中小餐饮单位作为检查重点，切断“地沟油”和不合格一次性筷子进入餐饮服务环节的途径，依法严厉查处在餐饮服务环节中违法使用“地沟油”和不合格一次性筷子的单位及相关责任人员。

2010年4月15日，安徽省合肥市食品安全委员会印发《关于开展“地沟油”专项整治方案》，部署了全市打击违法加工、销售、使用“地沟油”的专项整治行动。坚决取缔无证照生产、经营食用油单位。集中整治食用油生产加工点和小作坊。加强食用油流通环节的整治力度，实现食用油安全的可追溯性。

北京市严查餐饮服务单位食用油、一次性筷子和塑料一次性餐具进货管道，重点检查位于城乡接合部的中小型餐饮服务单位、工地食堂。接受市民投诉举报，如发现餐饮服务单位使用“地沟油”，或者采购的食用油脂来源不明，将监督餐饮服务单位立即停止使用并销毁这些食品及用品，情节严重的，吊销许可证。

湖南省长沙市拟通过立法，出台《长沙市餐厨垃圾管理办法》，餐厨垃圾将按照减量化、资源化、无害化原则，实行统一收运、集中定点处置。

宁夏回族自治区银川市2家企业对银川市的部分餐厨垃圾和“地沟油”进行回收利用，将垃圾变身成生物饲料、建筑材料和新能源。

可以看出，无论是国家还是地方，对于“地沟油”事件的处置和预防都采取了切实可行的措施，警示拟犯错者，稳定消费者，总的效果还是很好的，政府做了政府该做的，这是政府行政作为的表现。

从政商伦理的维度来看，政府的管理是宏观的，具体的事务还需相关企业和当事方完成，积极响应政府号召，妥善处理企业出现的问题是企业的社会责任。“地沟油”不仅涉及食品安全，还关系到环境保护，政府、企业、公众都有义务认真对待，各尽其力，各司其职。

第七节　“瘦肉精”事件

一、事件回放

2011年3月15日中央电视台《每周质量报告》播出了3.15特别节目《“健美猪”真相》，报道称，河南孟州等地采用违禁动物用药“瘦肉精”饲养的有毒猪，流入了双汇集团下属的济源双汇食品有限公司。“双汇”宣称“十八道检验、十八个放心”，但猪肉不检测“瘦肉精”。该公司采购部业务主管承认，他们厂的确在收购添加“瘦肉精”养殖的所谓“加精”猪。遭曝光后，因流入含有“瘦肉精”生猪的济源双汇食品有限公司经被停产整顿，紧急召回涉案的肉制品和冷鲜肉，全部损失超过100亿元，甚至可能接近200亿元。相关涉案人员也受到了法律的制裁。“瘦肉精”属于肾上腺类神经兴奋剂。把“瘦肉精”添加到饲料中，可以增加动物的瘦肉量。

“瘦肉精”食用后直接危害人体健康。瘦肉精的主要添加成分为盐酸克伦特罗属于非蛋白质激素，耐热，使用后会在猪体组织中形成残留，尤其是在猪的肝脏等内脏器官中残留量较高，人食用后会出现肌肉震颤、心慌、战栗、头疼、恶心、呕吐等症状，对高血压、心脏病、甲亢和前列腺肥大等疾病患者危害更大，严重的可导致死亡。

自2011年3月15日“瘦肉精”事件曝光至23日18时，河南全省共排查50头以上规模养殖场近6万个，确认“瘦肉精”呈阳性的生猪126头，涉及60多个养殖场；排查50头以下散养户7万多个，确认“瘦肉精”呈阳性生猪8头；同时还查获含“瘦肉精”饲料若干批次。

2011年3月25日从“瘦肉精”事件国务院联合工作组获悉，河南“瘦肉精”事件所涉案件调查取得重要突破，截至目前，肇事“瘦肉精”来源基本查明，并已发现3个“瘦肉精”制造窝点。联合工作组还通报，截至2011年3月24日，“瘦肉精”事件中被河南省有关部门控制、刑事拘留、立案侦查的人员68人，其中“瘦肉精”销售人员26人，使用养殖户33人，生猪经纪人7人，企业采购人员2人，并对43名公职人员进行了调查取证。相关人员表示，目前，河南全省的“瘦肉精”抽检排查工作已基本结束，未来国务院食品安全委员会办公室还将就“瘦肉精”问题开展全国性的专项打击活动，确保食品安全。

二、事件的影响

双汇集团是以肉类加工为主的大型食品集团，总部位于河南省漯河市，是中国最大的肉类加工基地，在2011年中国企业500强排序中列166位。1994年8月，由1958年7月成立的漯河市冷冻仓库组建成立了双汇集团；1997年7月该集团通过ISO 9002质量体系认证；1998年12月“双汇实业”5000万A股股票在深交所成功上市；1999年12月“双汇”商标被认定为“中国驰名商标”，并被列为国务院512家重点企业。双汇集团的企业理念是“诚信立企，德行天下”，要将双汇打造成为中国最大、世界领先的肉类供货商。2011年3月份被曝光销售含有瘦肉精的产品，此时双汇的广告语“十八道检验，十八个放心”像一把匕首插向消费者的内心，消费者十几年的信任顷刻之间受到严重打击（媒体语）。

事件曝光后，各地超市的双汇产品纷纷下架，并立刻引起农业部、商务部等国家部委的高度重视。2011年3月25日，相关记者从“瘦肉精”事件国务院联合工作组获悉，河南“瘦肉精”事件所涉案件调查取得重要突破，涉事“瘦肉精”来源基本查明，发现并捣毁了“瘦肉精”的制造窝点。有关部门已对涉嫌生产、销售和使用“瘦肉精”的违法犯罪嫌疑人采取了强制措施，同时河南省有多名公职人员在此事件过程中涉嫌渎职犯罪，被立案侦查。据媒体报道，双汇集团在此次事件中损失惨重，销售额锐减，股票大跌。与此同时，各级政府和相关部门以及双汇集团根据相关法律法规的规定，陆续进行了瘦肉精专项整治工作，以切实保障人民群众的食品安全和生命安全。

三、伦理分析

1. 行政伦理

事件曝光的第二天即2011年3月16日，双汇集团承认了使用瘦肉精猪肉的事实，并向公众发表致歉声明。3月17日，双汇集团称济源双汇的高管已被免职，涉及的产品也被收回。与此同时，由于双汇集团是国家512家重点企业之一，该事件引起了国务院的重视，农业部、商务部、公安部等部委各自成立工作小组到河南调查此事。3月20日，国务院食品安全委员会会同多个部委又成立了联合调查组进驻河南，彻查“瘦肉精”事件。国务院联合工作组组长、国务院食品安全委员会办公室副主任刘佩智向河南提出了四条反馈整改意见：第一，依法从快从严惩处犯罪分子；第二，严肃追究失职渎职人员责任；第三，加快建立全程监管机制，严防此类事件再次发生；第四，加强监管能力建设。同时河南省的相关部门也在此时迅速查封了曝光的问题养殖场，并对涉事的养殖场主、生猪经纪人、企业采购人员和公职人员采取了控制措施，对于构成违法的当事人予以立案侦察。而查人、查猪、查药并举的全省多轮拉网式“瘦肉精”排查也随即展开。

山东省是我国生猪养殖大省。按照农业部的要求，山东省畜牧兽医局起草了《告广大养殖场户严禁使用“瘦肉精”书》，并要求2011年3月27日之前张贴到全省各乡镇、各村民小组和所有的生猪、肉牛、肉羊养殖场（户）。《告广大养殖场户严禁使用“瘦肉精”书》说，国家有关部门对“瘦肉精”等有毒、有害的非食品原料的生产、销售和使用有着严格的规定。非法生产、销售、使用“瘦肉精”的人员，根据《中华人民共和国刑法》第一百四十四条规定，处五年以下有期徒刑或者拘役，并处或者单处销售金额百分之五十以上二倍以下罚金；造成严重食物中毒事故或者其他严重食源性疾患，对人体健康造成严重危害的，处五年以上十年以下有期徒刑，并处销售金额百分之五十以上二倍以下罚金；致人死亡或者对人体健康造成特别严重危害的，处十年以上有期徒刑、无期徒刑或者死刑，并处销售金额百分之五十以上二倍以下罚金或者没收财产。

河南警方发布消息称“瘦肉精”案已经侦破，查明流入河南省的“瘦肉精”源头在湖北襄阳。河南省依法控制15人，开除公职6人，免职4人，停职检查5人，其中12名涉嫌渎职犯罪的国家机关工作人员已经由河南省检察机关立案侦查。有关部门对涉嫌生产、销售和使用“瘦肉精”的72名违法犯罪嫌疑人采取了强制措施，对涉嫌工作失职的53名公职人员进行调查取证。河南省检察院反渎职侵权局除立案侦查12人外，他们还组织检察干警对其他41名公职人员是否涉嫌犯罪开展调查取证工作，严肃查办严重违法生产、销售和使用“瘦肉精”，危害群众身心健康的食品安全事故背后的渎职等职务犯罪。河南省公安厅相关负责人表示，警方将在彻查全案的基础上，在向检察机关移送起诉时，对应当严惩的犯罪嫌疑人提出从严从重惩处的建议，并配合检法机关快审快结快判。河南省公安厅还要求全省公安机关进一步加大对生产、销售假冒伪劣产品犯罪行为的查处力度。2011年11月26日消息称，河南全省三级法院安排专人负责案件审理，形成协调联动机制，受理的59起114人的“瘦肉精”案全部审结，其中，检察院撤回起诉1案1人，其余58案113人均被判刑，制售者和玩忽职守、滥用职权的国家公职人员共77人获刑。其中判处死刑缓期执行1人、无期徒刑1人、9年以上有期徒刑9人、5年至9年有期徒刑

20 人、3 年至 5 年有期徒刑 23 人、3 年以下有期徒刑 23 人；判处生猪养殖户 36 人，其中判处有期徒刑 1 年以下至拘役 29 人、缓期执行 7 人。

2. 工程师伦理

2011 年 3 月 15 日河南“瘦肉精”事件发生后，为查清“瘦肉精”的生产、销售源头，河南省公安厅迅速确定了“追上线、查网络、端窝点、打源头”的案件主攻方向。通过层层“倒追”，公安机关发现，湖北襄阳籍刘某为制造“瘦肉精”的最大嫌疑人。为此，解开了 10 年屡禁不绝的一条完整的“瘦肉精”地下产业链。

据刘某交代，他曾在江苏常州一家药厂担任技术人员，其间结识了同厂做药品销售的奚某。2007 年，曾销售过平喘药盐酸克伦特罗的奚某告诉刘某，有人想要盐酸克伦特罗用于养殖，如果能研制生产出来，可以获得高额利润。2007 年 4 月底，利用奚某提供的资金，刘某回到老家襄阳，找到南漳县九集镇八泉村的一个民营化工企业负责人，称可以合作开发化工产品二氯烟酸。刘某利用厂里的试验室和自购的设备，开始秘密研制盐酸克伦特罗。2007 年底，刘某在不掌握地下销售管道的情况下，开始陆续把生产出的盐酸克伦特罗交给奚某，然后由奚某负责外销给河南郑州的陈某和洛阳的肖某。2008 年刘某自己通过物流公司以“添加剂”的名义直接给陈某和肖某“发货”。处于链条最顶端出厂的盐酸克伦特罗呈粉末状，纯度很高，作为原粉，陈某等从刘某处“接货”后，除少数就地转手给次级分销人员赚取差价外，一般会按照 30 到 35 倍的比例在盐酸克伦特罗原粉中加入淀粉等，再次包装后销售给次级分销人员或养殖户。为了迎合猪肉市场“挑肥拣瘦”的需求，屠宰点和肉制品加工厂也更愿意以微小的边际收购成本增加其收购生猪的瘦肉率，以提高市场的竞争力并从经济上获取更多利益。

这是典型的工程师伦理案件，利用自身掌握的专业知识，帮助不法商人从事牟利行为，从而为自己取得丰厚的回报，在明知所进行的活动会产生什么样的后果情况下，依然决然地参与其间，完全是丧失伦理道德的表现。

第八节　“塑化剂”风波

一、事件回放

1. 台湾地区“起云剂”事件

2011 年 5 月 23 日，台湾地区卫生部门通报称，岛内最大食品添加剂供应总部在台湾地区新北市的商昱伸香料有限公司，该公司在食品添加剂“起云剂”（Cloudy Agent）中非法添加可致癌的塑化剂邻苯二甲酸二（2-乙基己基）酯（di-2-ethylhexyl phthalate，DEHP）。随后，宾汉香料化学公司也被曝光非法添加另一种塑化剂邻苯二甲酸二异壬酯（diisononyl phthalate，DINP）。2011 年 5 月 24 日，台湾地区有关方面通报，发现台湾地区昱伸香料有限公司制售的食品添加剂“起云剂”（又称浑浊剂、乳浊剂、增浊剂，乳化剂）中含有 DEHP，该“起云剂”已用于部分饮料等产品的生产加工。DEHP 是一种普遍用于塑料材料的塑化剂，在台湾地区被确认为第四类毒性化学物质，为非食用物质，不得用于食品生产加工。台湾地区“卫生署”（后改为“卫生福利部”）检验员杨女士在进行益生菌食品中是否含有减肥西药或安非他明的例行检验中发现气相层析仪上出现异常波状信号。杨女士将此异常信号与各种物质发生讯号的图谱做比对，发现此信号是塑化剂 DEHP 特有的“指纹”，这是不该出现在食品中的物质。杨女士怀疑检样有可能遭到食品容器的污染，花了 2 周时间验明塑化剂 DEHP 的存在，后来又做了定量分析，在排除问题不在于益生菌产品的 PE（聚乙烯）膜薄包装材料后，检出益生菌食品中的 DEHP 浓度高达 600mg/kg，远远超过世界卫生组织（WHO）规定的每日耐受摄入量 1.95mg/kg。获得杨女士报告后，台湾地区“行政院卫生署食品药物管理局”主任秘书罗吉方翻遍岛内外文献，都未查到 DEHP 作为食品添加剂使用的依据，于是决定通知检方，最终查得源头是昱伸香料有限公司在食品中添加了“起云剂”，其中违法掺入了塑化剂 DEHP。

截至 2011 年 6 月 15 日台湾地区受塑化剂污染的产品种类超千项，涉及厂商 302 家。值得注意的是，在一款“染毒”产品中测出了新的塑化剂种类邻苯二甲酸二丁酯（dibutyl phthalate，DBP），其毒性高出此前发现的 DEHP 和 DINP 塑化剂。

2. 大陆“塑化剂” 风波

2011 年 6 月 3 日，国家食品药品监督管理局通知，要求各地暂停生产销售含“邻苯二甲酸酯”的两种保健食品，分别为北京协和药厂的协和牌灵芝孢子粉片和青岛美中天然生物制品有限公司的美中清素牌多种氨基酸片，对市场上正在销售的这两种产品，要立即下架。上述 2 种保健品中所含的“邻苯二甲酸二丁酯（DBP）”和“邻苯二甲酸二乙酯”（DEP），均为卫生部 2011 年第 16 号公告食品中《可能违法添加的非食用物质和易滥用的食品添加剂名单（第六批）》中所列的非食用物质。尽管其与台湾地区检出的塑化剂 DEHP 略有不同，但同属“塑化剂类”。这也是大陆地区首次在本土产品中查出的塑化剂成分。国家食品药品监督管理总局要求“凡配方中含邻苯二甲酸酯的保健食品，相关保健食品生产企业应立即暂停生产，对市场上正在销售的产品立即召回，并实时报告所在地食品药品监督管理部门”。

3. 酒鬼酒“塑化剂”风波

《21 世纪网》在酒鬼酒实际控制人中糖集团的子公司北京中糖酒类有限公司购买了 438 元/瓶的酒鬼酒，并送上海天祥质量技术服务有限公司进行检测。检测报告显示，酒鬼酒中共检测出 3 种塑化剂成分，分别为 DEHP、DIBP 和 DBP，其中酒鬼酒中 DBP 的含量为 1.08mg/kg，超过规定的最大残留量 2.6 倍。受此事件影响，没有停牌的白酒类上市公司仍遭遇资金打压，2012 年 11 月 20 日早盘白酒股大跌之后，于午后再度暴跌。

二、事件的影响

据台湾地区媒体报道，台湾地区“起云剂”（塑化剂）事件 2011 年引发了全台湾地区消费者恐慌。塑化剂从台湾地区普通消费者一无所知的专有名词变为当地媒体的每日头条，演变成一次席卷全台的“塑化剂风暴”。涉及产品种类超千项，涉及厂商超过 300 家，包括统一企业、长庚生物科技、白兰氏、悦氏、台糖、台盐、黑松与金车等知名厂商。问题产品不仅涉及运动饮料、水果饮料、茶饮料，就连水果糖浆、儿童钙片、乳酸菌咀嚼片也通通卷入其中。台湾地区食品龙头企业统一集团的 3 种产品宝健运动饮料、芦笋汁和 7-

SELECT 低钠运动饮料也被查出有毒，其中有毒芦笋汁销往大陆。含致癌塑化剂 DEHP 的“悦氏”的两款运动饮料流入香港；而昱伸公司的下游厂商（成伟食品股份有限公司）曾将含有 DEHP 的“起云剂”外销至菲律宾、越南及美国，他们已通过通报上述国家或地区，希望尽快追查名单。悦氏公司的运动饮料，确认输往香港、大陆；成伟公司（原盛香珍公司）将问题起云剂外销到菲律宾与越南；传佳公司与云丞公司的问题果汁则输往美国……时任台湾地区领导人马英九表示，塑化剂事件严重影响民众健康及打击台湾地区形象。

台湾地区卫生部门统计显示，截至 2011 年 5 月 27 日，受事件牵连厂商近 200 家，使用过遭污染原料的制造厂商多达 95 家，下架果汁果酱类食品 40000 多 kg，运动饮料、茶饮类 980000 多瓶，益生菌类粉包 262000 多箱。图 7-21 所示为某公司下架问题商品。2011 年 5 月 29 日，台湾地区“卫生署”宣布 5 月 31 日为终止黑心“起云剂”行动日，将在当天展开强力稽查，到各大通路清查问题食品是否已经下架。另外，也有“立委”建议，将塑化剂改列为第二类毒性化学物质，对违法行为加大打击惩处力度。对塑化剂的调查扩大至包括 DEHP、DINP 以及 DBP、BBP、DMP、DNOP、DEP、DIDP 在内的全部塑化剂种类。台湾地区行政当局于 2011 年 5 月 27 日宣布：即日起 10700 个超市、量贩店、便利商店，立即将所有含有起云剂的商品下架。3 天内，如果可以提供合格证明，才可重新上架。

图 7-21　台湾地区“塑化剂”风波中某公司下架问题商品

2011 年 6 月 21 日电据台湾地区《联合报》报道，台湾地区塑化剂风暴蔓延，连军方也遭“沦陷”（图 7-22）。“国防部”要求联勤各地区补给库就现有库储的军用食品，主动抽样送各地区卫生所及检验单位检验。台湾军方指出，经查确定，野战口粮中 2010 年 8 月与 2011 年 4 月生产的草莓果酱受 DEHP 污染，2010 年 4 月生产的三合一麦片则含有 DBP，这 3 批口粮总数近 70 万份，其中含塑化剂的三合一麦片口粮有 4.6 万余份已发放部队屯储。至于加热餐盒，确认 2011 年 3 月生产的“鲜菇素肉”“黑胡椒素肉”与“红烧牛腩”等调理包与米饭包，均含 DINP，现库储近 5000 份。其中，加热餐盒的菜色“红烧牛腩”米饭包中检测出的 DINP 含量高达 13.6mg/kg。军用食品有效期限为 18 个月，台湾地区军方目前仅能就库储量抽验，至于到期且已被食用的食品是否有问题，官员私下表示，这个现象（加塑化剂）已存在多年。

图 7-22　受“塑化剂”风波影响的台军食品

大陆口岸对从台湾地区进口的相关产品进行了梳理，未发现直接相关者，上海口岸对以往 2011 年 3 月进口的可能含该“起云剂”的 792 箱“悦氏运动饮料”，采取了召回措施。

酒鬼酒一直以酝酿湘西千年文化，传承湘西古老秘方自居，号称“无上妙品”。酒鬼酒受塑化剂事件影响股市下跌，从“酒鬼酒塑化剂含量超标 260%”到消息正式传出的

2012年11月19日，仅一天时间，不仅酒鬼酒股票临时停牌，白酒板块也遭受重挫。截至收盘，白酒板块跌幅居首，据估算，两市（深圳和上海）白酒股总市值共蒸发近330亿元，跌幅前15的个股中，酒类占据10席。受此事件影响，没有停牌的白酒类上市公司仍遭遇资金打压，2012年11月20日早盘白酒股大跌之后午后再度暴跌。

三、伦理分析

1. 行政伦理

杨女士并没有只对要检查的产品进行简单处理，而是在发现疑问后，穷追不舍找原因，发现问题根源后及时向上级领导反映，这是严守职业伦理的良好范例。

台湾地区《食品器具容器包装卫生标准》规定，DEHP溶出限量标准为1.5mg/kg以下，而食品中则不得添加。

台湾地区卫生部门2011年5月24日深夜主动向WHO组织通报此事，希望其他国家都能了解此事件发展，减少对民众的伤害。卫生部门也陆续向美国、中国香港、越南、菲律宾通报此事，通过两岸食品安全协议管道，在5月23日和24日通知大陆食品安全窗口。

2011年5月24日国家质量监督检验检疫总局接到台湾方面的通报后，立即要求各地出入境检验检疫机构进行调查。上海口岸在进口信息追查当中发现2011年3月份进口了792箱悦氏运动饮料，可能含有台湾方面通报的起云剂，进口商采取召回措施，到5月26日晚，从市场上召回4800多瓶，库存还有518箱。除上海口岸之外，其他各地的出入境检验检疫机构没有受理过台湾方面通报的所列批次的饮料产品输入。国家质量监督检验检疫总局5月27日召开新闻发布会通报，经初步核查，大陆各地出入境检验检疫机构在近三年内没有受理过台湾昱伸香料有限公司制售的有毒食品添加剂“起云剂”。仅上海口岸发现一批今年自台湾地区进口的运动饮料可能受到这一有毒添加剂的污染，目前该批产品已经开始被召回。2011年5月31日发布“关于进一步加强进口台湾食品、食品添加剂及相关产品检验监管的公告”称：“近日，台湾地区有关方面向国家质检总局通报，台湾地区部分食品添加剂生产企业在其生产的起云剂中违法添加邻苯二甲酸酯类非食用物质，并导致使用违法企业生产的起云剂的下游食品生产企业的食品受到污染。为保证大陆消费者健康、保障进口食品、食品添加剂及相关产品质量安全，现就进一步加强进口台湾食品、食品添加剂及相关产品检验监管公告如下。

一、自2011年6月1日起，暂停进口台湾方面通报的问题产品生产企业生产的运动饮料、果汁、茶饮料、果酱果浆、胶锭粉类产品和食品添加剂。

二、自2011年6月1日起，对允许进口的上述台湾产品必须凭台湾方面有资质的实验室出具的不含邻苯二甲酸酯的检验证明报检，不能提供检验证明的暂停进口。

三、出入境检验检疫机构检出上述产品含邻苯二甲酸酯的，该产品不得进口，并暂停其生产企业的相关产品进口。

四、暂停进口的食品及食品添加剂生产企业名单将在国家质检总局网站进出口食品安全热点关注栏目发布并更新。

另：台湾地区因塑化剂引起的食品、保健品安全风波持续蔓延。截至目前，受塑化剂风波牵连的厂商已达200多家，可能受到污染的产品超过500项目，台湾地区几乎所有食品大厂都被卷入其中。国家质检总局网站5月31日公布《暂停进口台湾的食品及食品添加剂生产企业名单》。”

塑化剂的作用是提高材料的塑性，材料工业称其为“增塑剂”更确切，种类有百余种，使用最普遍的是邻苯二甲酸酯类的化合物。邻苯二甲酸酯可在人体和动物体内产生类似雌性激素的作用，可干扰内分泌，使男子精液量和精子数量减少，精子运动能力低下，精子形态异常，严重的会导致睾丸癌。也有研究发现，与邻苯二甲酸酯类物质或类似物质接触较多的人群中，肿瘤、呼吸道疾病的发病率相对较高，其中女性易发生月经紊乱和自然流产。世界各国对邻苯二甲酸酯类化合物的使用都有明确的规定。邻苯二甲酸酯类在我国是可以大规模合法使用的高分子材料助剂，消费比例高达86%。

研究表明，部分邻苯二甲酸酯对环境和人体可能存在不良影响。欧盟最早对邻苯二甲酸酯的应用做出过限制，其2005/84/EC指令列出了6种邻苯二甲酸盐物质DEHP、DBP、邻苯二甲酸丁苄酯（BBP)、DINP、邻苯二甲酸二异癸酯（DIDP)、邻苯二甲酸二正辛酯（DNOP)，并对其进行了限制，其中DEHP、DBP、BBP不得用于儿童玩具和用品中，在塑料中的含量每种不得超过0.1%。后3种DINP、DIDP、DNOP不得用于能入口的儿童玩具及儿童类物品中，每种含量不得超过0.1%。另外，邻苯二甲酸盐（酯）有很多种，但被限制的只是15种（或6种)。欧盟于2007年6月1日正式实施的、对进入其市场的所有化学品进行预防性管理的法规《化学品注册、评估、许可和限制》（*Registration*，*Evaluation*，*Authorization and Restriction of Chemicals*，REACH）的限制类列表对于邻苯二甲酸盐（酯）描述与2005/84/EC指令一致。继欧盟之后，美国、加拿大、日本、韩国等国家也发布了相关的法律或标准。

中国大陆在2008年对邻苯二甲酸酯在食品包装材料上的应用做出了有关规定，没有禁止邻苯二甲酸酯在食品中应用的专门规定，但是，由于邻苯二甲酸酯不是食品，也不属于食品添加剂，因此，在食品中是禁止使用邻苯二甲酸酯的。

2011年6月1日，原卫生部发布的“食品中可能违法添加的非食用物质和易滥用的食品添加剂名单（第六批）”包含17种邻苯二甲酸酯类物质：邻苯二甲酸二（2-乙基）己酯（DEHP)、邻苯二甲酸二异壬酯（DINP)、邻苯二甲酸二苯酯、邻苯二甲酸二甲酯（DMP)、邻苯二甲酸二乙酯（DEP)、邻苯二甲酸二丁酯（DBP)、邻苯二甲酸二戊酯（DPP)、邻苯二甲酸二己酯（DHXP)、邻苯二甲酸二壬酯（DNP)、邻苯二甲酸二异丁酯（DIBP)、邻苯二甲酸二环己酯（DCHP)、邻苯二甲酸二正辛酯（DNOP)、邻苯二甲酸丁基苄基酯（BBP)、邻苯二甲酸二（2-甲氧基）乙酯（DMEP)、邻苯二甲酸二（2-乙氧基）乙酯（DEEP)、邻苯二甲酸二（2-丁氧基）乙酯（DBEP)、邻苯二甲酸二（4-甲基-2-戊基）酯（BMPP）等。在此之前，卫生部门并未对食品中邻苯二甲酸酯类物质引起足够重视。

国家质量监督检验检疫总局表示，质检部门已部署进一步对全国白酒生产企业进行深入排查，要求企业认真查明可能导致白酒含有邻苯二甲酸酯类物质的原因，从源头抓紧进行整改，包括采取调整工艺设备、更换接触材料和产品包装等措施，并向监管部门报告。监管部门坚持从严监管，发现任何违法行为，一律依法严格查处。

2. 企业伦理

酒鬼酒一直以酝酿湘西千年文化，传承湘西古老秘方自居，号称“无上妙品”。酒鬼酒公司认为这个报道肯定会对整个股票影响比较大，为了避免异常交易，损害投资者的利益，申请停牌，自查生产和包装的整个流程，并送样品去检验。同时，酒鬼酒公司认为台港澳地区与大陆合资的上海天祥质量技术服务有限公司的检测不够权威，甚至怀疑《21世纪网》送去检测的酒样是否出自酒鬼酒公司。

广州市质量监督局表示，白酒检测标准中没有塑化剂项目的检测要求。

2012 年 11 月 21 日下午，国家质量监督检验检疫总局通报了湖南省产商品质量监督检验研究院对 50 度酒鬼酒样品的检测结果，其中 DBP 最高检出值为 1.04mg/kg。当晚 23 时 58 分，酒鬼酒官方微博发布声明称，“对所谓‘塑化剂’超标事件给大家造成的困惑与误解表示诚挚的歉意”，但声明中坚称不存在所谓“超标”，消费者可放心使用。

国家食品安全风险评估中心则表示，根据国际通用风险评估方法和欧洲食品安全局推荐的人体可以耐受摄入量，以媒体报道的酒鬼酒中 DBP 含量为 1.08mg/kg 计算，按照我国人均预期寿命，每天饮用 500g，其中的 DBP 不会对健康造成损害。

3. 社会伦理

针对酒鬼酒塑化剂的问题网络出现一些讨论，也提出了一些问题：

（1）“报道针对性太强，怀疑其目的。只有一家检测中心检测，怀疑结果真假。只检测一家，不知道国内白酒行业的平均水平。”

（2）塑化剂可以让饮料稳定，不发生油水分离，添加塑化剂是为了增加饮料中的黏稠口感，即有老酒的挂杯效果。那么酒鬼酒到底是否添加了塑化剂？如果添加，酒鬼酒会得到哪些利益呢？

（3）塑化剂早已经成为食品行业里的高风险因素，酒鬼酒作为一家上市公司应该有风险意识，酒鬼酒在生产过程中、在包装使用方面是否有相应的措施，保证塑化剂对产品的影响呢？除这些原因外，塑化剂是否还有其他途径进入白酒产品中？

（4）首先白酒在酿造过程中不需要添加塑化剂，在运输、贮存过程中也不应与塑料制品接触，而都是使用玻瓶、瓦罐、金属罐。最有可能的只有塑料水管，但其也不可能让酒超标两倍多。

（5）送检日的 5 个工作日之后的 10 月 31 日下午就收到了发自天祥集团的检测报告，为何选择 18d 后在 11 月 19 日发布？巧合的是，白酒板块 11 月份大幅下跌。

2012 年 1 月 19 日晚，中国酒业协会网站发出公告称，“某媒体机构通过互联网发表有关白酒塑化剂超标的报道，同时对我协会《关于白酒产品塑化剂有关问题的说明》一文进行断章取义报道，歪曲了文章的真实内容，并宣布为中国酒业协会对有关白酒塑化剂问题的响应，我协会对此类极端不负责任的做法表示强烈不满。在此，我协会郑重声明：中国酒业协会从未授权任何媒体、单位以及个人发表针对有关白酒塑化剂事件的回应。”

第九节　“毒生姜”事件

一、事件回放

2011 年 4 月 15 日湖北省宜昌市万寿桥工商所执法人员在辖区一座大型蔬菜批发市场

内查获 2 个使用硫黄熏制“毒生姜”（图 7-23）的窝点，现场查获“毒生姜”近 1000kg。不良商贩将品相不好的生姜用水浸泡后，再使用有毒化工原料硫黄进行熏制，熏过的毒生姜与正常的生姜相比，看起来更水嫩，颜色更黄亮，就像刚采摘的一样。

2013 年 5 月 4 日中央电视台新闻曝光了山东省潍坊地区部分姜农用剧毒农药“神农丹”种生姜的情况（图 7-23），引起国内外消费者广泛关注。这次曝光则是记者在山东潍坊地区采访时，一次意外的反面收获。原先采访计划的初衷是收集素材对生姜种植大市潍坊市的“菜篮子”工程进行正面的典型报道。令记者意外的是在当地生姜种植地里发现了剧毒农药——神农丹——的包装袋，这种蓝色包装袋显示的规格为质量 1kg，正面印有“严禁用于蔬菜、瓜果”、背面有骷髅标志和红色“剧毒”的字样。这一发现让记者很吃惊，于是利用 3d 时间，记者悄悄走访了潍坊市峡山生态经济开发区王家庄街道管辖的 10 多个村庄，发现田间地头随处都能看到被丢弃的神农丹包装袋，这里违规使用神农丹的情况比较普遍，姜农不是偷偷地用，而是成箱地公开使用这种剧毒农药。此报道一出，此事件立即成为一个公共事件。当地农民对神农丹的危害性都心知肚明，使用过这种剧毒农药的姜，他们自己根本不吃。据了解，潍坊当地出产的生姜分出口和内销 2 种。因为外商对农药残留检测非常严格，所以出口基地的姜都不使用高毒剧毒农药。在潍坊生产的内销姜对农药残留实行的是抽查制度，一年抽查不了几次。

图 7-23　毒生姜

2013 年 5 月 6 日，《扬子晚报》记者从江苏南京众彩农副产品物流中心了解到，一车来自潍坊的生姜被查出农残“氨基甲酸酯（Carbamate）”超标，幸好是流向零售市场之前被发现，随即被封存。据悉，广州江南果菜批发市场此前已经检测出 1 批重量为 150kg、同样来自山东省日照市的“毒生姜”。

2013 年 5 月 6 日，从广州地区规模最大的果菜批发市场——广州江南果菜批发市场获悉，该市场当天检出 1 批来自山东日照地区的“毒生姜”，数量近 2t。7 日，依据市场生姜的进货批次，广州江南果菜批发市场再次抽取 2 批次的 8 个生姜样品送至广州市农业标准与监测中心进行检测。根据 8 日出具的检测报告显示，这 8 个生姜样品中有 2 个样品农药残留指标不合格，检出含有“涕灭威”，含量分别为 0.034mg/kg 和 0.097mg/kg。参考当时有效的《食品中农药最大残留限量》（GB 2763—2012）[此标准已被《国家食品安全标准　食品中农药最大残留限量》（GB 2763—2016）替代] 中“其他多年生蔬菜”所规定的最大农药残留限量为 0.03mg/kg，这 2 个生姜样品中的“涕灭威”含量均超标。广州江南果菜批发市场称，已于 8 日下午对这 2 批次不合格的生姜进行了销毁，其他检测合格的生姜则被准许销售。该市场近期将对场内所有来源地的生姜进行重点抽检，以保证食品的安全流通。广州江南果菜批发市场是当地最具规模的农产品批发市场，部分货源出口香港、澳门等地，山东是其生姜的主要供应地之一。

二、事件的影响

2014 年 3 月 31 日《中国新闻网》报道，山东省潍坊市坊子区人民法院 31 日对“毒生姜”案作出一审判决，以周某某等 4 人犯非法经营罪、生产销售有毒有害食品罪，分别判处有期徒刑 6 个月至 1 年不等，并处 5000 元至 20000 元人民币罚金。

被告人周某某在潍坊市峡山生态经济发展区经营 1 家果树技术服务中心，多年从事技术咨询、技术推广和农药销售工作，在明知“神农丹”是禁止应用于蔬菜和瓜果培植的剧毒农药情况下，却仍应姜农需求，为多挣钱，违反潍坊地区禁止销售要求，私自销售。从 2006 年起，周某某在未经相关部门许可，未办理危险化学品经营许可证的情况下，大量购进“神农丹”销售给周边的农资超市和种植生姜的农民，于 2013 年案发前经营数额已达 10 万余元。

本案另外 3 名被告赵某录、赵某水和董某某为了片面追求生姜产量，在明知“神农丹”为剧毒农药的情况下，购进“神农丹”，将其用于生姜种植。经权威部门检测，上述 3 被告姜地种植的生姜中涕灭威（商品名：神农丹）残留量严重超标。

法院审理后认为，周某某经营的果树技术服务中心并未申办理过危险化学品经营许可证，未经许可却私自经营法律、行政法规限制买卖的物品，且经营数额达 10 万余元，其行为已构成非法经营罪，应依法予以惩处。而被告人赵某录、赵某水和董某某 3 人明知“神农丹”不能用于生姜种植，却为盲目追求经济效益，罔顾人民群众健康安全，在生姜种植过程中使用禁用农药“神农丹”，其行为已构成生产、销售有毒、有害食品罪，应依法予以惩处。

鉴于 4 名被告人归案后，如实供述自己的犯罪事实，自愿认罪且悔罪认罪态度较好，所种植的生姜已全部铲除，未持续造成恶劣后果，法院依法作出相应判决。

商品名为神农丹的产品本质是含 5%有机磷农药——涕灭威的颗粒剂，涕灭威（Aldicarb），又称铁灭克，学名 *O*-(甲基氨基甲酰基)-2-甲基-2-硫基丙醛肟［2-Methyl-2-(methylthio)-propionaldehyde-*O*-(methyl carbamoyl) oxime］，其化学结构如图 7-24 所示。涕灭威施于土壤后，能很快被植物根部吸收，并传导到地上各部位，特效期较长，其用途主要是防治棉花害虫。涕灭威对鱼类和人畜有剧毒。2017 年 10 月 27 日，世界卫生组织国际癌症研究机构公布的致癌物清单中，涕灭威被分类为Ⅲ类致癌物。涕灭威中毒的早期症状为瞳孔放大，行动失调，肌肉颤抖，一般导致患者高度昏迷。

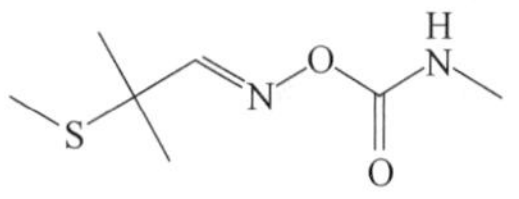

图 7-24　涕灭威（神农丹）

硫黄是单质硫，从毒理学上来看，硫黄属低毒危险化学品，它是无机农药中的一个重要品种，对人、畜安全，不易使作物产生药害，生产中常把硫黄加工成胶悬剂用于防治病虫害。但久服有大毒，蓄积几十克的硫黄会损害肾小管、肾小球，造成间质性肾病、肾功能衰竭、肾坏死，甚至造成死亡。用作生姜熏蒸剂的硫黄通常是工业硫黄，其中含有重金属铅、砷等，少量食用会对人体内脏和神经系统造成伤害，长期食用工业硫黄熏蒸的食品会造成间质性肾病、智力衰退、呆傻并有致癌危险。加热熏蒸时，硫黄氧化产生的二氧化硫对人体有剧毒。硫黄为不良导体，在储运过程中易产生静电荷，可导致硫黄粉尘起火，硫黄粉尘或蒸汽与空气或氧化剂混合后就会形成爆炸性混合物。

三、伦理分析

1. 事件发生在以生态经济命名的开发区

事件发生所在的王家庄街道行政区隶属于潍坊市峡山生态经济开发区，潍坊市峡山生态经济开发区 2008 年 1 月 1 日正式组建运行，面积 491km^2，辖 4 个街道，277 个行政村，23 万人。

峡山区是全国首个以生态经济命名的开发区。潍坊市峡山生态经济开发区，于 2011 年 2 月，创建为“国家可持续发展实验区”，于 2012 年 12 月，创建为山东省第一个“国家有机产品认证示范创建区”，还荣获诸如“国家级潍水文化生态保护实验区的核心区”“国家湿地公园试点”“国家生态原产地产品保护示范区”“国家级水利风景区”等许多荣誉称号，通过了国家出口食品农产品质量安全示范区考核验收。

全区已建成有机农业园区 32 个，总面积 163km^2；注册有机产品商标 20 个，认证有机产品 120 多个；22.6 万亩有机鱼认证面积为江北最大，有机产业已成为峡山最靓丽的名片。

2. 针对食品安全存在的突出问题和面临的严峻形势政府拟采取的具体措施

山东省食品安全办公室相关负责人在接受记者采访时表示，近年来从中央到地方各级都高度重视食品安全工作，不断完善政策措施，持续加大工作力度，食品安全水平总体上保持稳定。但不可否认的是，当前食品安全事件多发，社会关注度高，老百姓担忧，食品安全形势比较严峻。究其原因，确实比较复杂：有食品生产经营者道德诚信缺失，唯利是图、不择手段的原因；有食品安全法规制度不健全、监管力度不足的原因；有食品行业面广量大、链条长、环节多，准入门坎低，小散乱现象突出，产业化发展水平不高的原因；也有市场约束机制不完善，违法成本低而守法成本高的原因等。

从政府及监管者自身来看，人们对食品产业发展规律和监管规律的认识还不够深刻，对食品产业链中各环节的关键风险点把握还不够细致，食品安全监管工作的整体性、系统性和协同性还不够强，监管能力与目前食品事件多发的现状相比，还有较大差距。同时，在食品安全的法制完善、宣传教育、诚信建设等方面还存在着缺位和不到位的地方。

针对全省食品安全领域的突出问题和影响食品安全的深层次矛盾，重拳出击，重典治乱。同时，举一反三，着力构建长效工作机制，加快提升食品安全保障水平。

一是狠抓治理整顿，严惩违法犯罪。年初，围绕食品安全领域群众反映强烈的突出问题，全省开展了从食品安全源头到餐桌的五项治理行动和一项示范创建行动。近期又根据国家要求，结合对相关事件的查处，部署对肉及肉制品等重点品种进行全面排查治理，坚决取缔食品生产加工“黑工厂”“黑窝点”和“黑作坊”，切实净化食品市场和消费环境。始终保持对食品安全犯罪严惩重处的高压态势，严厉打击各类违法违规行为，深挖危害食品安全的犯罪源头，斩断非法利益链。

二是切实提高食品安全监管能力。今年，国务院政府机构改革意见提出，将食品安全办、食品药品监管部门、工商部门、质监部门的食品安全监管职能进行整合，组建新的监管机构，进一步理顺监管体制，加强监管力量。根据国家部署，省、市、县三级要于年底前完成整合组建工作。结合本次改革，进一步完善监管体制，明确监管职责，整合监管资源，创新监管模式，加强基层监管执法力量，推进食品安全工作关口前移、重心下移。完善考核评价体系，加大对地方政府、监管部门的考核监督。建立健全责任制和责任追究制，加大对食品安全工作的行政监察和问责力度。

三是严格落实企业主体责任。落实企业主体责任，是解决食品安全问题的关键环节。要通过责任倒逼机制，增强食品生产经营者的诚信意识、守法意识、安全意识和责任意识，切实提高食品质量。下一步，将督促食品生产经营者建立健全从业人员岗位责任制，完善质量安全管理体系，落实各项管理制度，开展全员培训，加强全过程的食品安全管理。进一步落实企业负责人的责任，对违法违规企业，依法从严追责。完善行业退出机制，对被吊销证照企业的有关责任人，依法实施行业禁入。同时，完善食品行业诚信体系，建立各类食品安全信用档案，实施“黑名单”制度，及时向社会公布生产经营者的食品安全信用信息，督促企业自律守法，诚信经营，自觉承担社会责任。

四是大力推进食品产业发展方式转变。在强化监管的同时，进一步优化食品产业布局，加快技术创新，促进食品工业转型升级。加强食品原料生产基地建设，着力培植和发展一批知名品牌、知名企业、优质产品生产基地和产业集群，全面提升产品质量。强化源头治理，严格农业投入品监管，加强对食用农产品种植养殖活动的规范指导，积极发展生态农业。大力发展农产品基地化生产、场区化养殖，大幅度提高无公害农产品生产面积，增加“三品一标”（无公害农产品、绿色食品、有机农产品、农产品地理标志）产品总量规模。通过进一步完善产业政策，不断优化整体结构，推进食品产业走规模化、集约化发展道路，提升产业素质。山东既是全国农产品的主产区，也是全国农产品的重要集散地。将建立完善农产品产地准出、市场准入制度和农产品质量安全追溯体系，将所有农产品都纳入监管范围。对外地输入农产品同样也要加强监管，确保输入食品质量的安全。

五是在食品安全问题上充分调动公众参与的积极性，发挥好舆论监督和社会监督的作用。对于守法合规、诚实劳动、正常经营的农户和食品生产加工者，要给予鼓励，对事迹突出者要多加报道宣传，形成正气占据绝对优势的社会氛围。对于违法个人和生产经营单位，要予以曝光，典型案件的处罚要广而告之，深入开展案件警示教育，以达到诫勉和震慑的作用。全省全面实施食品安全有奖举报制度，欢迎社会各界积极参与，踊跃举报，共同推动食品安全水平不断提高。

通常情况下，政府特别是级别高的政府出台了很多政策、规定、措施等行政手段和行为，遗憾的是在由上向下具体执行时打的折扣越来越大，喊口号式的行政仍然是政府管理的最大问题。法律的处理具有滞后效应，也就是事件（案件）发生后，根据所发生事件的成因（动机）、手段、过程、方法和结果等造成的影响，根据法律的规定进行定性和定量处理。虽然普及法律知识教育也是防止违法的手段之一，但是，宣传过程中，对法律的说明所使用语言专业性过强，普法教育的手段和方式方法很大程度上有待改进和提高，要让广大民众真正懂法不是容易的事。与法律处理不同，监管应该是对过程的全覆盖，食品生产过程是具体化的，每个部分都很明确，这样监管过程的针对性才会很强。生产者（如姜农）只从事食品产业的一个部分（过程），如果监管部门能针对性地对其进行法规、标准、规范等内容的教育和培训，强调伦理要求和实地检查监督，很多问题是可以消灭在萌芽中的。在日常生活中，若当地监管人员注意收集相关信息，很多问题也是不难被发现的，关键在于“人情社会”的“熟人”有“磨不开面子”和“多一事不如少一事”的思想，与生产行为实施者的“法不责众”“别人做了我不做会吃亏”的想法一拍即合，最终导致了食品安全社会问题的发生和恶劣的严重后果。监管人员力量的配备不足是客观的，而且，如果一直采取被动的工作方式去监管，监管的力量会永远不足。《礼记·大学》曰“大学之道，在明明德，在亲民，在止于至善”，加强对食品生产和经营人员的法规和伦理意识的经常性培训和教育是解决问题的有效途径之一。未雨绸缪，防患于未然，其效果无疑会好于亡羊补牢。

3. 明知故犯

神农丹主要成分是有机磷类剧毒农药——涕灭威，50mg 就可致 1 个 50kg 重的人死亡，食用农作物种植方面可用于甘薯茎线虫、花生根结线虫的防治。在神农丹的产品使用说明书中对其施用对象、施用时间和地区进行了特别规定：用于甘薯，仅限河北、山东、河南春天发生严重线虫病时使用；用于花生，仅限于春播。说明书在药品的用药量、用药次数、用药方法上也有明确的说明：在批准可以施用的作物上，在其生长周期里只能使用 1 次。但姜农每亩使用神农丹的量为 8～20kg，是规定允许使用量的 3～6 倍，而且，施用 2 次，不仅在四月份播种时超量使用神农丹，到八月份立秋的时候，还要超量使用一次，这时距离十月收获新姜，只有 60d 左右的间隔期。而对可以使用的作物——甘薯施的用规定上，神农丹施药的安全间隔期是 150d。

在毒生姜事件被报道之前，已经有过神农丹大规模中毒事件的报道。2010 年 5 月 9 日起，安徽省宿州市灵璧县人民医院陆续收治 13 名呕吐、视力模糊的患者，后经医院确认，这些人均为“有机磷中毒”。灵璧县政府立即责令农委、药监、工商、卫生、公安 5 部门进行摸排。经了解，这些患者均是在食用了于同一流动蔬菜商贩处购买的黄瓜后出现中毒症状的。5 月 12 日中午，县农业综合执法大队执法人员找到了销售“问题黄瓜”的商贩，进而追查到有毒黄瓜来源于该县开发区刘尧村的潘某，其后执法人员在潘某的黄瓜种植大棚前发现了农药“神农丹”包装袋。潘某承认在黄瓜上使用“神农丹”的事实，并称其农药购自开发区卜某的门市部。随后，县农业综合执法人员联合开发区管委会和开发区派出所，对其黄瓜大棚进行了控制，同时赶赴卜某门市部对其经营的农药“神农丹”进行抽检并封存。所幸的是，13 例中毒患者经过住院治疗后，全部好转。

高毒农药“神农丹”严禁用于蔬菜瓜果。当地农民对神农丹的危害性都心知肚明，使用剧毒农药种出的姜，他们自己根本不吃。当地生姜种植采用两个“标准”：一个是出口国外的“标准”，即不使用剧毒农药，因为产品是要被严格检测的，检测通不过就无法通过口岸；另一个就是国内销售产品的“标准”，农户使用神农丹，因为国内的检测不严格，且多是委托检验，并不现场抽检。当地农民表示，只要找几斤不施农药的姜送去检验，就可以拿到农药残留合格的检测报告。

虽然安全食品应该是生产出来的，而不该是检测出来的，也不该是监管出来的，但是，这必须基于一个全社会都能讲诚信、讲道德、守伦理的前提。监管者不能应付了事，流于形式（图 7-25）。食品生产和经营者应加强诚信建设和行业自律。将企业伦理建设成为常态，但监管的作用也不能被削弱，制度的执行、监管方式的改进和内容的优化是政府行政主管部门应该考虑的问题。文明的制度约束人性，落后的制度放纵人性。暴利的诱惑会使人变得不道德，展现出人性的弱点。依据经济条件区分消费者是错误的，按照产品的质量和安全要求进行生产是根本。中国出口欧洲、美国、日本等发达国家和地区的食品的合格率几乎是100%，因为有严格的标准必须执行；而对于国内市场而言，同样也有标准和法规的要求，不仅问题百出，而且问题很严重，严重到危及人的生命。同样是关乎人的生命的食物，内外不应使用不同的标准。

图7-25 形式上的监管

另有一点值得广大消费者深思，食品为人们提供美的感受和幸福的感觉没有错，但是，为了追求感官的美感和刺激不是理性的做法。“毒粉丝”和“毒生姜”（硫黄熏蒸）以及其他为了产品显得“白”而进行的有害物质的使用行为，都是生产者和经营者为了迎合消费者的心理而做出的行为，人为地去改变物质的外观与形象，必然会出现问题。但这不能成为不讲伦理的借口。

第十节 福喜“僵尸肉”事件

一、事件回放

2013年5～6月，上海福喜公司和河北福喜公司生产、销售的部分食品因不符合百胜公司的工艺和原料要求，被退货或终止订单，造成相关产品大量积压。这两家公司是美国福喜集团（OSI Group）福喜投资（中国）有限公司在中国的子公司。2013年下半年，为挽回经济损失，担任福喜投资（中国）有限公司深加工事业部总经理杨某，召集相关管理人员贺某等商议，决定将上述产品继续销售或作为原料进行生产。之后，杨某通过会议、电子邮件等方式，指令上海福喜和河北福喜公司执行用回收食品或超过保质期的食品作为原料生产的方案；贺某传达指令并安排陆某某等人协调相关产品的再加工等生产活动；杜某根据授意，向客户销售使用回收食品、超过保质期的食品作为原料再生产的食品。期间，胡某、刘某和张某分别作为上海福喜公司的厂长、计划主管和质量经理，李某、张某和薛某分别作为河北福喜公司的厂长、仓储物流经理和质量经理，根据杨某等人的指令，按各自的职责参与相关产品的再加工等生产活动。

此外，2014年5月下旬，上海福喜公司向福建欧圣农牧发展有限公司采购冰鲜鸡皮、鸡胸肉，同年6月2日因生产计划变化，经胡某默许，将上述冰鲜鸡皮和鸡胸肉等放入公司冷冻库保存，将产品的保存方式由冰鲜转变成了冰冻，并将冰鲜原料代码改为冻品代码，更改保质期为1～3个月。同年6月中旬至7月中旬，由刘某安排制定生产计划，上海福喜公司用上述超过冰鲜保质期的冰冻鸡皮和鸡胸肉，加工成麦乐鸡等食品并部分销售。

东方卫视记者经过数个月的卧底调查，发现上海福喜食品公司使用过期劣质肉生产半成品并有组织地流向麦当劳、肯德基、必胜客等快餐店。2014年7月20日晚节目播出后，上海市食品药品监督管理部门连夜出击，在进入上海福喜食品公司生产车间时曾一度被阻拦。随后上海食药监管部门掌握了部分生产文字证据，上海所有肯德基和麦当劳的所有涉嫌问题产品被要求全部下架。

上海市食品药品监督管理局和上海市公安局等部门成立了“7·20”联合办案指挥部，经初步调查表明，上海福喜公司涉嫌实施有组织的违法生产经营行为。查实了5批次问题产品，涉及麦乐鸡、迷你小牛排、烟熏风味肉饼和猪肉饼等产品，共5108箱。对22家下游食品流通和快餐连锁企业进行紧急约谈，麦当劳（McDonald）、必胜客（Pizza Hut）、汉堡王（Burger King）、德克士（Dico’s）和7/11等连锁企业以及中外运普菲斯冷冻仓储有限公司、上海昌优食品销售有限公司和上海真兴食品销售有限公司普陀分公司等9家企业均使用了福喜公司的产品，此次封存了福喜公司产品约100t。

2014年7月22日，在上海市食品药品监督管理局和上海市公安局调查组的约谈中，福喜公司相关责任人承认，受高层指使，公司多年来一贯执行过期原料回收再利用的政策。

随着调查深入，根据上海电视台记者暗访获得的线索，上海福喜食品有限公司在厂区之外还有一个秘密仓库，用于专门把别的品牌的产品搬到仓库里，再换上福喜的包装。

2014年7月24日，上海市使用福喜产品的企业新增2家达11家。市公安局已依法对上海福喜食品有限公司负责人、质量经理等6名涉案人员予以刑事拘留。

上海市食品药品监督管理局和上海市公安局表示，对危害食品安全的违法行为要一查到底，依法严惩涉案单位和责任人。截至2014年7月23日，共出动执法监察人员875人次，共检查食品生产经营企业581户，对经营、使用福喜公司产品的企业的问题食品，均已采取下架、封存等控制措施。

2014年7月26日，OSI集团在官网上宣布，必须从市场中收回上海福喜所生产的所有产品。

图7-26　福喜集团中国新闻发布会

2014年7月28日，福喜全球主席兼首席执行官谢尔顿·拉文（Sheldon Lavin）向上海市食品药品监督管理局报告福喜总部对福喜事件采取的整改措施，表示公司将严格遵守中国法律，配合调查，全面承担责任（图7-26）。

2014年7月30日，上海市食品药品监督管理局再度约谈福喜集团具体负责中国投资运营的主要负责人、福喜全球高级副总裁兼亚太区总经理艾柏强等，责成福喜总部配合监管部门深入调查，主动配合有关部门推进案件的查办工作。

二、事件的影响

上海福喜涉嫌使用过期原料生产加工食品事件，引发了舆论震荡，再次击中中国消费者对食品安全的脆弱信心，感觉不仅小作坊生产的食品令人生疑，就是国际大型快餐连锁巨头也不值得信任了。

2014 年 7 月 20 日，上海福喜食品有限公司存在大量采用过期变质肉类原料的行为，通过将过期食品回锅重做、更改保质期标印等手段加工过期劣质肉类的丑闻被曝光后，引起网友关注与热议，上海福喜食品有限公司迅速成为舆论焦点。相关舆情在 7 月 21 日达到高峰。7 月 20 日至 7 月 24 日，《东南快报》《现代快报》《法制晚报》《新华网》《人民网》和《闽南网》等网络媒体关于“上海福喜过期肉事件”的新闻报道约 2550 条。网友关于“上海福喜过期肉事件”的言论有 140.01 万条，其中，传播福喜过期肉被曝光的言论占 39%，“上海福喜过期肉事件”波及麦当劳肯德基等企业的言论占 32%，拷问食品安全监管不力的言论占 14%。7 月 21 日，《中国青年网》发文“麦当劳肯德基供货商上海福喜公司使用过期肉舌尖上的安全谁来保障”，文章说：直到媒体曝光上海福喜食品有限公司使用过期肉，麦当劳、肯德基才出面回应停用并封存上海福喜公司供应的原料，是真的不知情，还是使用过期肉已成为他们之间“公开的秘密”。原料质量与安全监测完全可以从源头上控制，此安全问题是供货商的肆意而为，还是买家只图私利，又或是监管体系的不作为，企业在谋求更大利益的过程中应首要关注“舌尖”安全，不应该将食品安全的风险转嫁到消费者身上，同时，食品安全监管系统应该加大检查和惩罚力度，从根源上保证广大消费者的饮食安全。7 月 23 日，《闽南网》发文“跨国公司的中国‘特供’——福喜过期发臭肉品优先供应中国”称：世界上最大的肉类及蔬菜加工集团美国 OSI 集团在华下属公司上海福喜食品有限公司被曝使用过期发臭肉品供应中国麦当劳、肯德基、德克士、星巴克等企业。《京华时报》刊登题为“过期鸡肉原料被优先安排在中国使用”的报道。7 月 23 日，《人民网》发表题为“肯德基麦当劳上海供货商使用过期肉员工称吃不死人”的报道称：上海福喜食品有限公司被曝通过过期食品回锅重做、更改保质期标印等手段加工过期劣质肉类，再将生产的麦乐鸡块、牛排、汉堡肉等售给肯德基、麦当劳、必胜客等大部分快餐连锁店，其工作人员甚至表示“过期也吃不死人”。7 月 23 日，《东南快报》发文“福喜过期肉，监管去哪儿了”，文称：有关部门是不是该学学记者，做好本职的监管工作。都说“魔高一尺道高一丈”，不应反过来“道高一尺，魔高一丈”。我们要问的是，一次次的食品安全事故，为什么监管部门总是跟在媒体后面？这个监管漏洞不填上，终究还是头痛医头脚痛医脚，食品安全仍然是句空话。福喜现在被查封了，这并不应该成为这起“食品安全丑闻”的结果，因为有关监管部门去哪儿了的问题还没回答。我们拭目以待这个答案，最好还是一个公众满意的答案。7 月 24 日，《现代快报》发文“使用过期肉，福喜承认‘一贯如此’，由公司高层指使”，文称：上海福喜公司相关负责人已被控制。据了解，对于过期原料的使用，该公司多年来的政策一贯如此，且这种“问题操作”由高层指使。《现代快报》记者了解到，昨天江苏省食品药品监督管理局下发通知，要求省内所有从福喜采购食材的门店，立即停用福喜公司产品，在事件处理完以前，这些门店必须“每日一报”处理情况。

2014 年 7 月 30 日，汉堡王（Burger King）美国宣布，该公司全面停止从美国福喜集团中国子公司的采购。

2016 年 10 月 03 日《第一财经网》报道：上海市食药监管局消息称，嘉定区市场监督管理局对上海福喜食品有限公司依法做出警告、没收违法生产的食品、没收违法所得、罚款 1698.4 万元、吊销和注销相关食品生产许可证的行政处罚。徐汇区市场监管局已对上海福喜食品有限公司的上级公司福喜投资（中国）有限公司做出警告、罚款 730.1 万元等行政处罚。两公司被罚款合计人民币 2428.5 万元。此外，嘉定、徐汇两区市场监管局将按规定，把上海福喜食品有限公司和相关责任人员纳入上海食品严重违法失信“黑名单”。食品安全监管部门表示，将继续按“四个最严”的要求，从严查处食品安全违法犯罪行为。

三、伦理分析

据报道，福喜“臭肉门”事件的爆料人是上海福喜公司的一名前员工，他在福喜工作期间就发现了许多问题，也向上级主管反映过，但没有效果。如何从机制上鼓励更多知情人提供线索，从而遏制食品安全问题，是监管下一步需重视的问题。对于举报的行为，举报人选择的是公众利益优先的原则。

上海福喜的母公司福喜集团为国际知名的食品加工企业，一直靠大规模的投资、先进的生产与管理受到中国地方政府与农业企业欢迎。麦当劳和肯德基等洋快餐连锁企业也非常倚重中国市场，截至 2013 年 12 月底，肯德基在中国拥有 4500 余家餐厅；麦当劳在中国门店数量也超过了 2000 家。国际大型企业在严格管理的外表下，修改原料保质期等生产信息数据，建立 2 个账本，2014 年，上海福喜食品公司还曾被评为“嘉定新城（马陆镇）食品安全生产先进单位（A 级）”。

然而，根据记者对其内部的调查暗访发现，福喜公司的生产存在很多不符合食品生产相关规定和要求的情况，主要表现在以下几方面。①生产过程控制不严。工人将散落到地上的麦乐鸡和调味牛肉排等捡拾起来后不经任何处理就直接放上生产线进行继续加工。②使用过期材料。记者发现生产中使用了产品包装袋上标注的保质期限是 6d、原料生产日期为 2014 年 5 月 28 日和 5 月 30 日、已经过期近半个月的鸡皮、鸡胸肉等原料，被碾碎再加工。③不合格品处置不当。挑拣出的次品被工人直接推到了原料处理区，经过再次绞肉混合和高温油炸，次品“重获新生”变成合格品。④变质“回锅”重生，将过期 1 年发绿、发臭的冷冻小牛排、过期劣质肉类生产的麦乐鸡块、牛排、汉堡肉等更改保质期标后售给肯德基、麦当劳、必胜客等大部分快餐连锁店。⑤应付检查伪造资料。据称，该公司有 2 套生产台账资料，1 套是当场做的，还有 1 套是有专人改的报表，用于应付检查，给检查人员看的。

从管理学的角度来看，事件发生的原因是上海福喜公司运用其信息不对称下的信息优势，将过期劣质肉供应给洋快餐企业。这种信息不对称使得产业链的相关方也要承担道德风险。上海福喜公司的事情暴露后，影响了下游洋快餐企业，这是供应链的风险传递现象。事件发生后，针对事件的影响和带来的危机，上海福喜公司的母公司采取了正确的危机管理方式，福喜全球主席兼首席执行官谢尔顿·拉文向上海市食药监局报告福喜总部对福喜事件采取的整改措施，表示公司将严格遵守中国法律配合调查，全面承担责任。

《人民网》2014 年 7 月 23 日讯：在福喜上海食品有限公司曝出食品安全问题之后，福喜集团于 7 月 21 日在官网发布了一则声明。声明指出，本次事件是一起个体事件，集团愿为整个事件承担全部责任，并将迅速彻底地采取适当行动。声明说，“福喜集团对近期东方卫视关于其子公司福喜上海食品有限公司产品的报道高度重视。公司管理层对报道感到震惊，并已第一时间直接接管此事。公司已成立调查小组，全力配合相关政府监管部门的调查，并同步进行内部调查。福喜集团将向公众披露调查结果，并基于调查结果实施所有必要措施。”“食品安全是福喜集团的业务基石，也是公司服务客户的指导性原则。我们对任何妨碍食品安全的行为都持零容忍的态度。对于本次事件对公司客户带来的困难，以及对消费者可能带来的影响，福喜集团表示深切的歉意。福喜集团管理层相信，本次事件是一起个体事件。集团愿为整个事件承担全部责任，并将迅速彻底地采取适当行动。”

OSI集团是一家在全球17个国家拥有50多家食品加工厂的国际化食品集团，公司成立于1909年，集团总部位于美国芝加哥。福喜集团向超过85个国家和地区销售全生、半熟、全熟的鸡肉、牛肉和猪肉制品，以及各种非肉类产品，包括披萨、烘焙食品、鸡蛋和蔬菜农产品。福喜集团在中国共设立10家公司，其中，在廊坊、广州、昆明、周口等地均设立有相关食品公司；在福建、河南等地则设有多个农牧发展有限公司。上海福喜的年生产能力达25000t左右。福喜集团网站上“我们对食品安全与质量控制的承诺”宣称“全球的很多大型食品品牌都信赖福喜一流的食品安全与质量保证服务，因为它们知道这可确保其品牌的安全无虞。我们可设计并管理供应链系统，尽最大可能保护您的品牌、产品和声誉。我们的食品质量保证专家团队深入到加工网络，能够确保生产合规、开发严格的跟踪及追溯系统、安排安全运输并支持最佳流程控制和可靠的供应实践。客户都将其最宝贵的资产——声誉交托给我们：我们采取了保障食品安全的特别措施：危害分析与关键控制点（HACCP）系统与全球食品安全计划（GFSI）认证，可确保我们生产的所有食品均拥有一流的安全性和稳定的质量，以回报客户对我们的信赖。严格的政策：我们设定的标准往往超出客户及监管的要求。我们也一直在衡量自己与供货商是否达到这些标准。我们会定期进行HACCP、食品安全、良好操作规范（Good Manufacturing Practices，GMP）、动物福利和福喜全球标准审核，与创新型质量管理程序和技术保持同步。”提供“无法超越的食品安全与质量控制规范”“对企业整个生态系统的可持续发展的承诺”，遵循“以集体利益为重”“诚信经营”。遗憾的是，对其驻外公司的管理并未实现上述承诺。

该事件是《中华人民共和国食品安全法》颁布实施后，食品安全领域内重大、疑难、复杂而且敏感的刑事案件，社会关注度高、影响重大。使用回收食品、超过保质期的食品作为原料进行食品生产经营的行为具有食品安全风险，《中华人民共和国食品安全法》“禁止生产经营超过保质期的食品”“食品经营者应当按照保证食品安全的要求贮存食品，定期检查库存食品，及时清理变质或者超过保质期的食品”“生产不符合食品安全标准的食品或销售明知是不符合食品安全标准的食品，消费者除要求赔偿损失外，还可以向生产者或者销售者要求支付价款十倍的赔偿金”等规定。《中华人民共和国刑法》明确规定，生产、销售不符合食品安全标准的食品，足以造成严重食物中毒事故或者其他严重食源性疾病的，处三年以下有期徒刑或者拘役，并处罚金。该行为也不符合《中华人民共和国产品质量法》关于产品质量应当“不存在危及人身、财产安全的不合理危险”的要求。

重大的食品安全事件的发生主要责任当然是肇事方，但是与监管制度的规定、行政部门的作为和操作是密切相关的。应该加大食品安全的技术监管，加强食品安全委员会的协调机制，对于恶性事件，公安机关应主动介入，对阻挠监管的企业和人员进行处罚。

肇事者是福喜公司，受害者涉及一些下游的企业，但最终的受害者还是消费者，相关机构应进行公益诉讼，整体维权，保护消费者的权益，不能让违法经营者逃避民事责任。

2013年1月1日起施行的《中华人民共和国民事诉讼法》首次增加了“公益诉讼”条款，规定“对污染环境、侵害众多消费者合法权益等损害社会公共利益的行为，法律规定的机关和有关组织可以向人民法院提起诉讼”。2013年3月15日起施行的新消保法对这一条款进行了细化，明确了中国消费者协会以及在省、自治区、直辖市设立的消费者协会有权就不法企业侵害众多消费者合法权益的行为向人民法院提起诉讼。中国食品安全问题频发的背景是国内违法成本太低，在国外，企业故意造成食品安全问题可能会被罚得倾家荡产，但外企进入后中国“入乡随俗”，聘用的都是当地人员，对管理者的要求未加以注意和重视。

无论从伦理哪一个学派的观点来看，上海福喜食品公司都突破了伦理的底线，其所作所为源自高层。这些人利欲熏心，唯利是图，毫无廉耻，这样的企业必须受到严惩，其决策者和直接管理者应受到法律制裁并终身不得从事食品行业的工作。

虽然福喜集团发布声明强调该事件是一起个体事件。但是更改日期、用剩余食品原料回掺的做法在食品加工业已成“潜规则”，不止在外企，这种情况中国企业中也普遍存在。一些企业的违法行为，并非完全是个人行为，而是公司有组织有制度的行为。上海福喜公司质量部经理在被约谈时也曾明确表示，对于过期原料的使用，公司多年来的政策一贯如此，且“问题操作”由高层指使，并称至少厂长级别以上的人同意才能实施。据上海市食品药品监督管理局2014年7月22日通报，麦当劳、必胜客等企业如果未对采购的食品原料和生产的食品、食品添加剂、食品相关产品进行检验，未建立并遵守查验记录制度、出厂检验记录制度，进货时未查验许可证和相关证明文件，同样属于违反《中华人民共和国食品安全法》的行为。实际上，只是索证是不够的，要加强重复检查和重新检查的制度。

福喜公司丑闻给在华的洋品牌敲响了警钟，中国的消费市场和消费者越来越成熟，中国社会和经济发展为国民提供了追求优质生活良好愿望的保障。中国古话说得好，店大不欺客，童叟无欺，一视同仁，这才是做生意的本分。外国企业聘用国内的管理人员是为了本地化的经营环境需要，在外国企业工作的本地雇员应该运用国外企业的先进管理理念和管理方式来为社会造福，而不应该利用熟悉当地“风土人情”的便利去从事“恶行”。

附　录

附录一　国民经济行业分类及代码［（GB/T 4754—2017）《国民经济行业分类》节选］

代码				类别名称	说　明
门类	大类	中类	小类		
C				制造业	本门类包括13～43大类，指经物理变化或化学变化后成为新的产品，不论是动力机械制造或手工制作，也不论产品是批发销售或零售，均视为制造；建筑物中的各种制成品、零部件的生产应视为制造，但在建筑预制品工地，把主要部件组装成桥梁、仓库设备、铁路与高架公路、升降机与电梯、管道设喷水设备、暖气设备、通风设备与空调设备，照明与安装电线等组装活动，以及建筑物的装置，均列为建筑活动 本门类包括机电产品的再制造，指将废旧汽车零部件、工程机械、机床等进行专业化修复的批量化生产过程，再制造的产品达到与原有新产品相同的质量和性能
	13			**农副食品加工业**	指直接以农、林、牧、渔业产品为原料进行的谷物磨制、饲料加工、植物油和制糖加工、屠宰及肉类加工、水产品加工，以及蔬菜、水果和坚果等食品的加工
		131		谷物磨制	也称粮食加工，指将稻谷、小麦、玉米、谷子、高粱等谷物去壳、碾磨，加工为成品粮的生产活动
			1311	稻谷加工	指将稻谷去壳、碾磨成大米的生产活动
			1312	小麦加工	指将小麦碾磨成小麦粉的生产活动
			1313	玉米加工	指将玉米碾碎或碾磨成玉米碴或玉米粉的生产活动，不含以玉米为原料的饲料加工、淀粉及淀粉制品制造、酒精制造等
			1314	杂粮加工	指将谷子、高粱、绿豆、红小豆等小宗谷类、豆类作物进行清理去壳、碾磨，加工为成品粮的生产活动
			1319	其他谷物磨制	
		133		植物油加工	
			1331	食用植物油加工	指用各种食用植物油料生产油脂，以及精制食用油的加工
			1332	非食用植物油加工	指用各种非食用植物油料生产油脂的活动
		134	1340	制糖业	指以甘蔗、甜菜等为原料制作成品糖，以及以原糖或砂糖为原料精炼加工各种精制糖的生产活动
		135			屠宰及肉类加工
			1351	牲畜屠宰	指对各种牲畜进行宰杀，以及鲜肉冷冻等保鲜活动，但不包括商业冷藏活动
			1352	禽类屠宰	指对各种禽类进行宰杀，以及鲜肉冷冻等保鲜活动，但不包括商业冷藏活动

续表

代码				类别名称	说明
门类	大类	中类	小类		
			1353	肉制品及副产品加工	指主要以各种畜、禽肉及畜、禽副产品为原料加工成熟肉制品
		136		水产品加工	
			1361	水产品冷冻加工	指为了保鲜，将海水、淡水养殖或捕捞的鱼类、虾类、甲壳类、贝类、藻类等水生动物或植物进行的冷冻加工，但不包括商业冷藏活动
			1362	鱼糜制品及水产品干腌制加工	指鱼糜制品制造，以及水产品的干制、腌制等加工活动
			1363	鱼油提取及制品制造	指从鱼或鱼肝中提取油脂，并生产制品的活动
			1369	其他水产品加工	指对水生动植物进行的其他加工
		137		蔬菜、菌类、水果和坚果加工	指用脱水、干制、冷藏、冷冻、腌制等方法，对蔬菜、菌类、水果、坚果的加工
			1371	蔬菜加工	
			1372	食用菌加工	
			1373	水果和坚果加工	
		139		其他农副食品加工	
			1391	淀粉及淀粉制品制造	指用玉米、薯类、豆类及其他植物原料制作淀粉和淀粉制品的生产；还包括以淀粉为原料，经酶法或酸法转换得到的糖品生产活动
			1392	豆制品制造	指以大豆、小豆、绿豆、豌豆、蚕豆等豆类为主要原料，经加工制成食品的活动
			1393	蛋品加工	
			1399	其他未列明农副食品加工	
	14			**食品制造业**	
		141		焙烤食品制造	
			1411	糕点、面包制造	指用米粉、小麦粉、豆粉为主要原料，配以辅料，经成型、油炸、烤制而成的各种食品生产活动
			1419	饼干及其他焙烤食品制造	指以小麦粉（或糯米粉）、糖和油脂为主要原料，配以乳制品、蛋制品等辅料，经成型、焙烤制成的各种饼干，以及用薯类、谷类、豆类等制作的各种易于保存、食用方便的焙烤食品生产活动
		142		糖果、巧克力及蜜饯制造	
			1421	糖果、巧克力制造	糖果制造指以砂糖、葡萄糖浆或饴糖为主要原料，加入油脂、乳品、胶体、果仁、香料、食用色素等辅料制成甜味块状食品的生产活动；巧克力制造指以浆状、粉状或块状可可、可可脂、可可酱、砂糖、乳品等为主要原料加工制成巧克力及巧克力制品的生产活动
			1422	蜜饯制作	指以水果、坚果、果皮及植物的其他部分制作糖果蜜饯的活动

续表

代码				类别名称	说明
门类	大类	中类	小类		
		143		方便食品制造	指以米、小麦粉、杂粮等为主要原料加工制成，只需简单烹制即可作为主食，具有食用简便、携带方便，易于储藏等特点的食品制造
			1431	米、面制品制造	指以大米、小麦粉、杂粮等为主要原料，经加工制成各种未经蒸煮类米面制品的生产活动
			1432	速冻食品制造	指以米、小麦粉、杂粮等为主要原料，以肉类、蔬菜等为辅料，经加工制成各类烹制或未烹制的主食食品后，立即采用速冻工艺制成的，并可以在冻结条件下运输储存及销售的各类主食食品的生产活动
			1433	方便面制造	
			1439	其他方便食品制造	指用米、杂粮等为主要原料加工制成的，可以直接食用或只需简单蒸煮即可作为主食的各种方便主食食品的生产活动，以及其他未列明的方便食品制造
		144		乳制品制造	指以生鲜牛(羊)乳及其制品为主要原料，经加工制成的液体乳及固体乳(乳粉、炼乳、乳脂肪、干酪等)制品的生产活动；不包括含乳饮料和植物蛋白饮料生产活动
	14		1441	液体乳制造	
			1442	乳粉制造	
			1449	其他乳制品制造	
			1441	液体乳制造	
		145		罐头食品制造	指将符合要求的原料经处理、分选、修整、烹调(或不经烹调)、装罐、密封、杀菌、冷却(或无菌包装)等罐头生产工艺制成的，达到商业无菌要求，并可以在常温下储存的罐头食品的制造
			1451	肉、禽类罐头制造	
			1452	水产品罐头制造	
			1453	蔬菜、水果罐头制造	
			1459	其他罐头食品制造	指婴幼儿辅助食品类罐头、米面食品类罐头(如八宝粥罐头等)及上述未列明的罐头食品制造
		146		调味品、发酵制品制造	
			1461	味精制造	指以淀粉或糖蜜为原料，经微生物发酵、提取、精制等工序制成的，谷氨酸钠含量在80%及以上的鲜味剂的生产活动
			1462	酱油、食醋及类似制品制造	指以大豆和(或)脱脂大豆，小麦和(或)麸皮为原料，经微生物发酵制成的各种酱油和酱类制品，以及以单独或混合使用各种含有淀粉、糖的物料或酒精，经微生物发酵酿制的酸性调味品的生产活动
			1469	其他调味品、发酵制品制造	
		149		其他食品制造	

续表

代码				类别名称	说明
门类	大类	中类	小类		
			1491	营养食品制造	指以新食品原料和其他富含营养成分的传统食材为原料，经各种常规食品制造技术生产的特殊医学用途配方食品、婴幼儿配方食品和其他适用于特定人群的主辅食品的生产活动
			1492	保健食品制造	指针明具有特定保健功能的食品，适用于特定人群食用，具有调节机体功能，不以治疗为目的，对人体不产生急性、亚急性或慢性危害，以补充维生素、矿物质为目的的营养素补充等保健食品制造
			1493	冷冻饮品及食用冰制造	指以砂糖、乳制品、豆制品、蛋制品、油脂、果料和食用添加剂等经混合配制、加热杀菌、均质、老化、冻结(凝冻)而成的冷食饮品的制造，以及食用冰的制造
			1494	盐加工	指以原盐为原料，经过化卤、蒸发、洗涤、粉碎、干燥、脱水、筛分等工序，或在其中添加碘酸钾及调味品等加工制成盐产品的生产活动
			1495	食品及饲料添加剂制造	指增加或改善食品特色的化学品，以及补充动物饲料的营养成分和促进生长、防治疫病的制剂的生产活动
			1499	其他未列明食品制造	
	15			**酒、饮料和精制茶制造业**	
		151		酒的制造	指酒精、白酒、啤酒及其专用麦芽、黄酒、葡萄酒、果酒、配制酒以及其他酒的生产
			1511	酒精制造	指用玉米、小麦、薯类等淀粉质原料或用糖蜜等含糖质原料，经蒸煮、糖化、发酵及蒸馏等工艺制成的酒精产品的生产活动
			1512	白酒制造	指以高粱等粮谷为主要原料，以大曲、小曲或麸曲及酒母等为糖化发酵剂，经蒸煮、糖化、发酵、蒸馏、陈酿、勾兑而制成的蒸馏酒产品的生产活动
			1513	啤酒制造	指以麦芽(包括特种麦芽)、水为主要原料，加啤酒花，经酵母发酵酿制而成，含二氧化碳、起泡、低酒精度的发酵酒产品(包括无醇啤酒，也称脱醇啤酒)的生产活动，以及啤酒专用原料麦芽的生产活动
			1514	黄酒制造	指以稻米、黍米、黑米、小麦、玉米等为主要原料，加曲、酵母等糖化发酵剂发酵酿制而成的发酵酒产品的生产活动
			1515	葡萄酒制造	指以新鲜葡萄或葡萄汁为原料，经全部或部分发酵酿制而成，含有一定酒精度的发酵酒产品的生产活动
			1519	其他酒制造	指除葡萄酒以外的果酒、配制酒以及上述未列明的其他酒产品的生产活动
		152		饮料制造	

续表

代码				类别名称	说明
门类	大类	中类	小类		
			1521	碳酸饮料制造	指在一定条件下充入二氧化碳气的饮用品制造，其成品中二氧化碳气的含量(20℃时的体积倍数)不低于2.0倍
			1522	瓶(罐)装饮用水制造	指以地下矿泉水和符合生活饮用水卫生标准的水为水源加工制成的，密封于塑料瓶(罐)、玻璃瓶或其他容器中，不含任何添加剂，可直接饮用的水的生产活动
			1523	果菜汁及果菜汁饮料制造	指以新鲜或冷藏水果和蔬菜为原料，经加工制得的果菜汁液制品生产活动，以及在果汁或浓缩果汁、蔬菜汁中加入水、糖液、酸味剂等，经调制而成的可直接饮用的饮品(果汁含量不低于10%)的生产活动
			1524	含乳饮料和植物蛋白饮料制造	指以鲜乳或乳制品为原料(经发酵或未经发酵)，加入水、糖液等调制而成的可直接饮用的含乳饮品的生产活动，以及以蛋白质含量较高的植物的果实、种子或核果类、坚果类的果仁等为原料，在其加工制得的浆液中加入水、糖液等调制而成的可直接饮用的植物蛋白饮品的生产活动
			1525	固体饮料制造	指以糖、食品添加剂、果汁或植物抽提物等为原料，加工制成粉末状、颗粒状或块状制品[其成品水分(质量分数)不高于5%]的生产活动
			1529	茶饮料及其他饮料制造	指茶饮料、特殊用途饮料以及其他未列明的饮料制造
		153	1530	精制茶加工	指对毛茶或半成品原料茶进行筛分、轧切、风选、干燥、匀堆、拼配等精制加工茶叶的生产活动
	35			**专用设备制造业**	
		353		食品、饮料、烟草及饲料生产专用设备制造	
			3531	食品、酒、饮料及茶生产专用设备制造	指主要用于食品、酒、饮料生产及茶制品加工等专用设备的制造
			3532	农副食品加工专用设备制造	指对谷物、干豆类等农作物的筛选、碾磨、储存等专用机械，糖料和油料作物加工机械，畜禽屠宰、水产品加工及盐加工机械的制造
G				交通运输、仓储和邮政业	本门类包括53～60大类
	54			**道路运输业**	
		543		道路货物运输	指所有道路的货物运输活动
			5432	冷藏车道路运输	指农产品、食品、植物等货物始终处于适宜温度环境下，保证产品质量的配有专门运输设备的道路货物运输活动

附录二　社会责任 8000（Social Accountability 8000）

Social Accountability 8000

International Standard

by Social Accountability International

June 2014

SA 8000®：2014

Supersedes previous versions：2001，2004 and 2008

The official language of this Standard and supporting documents is English. In the case of inconsistency between versions，reference shall default to the English version.

SAI
SOCIAL ACCOUNTABILITY INTERNATIONAL
SA 8000

About the Standard

This is the fourth issue of SA 8000，a voluntary standard for auditable third-party verification，setting out the requirements to be met by organizations，including the establishment or improvement of workers' rights，workplace conditions and an effective management system. However，**certification is only available per specific worksite.**

The foundational elements of this Standard are based on the UN Declaration of Human Rights，conventions of the ILO，international human rights norms and national labour laws. The normative SA 8000 certification audit reference documents are the SA 8000：2014 Standard and the SA 8000 *Performance Indicator Annex*. Additionally，the SA 8000 *Guidance Document* facilitates compliance with the Standard.

The SA 8000 *Performance Indicator Annex*，a normative document，sets out the minimum performance expectations of an SA 8000 certified organisation. The *Performance Indicator Annex* is found online at the SAI website.

Although SA 8000 is universally applicable, and certification is in principle available in any state or industry, there are exceptions to SA 8000 certification. The SAI Advisory Board considers that there are some sectors where meeting all Standard requirements poses special difficulty due to industry norms and technical needs. The list of these current exceptions is found online at the SAI website.

SA 8000 is revised periodically as conditions change. Its revisions also incorporate corrections and improvements received from interested parties. It is hoped that the Standard, its *Performance Indicator Annex* and its *Guidance Document* will continue to improve, with the help of a wide variety of participants. SAI welcomes your suggestions as well. To comment on SA 8000, the SA 8000 *Performance Indicator Annex* or the SA 8000 *Guidance Document*, please send written remarks to SAI at the physical or email address indicated below.

SAI
Social Accountability International

SAI
15 West 44th Street
6th Floor
New York, NY 10036
USA
+1-212-684-1414
+1-212-684-1515 (facsimile)
e-mail: info@sa-intl. org

Contents

1. Shall
2. May
3. Child
4. Child labour
5. Collective bargaining agreement
6. Corrective action
7. Preventive action
8. Forced or compulsory labour
9. Home worker
10. Human trafficking
11. Interested parties
12. Living wage
13. Non-conformance
14. Organisation
15. Personnel
16. Worker
17. Private employment agency
18. Remediation of child labourers
19. Risk assessment
20. SA 8000 worker representative (s)
21. Social performance
22. Stakeholder engagement
23. Supplier/subcontractor
24. Sub-supplier
25. Worker organisation
26. Young worker

Ⅳ. SOCIAL ACCOUNTABILITY REQUIREMENTS

1. Child Labour
2. Forced or Compulsory Labour
3. Health and Safety
4. Freedom of Association & Right to Collective Bargaining
5. Discrimination
6. Disciplinary Practices
7. Working Hours
8. Remuneration
9. Management System

Ⅰ. Introduction

1. INTENT AND SCOPE

Intent: The intent of SA 8000 is to provide an auditable, voluntary standard, based on the UN Declaration of Human Rights, ILO and other international human rights and labour norms and national labour laws, to empower and protect all personnel within an organisation's control and influence who provide products or services for that organisation, including personnel employed by the organisation itself and by its suppliers, sub-contractors, sub-suppliers and home workers. It is intended that an organization shall comply with this Standard through an appropriate and effective Management System.

Scope: It is universally applicable to every type of organisation, regardless of e. g. , its size, geographic location or industry sector.

2. MANAGEMENT SYSTEM

Throughout your review of the next eight elements of SA 8000, the requirements of this element-Management System are central to their correct implementation, monitoring and enforcement. The Management System is the operational map that allows the organisation to achieve full and sustained compliance with SA 8000 while continually improving, which is also known as Social Performance. When implementing the Management System element, it is a required priority that joint worker and management involvement be established, incorporated and maintained throughout the compliance process with all the Standard's elements. This is particularly critical to identify and correct non-conformances and to assure continuing conformance.

Ⅱ. Normative Elements and Their Interpretation

The organisation *shall* comply with local, national and all other applicable laws, prevailing industry standards, other requirements to which the organisation subscribes and this Standard. When such laws, standards or other requirements to which the organisation subscribes and this Standard address the same issue, the provision most favourable to workers *shall* apply.

The organisation *shall* also respect the principles of the following international instruments:

ILO Convention 1 (Hours of Work-Industry) and Recommendation 116 (Reduction of Hours of Work)

ILO Conventions 29 (Forced Labour) and 105 (Abolition of Forced Labour)

ILO Convention 87 (Freedom of Association)

ILO Convention 98 (Right to Organise

and Collective Bargaining)

ILO Conventions 100 (Equal Remuneration) and 111 (Discrimination-Employment and Occupation)

ILO Convention 102 (Social Security-Minimum Standards)

ILO Convention 131 (Minimum Wage Fixing)

ILO Convention 135 (Workers' Representatives)

ILO Convention 138 and Recommendation 146 (Minimum Age)

ILO Convention 155 and Recommendation 164 (Occupational Safety and Health)

ILO Convention 159 (Vocational Rehabilitation and Employment-Disabled Persons)

ILO Convention 169 (Indigenous and Tribal Peoples)

ILO Convention 177 (Home Work)

ILO Convention 181 (Private Employment Agencies)

ILO Convention 182 (Worst Forms of Child Labour)

ILO Convention 183 (Maternity Protection)

ILO Code of Practice on HIV/AIDS and the World of Work

Universal Declaration of Human Rights

The International Covenant on Economic, Social and Cultural Rights

The International Covenant on Civil and Political Rights

The United Nations Convention on the Rights of the Child

The United Nations Convention on the Elimination of All Forms of Discrimination Against Women

The United Nations Convention on the Elimination of All Forms of Racial Discrimination

UN Guiding Principles on Business and Human Rights

Ⅲ. Definitions (organized either alphabetically or by logical flow)

1. Shall: In this Standard the term "*shall*" indicates a requirement. Note: Italics have been added for emphasis.

2. May: In this Standard the term "*may*" indicates a permission. Note: Italics have been added for emphasis.

3. Child: Any person under 15 years of age, unless the minimum age for work or mandatory schooling is higher by local law, in which case the stipulated higher age applies in that locality.

4. Child labour: Any work performed by a child younger than the age (s) specified in the above definition of a child, except as provided for by ILO Recommendation 146.

5. Collective bargaining agreement: A contract specifying the terms and conditions for work, negotiated between an organisation (e. g. employer) or group of employers and one or more worker organisation (s) .

6. Corrective action: Action to eliminate the cause (s) and root cause (s) of a *de-*

tected non-conformance. Note: Corrective action is taken to *prevent recurrence*.

7. Preventive action: Action to eliminate the cause (s) and root cause (s) of a *potential* non-conformance. Note: Preventive action is taken to *prevent occurrence*.

8. Forced or compulsory labour: All work or service that a person has not offered to do voluntarily and is made to do under the threat of punishment or retaliation or that is demanded as a means of repayment of debt.

9. Home worker: A person who is contracted by the organisation or by its supplier, sub-supplier or subcontractor, but does not work on their premises.

10. Human trafficking: The recruitment, transfer, harboring or receipt of persons, by means of the use of threat, force, deception or other forms of coercion, for the purpose of exploitation.

11. Interested parties: An individual or group concerned with or affected by the social performance and/or activities of the organisation.

12. Living Wage: The remuneration received for a standard work week by a worker in a particular place sufficient to afford a decent standard of living for the worker and her or his family. Elements of a decent standard of living include food, water, housing, education, health care, transport, clothing, and other essential needs including provision for unexpected events.

13. Non-conformance: Non-compliance with a requirement.

14. Organisation: The entirety of any business or non-business entity responsible for implementing the requirements of this Standard, including all personnel employed by the organisation. Note: For example, organizations include: companies, corporations, farms, plantations, cooperatives, NGOs and government institutions.

15. Personnel: All individuals employed or contracted by an organisation, including but not limited to directors, executives, managers, supervisors, workers and contract workers such as security guards, canteen workers, dormitory workers and cleaning workers.

16. Worker: All non management personnel.

17. Private employment agency: Any entity, independent of the public authorities, which provides one or more of the following labour market services:

- Matching offers of and applications for employment, without the agency becoming a party to the employment relationship (s) which may occur;
- Employing workers with a view to making them available to a third party entity, which assigns their tasks and supervises the execution of these tasks.

18. Remediation of child labourers: All support and actions necessary to ensure the safety, health, education and development of children who have been subjected to child labour, as defined above, and whose work has been terminated.

19. Risk assessment: A process to identify the health, safety and labour policies and practices of an organisation and to prioritize associated risks.

20. SA 8000 worker representative (**s**): One or more worker representative (s) freely elected by workers to facilitate communication with the management representative (s) and senior management on matters related to SA 8000. In unionised facilities the worker representative (s) *shall* be from the recognized trade union (s), if they choose to serve. In cases where the union (s) does not appoint a representative or the organisation is not unionised, workers *may* freely elect the worker representative (s) for that purpose.

21. Social performance: An organisation's achievement of full and sustained compliance with SA 8000 while continually improving.

22. Stakeholder engagement: The participation of interested parties, including but not limited to the organisation, trade unions, workers, worker organizations, suppliers, contractors, buyers, consumers, investors, NGOs, media and local and national government officials.

23. Supplier/subcontractor: Any entity or individual (s) in the supply chain that directly provides the organisation with goods or services integral to, utilized in or for the production of the organisation's goods or services.

24. Sub-supplier: Any entity or individual (s) in the supply chain that provides the supplier with goods and/or services integral to, utilized in or for the production of the supplier's or the organisation's goods or services.

25. Worker organisation: An autonomous voluntary association of workers organised for the purpose of furthering and defending the rights and interests of workers.

26. Young worker: Any worker under the age of 18 but over the age of a child, as defined above.

Ⅳ. Social Accountability Requirements

1. CHILD LABOUR

Criteria:

1.1 The organisation *shall* not engage in or support the use of child labour as defined above.

1.2 The organisation *shall* establish, document, maintain and effectively communicate to personnel and other interested parties, written policies and procedures for remediation of child labourers, and *shall* provide adequate financial and other support to enable such children to attend and remain in school until no longer a child as defined above.

1.3 The organisation *may* employ young workers, but where such young workers are subject to compulsory education laws, they *shall* work only outside of school hours. Under no circumstances *shall* any young worker's school, work and transportation time exceed a combined total of 10 hours per day, and in no case *shall* young workers work more than 8 hours a day. Young workers may not work during night hours.

1.4 The organisation *shall* not expose children or young workers to any situations-in or outside of the workplace-that are hazardous or unsafe to their physical and mental health and development.

2. FORCED OR COMPULSORY LABOUR

Criteria:

2.1 The organisation *shall* not engage in or support the use of forced or compulsory labour, including prison labour, as defined in Convention 29, *shall* not retain original identification papers and *shall* not require personnel to pay 'deposits' to the organisation upon commencing employment.

2.2 Neither the organisation nor any entity supplying labour to the organisation *shall* withhold any part of any personnel's salary, benefits, property or documents in order to force such personnel to continue working for the organisation.

2.3 The organisation *shall* ensure that no employment fees or costs are borne in whole or in part by workers.

2.4 Personnel *shall* have the right to leave the workplace premises after completing the standard workday and be free to terminate their employment provided that they give reasonable notice to their organisation.

2.5 Neither the organisation nor any entity supplying labour to the organisation *shall* engage in or support human trafficking.

3. HEALTH AND SAFETY

Criteria:

3.1 The organisation *shall* provide a safe and healthy workplace environment and *shall* take effective steps to prevent potential health and safety incidents and occupational injury or illness arising out of, associated with or occurring in the course of work. It *shall* minimise or eliminate, so far as is reasonably practicable, the causes of all hazards in the workplace environment, based upon the prevailing safety and health knowledge of the industry sector and of any specific hazards.

3.2 The organisation *shall* assess all the workplace risks to new, expectant and nursing mothers including those arising out of their work activity, to ensure that all reasonable steps are taken to remove or reduce any risks to their health and safety.

3.3 Where hazards remain after effective minimisation or elimination of the causes of all hazards in the workplace environment, the organisation *shall* provide personnel with appropriate personal protective equipment as needed at its own expense. In the event of a work-related injury the organisation *shall* provide first aid and assist the worker in obtaining follow-up medical treatment.

3.4 The organisation *shall* appoint a senior management representative to be responsible for ensuring a safe and healthy workplace environment for all personnel and for implementing this Standard's Health and Safety requirements.

3.5 A Health and Safety Committee, comprised of a well-balanced group of management representatives and workers, *shall* be established and maintained. Unless otherwise specified by law, at least one worker member (s) on the Committee *shall* be by recognized trade union (s) representative (s), *if they choose to serve*. In cases where the union (s) does not appoint a representative or the organisation is not unionised, workers *shall* appoint a representative (s) as they deem appropriate. Its decisions *shall* be effectively communicated to all personnel. The Committee *shall* be trained and retrained periodically in order to be competently committed to continually improving the health and safety conditions in the workplace. It *shall* conduct formal, periodic occupational health and safety risk assessments to identify and then address current and potential health and safety hazards. Records of these assessments and corrective and preventive actions taken *shall* be kept.

3.6 The organisation *shall* provide to personnel, on a regular basis, effective health and safety training, including on-site training and, where needed, job-specific training. Such training *shall* also be repeated for new and reassigned personnel, where incidents have occurred, and when changes in technology and/or the introduction of new machinery present new risks to the health and safety of personnel.

3.7 The organisation *shall* establish documented procedures to detect, prevent, minimise, eliminate or otherwise respond to potential risks to the health and safety of personnel. The organization *shall* maintain written records of all health and safety incidents that occur in the workplace and in all residences and property provided by the organisation, whether it owns, leases or contracts the residences or property from a service provider.

3.8 The organisation *shall* provide, for use by all personnel, free access to: clean toilet facilities, potable water, suitable spaces for meal breaks, and, where applicable, sanitary facilities for food storage.

3.9 The organisation *shall* ensure that any dormitory facilities provided for personnel are clean, safe and meet their basic needs, whether it owns, leases or contracts the dormitories from a service provider.

3.10 All personnel *shall* have the right to remove themselves from imminent serious danger without seeking permission from the organisation.

4. FREEDOM OF ASSOCIATION & RIGHT TO COLLECTIVE BARGAINING

Criteria:

4.1 All personnel *shall* have the right to form, join and organise trade union (s) of their choice and to bargain collectively on their behalf with the organisation. The organization *shall* respect this right and *shall* effectively inform personnel that they are free to join a worker organisation of their choosing without any negative consequences or retaliation from the organisation. The organisation *shall* not interfere in any way with the establishment, functioning or administration of workers' organisation (s) or collective bargaining.

4.2 In situations where the right to freedom of association and collective bargaining are restricted under law, the organisation *shall* allow workers to freely elect their own representatives.

4.3 The organisation *shall* ensure that union members, representatives of workers and any personnel engaged in organizing workers are not subjected to discrimination, harassment, intimidation or retaliation for being union members, representative (s) of workers or engaged in organizing workers, and that such representatives have access to their members in the workplace.

5. DISCRIMINATION

Criteria:

5.1 The organisation *shall* not engage in or support discrimination in hiring, remuneration, access to training, promotion, termination or retirement based on race, national or territorial or social origin, caste, birth, religion, disability, gender, sexual orientation, family responsibilities, marital status, union membership, political opinions, age or any other condition that could give rise to discrimination.

5.2 The organisation *shall* not interfere with the exercise of personnel's rights to observe tenets or practices or to meet needs relating to race, national or social origin, religion, disability, gender, sexual orientation, family responsibilities, union membership, political opinions or any other condition that could give rise to discrimination.

5.3 The organisation *shall* not allow any behaviour that is threatening, abusive, exploitative or sexually coercive, including gestures, language and physical contact, in the workplace and in all residences and property provided by the organisation, whether it owns, leases or contracts the residences or property from a service provider.

5.4 The organisation *shall* not subject personnel to pregnancy or virginity tests under any circumstances.

6. DISCIPLINARY PRACTICES

Criterion:

6.1 The organisation *shall* treat all personnel with dignity and respect. The organisation *shall* not engage in or tolerate the use of corporal punishment, mental or physical coercion or verbal abuse of personnel. No harsh or inhumane treatment is allowed.

7. WORKING HOURS

Criteria：

7.1 The organisation *shall* comply with applicable laws, collective bargaining agreements (where applicable) and industry standards on working hours, breaks and public holidays. The normal work week, not including overtime, *shall* be defined by law but *shall* not exceed 48 hours.

7.2 Personnel *shall* be provided with at least one day off following every six consecutive days of working. Exceptions to this rule apply only where both of the following conditions exist：

a) National law allows work time exceeding this limit; and

b) A freely negotiated collective bargaining agreement is in force that allows work time averaging, including adequate rest periods.

7.3 All overtime work *shall* be voluntary, except as provided in 7.4 below, *shall* not exceed 12 hours per week and *shall* not be requested on a regular basis.

7.4 In cases where overtime work is needed in order to meet short-term business demand and the organization is party to a freely negotiated collective bargaining agreement representing a significant portion of its workforce, the organisation *may* require such overtime work in accordance with such agreement. Any such agreement must comply with the other requirements of this Working Hours element.

8. REMUNERATION

Criteria：

8.1 The organisation *shall* respect the right of personnel to a living wage and ensure that wages for a normal work week, not including overtime, *shall* always meet at least legal or industry minimum standards, or collective bargaining agreements (where applicable). Wages *shall* be sufficient to meet the basic needs of personnel and to provide some discretionary income.

8.2 The organisation *shall* not make deductions from wages for disciplinary purposes. Exception to this rule applies only when both of the following conditions exist：

a) Deductions from wages for disciplinary purposes are permitted by national law; and

b) A freely negotiated collective bargaining agreement is in force that permits this practice.

8.3 The organisation *shall* ensure that personnel's wages and benefits composition are detailed clearly and regularly to them in writing for each pay period. The organisation *shall* lawfully render all wages and benefits due in a manner convenient to workers, but in no circumstances in delayed or restricted forms, such as vouchers, coupons or promissory notes.

8.4 All overtime *shall* be reimbursed at a premium rate as defined by national law or established by a collective bargaining agreement. In countries where a premium rate for overtime is not regulated by law or there is no collective bargaining agreement, personnel *shall* be compensated for overtime at the organisation' s premium rate or at a premium rate equal to prevailing industry standards, whichever is higher.

8.5 The organisation *shall* not use labour-only contracting arrangements, consecutive short-term contracts and/or false apprenticeship or other schemes to avoid meeting its obligations to personnel under applicable laws and regulations pertaining to labour and social security.

9. MANAGEMENT SYSTEM

Criteria:

9.1 Policies, Procedures and Records

9.1.1 Senior management *shall* write a policy statement to inform personnel, in all appropriate languages, that it has chosen to comply with SA 8000.

9.1.2 This policy statement *shall* include the organisation' s commitment to conform to all requirements of the SA 8000 Standard and to respect the international instruments as listed in the previous section on Normative Elements and Their Interpretation. The statement *shall* also commit the organisation to comply with: national laws, other applicable laws and other requirements to which the organisation subscribes.

9.1.3 This policy statement and the SA 8000 Standard *shall* be prominently and conspicuously displayed, in appropriate and comprehensible form, in the workplace and in residences and property provided by the organisation, whether it owns, leases or contracts the residences or property from a service provider.

9.1.4 The organisation *shall* develop policies and procedures to implement the SA 8000 Standard.

9.1.5 These policies and procedures *shall* be effectively communicated and made accessible to personnel in all appropriate languages. These communications *shall* also be clearly shared with customers, suppliers, sub-contractors and sub-suppliers.

9.1.6 The organisation *shall* maintain appropriate records to demonstrate conformance to and implementation of the SA 8000 standard, including the Management System requirements contained in this element. Associated records *shall* be kept and written or oral summaries given to the SA 8000 worker representative (s) .

9.1.7 The organisation *shall* regularly conduct a management review of its policy statement, policies, procedures implementing this Standard and performance results, in order to continually improve.

9.1.8 The organisation *shall* make its policy statement publicly available in an effective form and manner to interested parties, upon request.

9.2 Social Performance Team

9.2.1 A Social Performance Team (SPT) *shall* be established to implement all elements of SA 8000. The Team *shall* include a balanced representation of:

a) SA 8000 worker representative (s); and

b) management.

Compliance accountability for the Standard *shall* solely rest with Senior Management.

9.2.2 In unionised facilities, worker representation on the SPT *shall* be by recognized trade union (s) representative (s), if they choose to serve. In cases where the union (s) does not appoint a representative or the organisation is not unionised, workers *may* freely elect one or more SA 8000 worker representative (s) from among themselves for this purpose. In no circumstances *shall* the SA 8000 worker representative (s) be seen as a substitute for trade union representation.

9.3 Identification and Assessment of Risks

9.3.1 The SPT *shall* conduct periodic written risk assessments to identify and prioritise the areas of actual or potential non-conformance to this Standard. It *shall* also recommend actions to Senior Management that address these risks. Actions to address these risks *shall* be prioritized according to their severity or where a delay in responding would make it impossible to address.

9.3.2 The SPT *shall* conduct these assessments based on their recommended data and data collection techniques and in meaningful consultation with interested parties.

9.4 Monitoring

9.4.1 The SPT *shall* effectively monitor workplace activities for:

a) compliance with this Standard;

b) implementation of actions to effectively address the risks identified by the SPT; and

c) for the effectiveness of systems implemented to meet the organization's policies and the requirements of this Standard.

It *shall* have the authority to collect information from or include interested parties (stakeholders) in its monitoring activities. It *shall* also liaise with other departments to study, define, analyse and/or address any possible non-conformance (s) to the SA 8000 Standard.

9.4.2 The SPT *shall* also facilitate routine internal audits and produce reports for senior management on the performance and benefits of actions taken to meet the SA 8000 Standard, including a record of corrective and preventive actions identified.

9.4.3 The SPT *shall* also hold periodic meetings to review progress and identify potential actions to strengthen implementation of the Standard.

9.5 Internal Involvement and Communication

9.5.1 The organisation *shall* demonstrate that personnel effectively understand the requirements of SA 8000, and *shall* regularly communicate the requirements of SA 8000 through routine communications.

9.6 Complaint Management and Resolution

9.6.1 The organisation *shall* establish a written grievance procedure that is confidential, unbiased, non-retaliatory and accessible and available to personnel and interested parties to make comments, recommendations, reports or complaints concerning the workplace and/or non-conformances to the SA 8000 Standard.

9.6.2 The organisation *shall* have procedures for investigating, following up on and communicating the outcome of complaints concerning the workplace and/or non-conformances to this Standard or of its implementing policies and procedures. These results *shall* be freely available to all personnel and, upon request, to interested parties.

9.6.3 The organisation *shall* not discipline, dismiss or otherwise discriminate against any personnel or interested party for providing information on SA 8000 compliance or for making other workplace complaints.

9.7 External Verification and Stakeholder Engagement

9.7.1 In the case of announced and unannounced audits for the purpose of certifying its compliance with the requirements of this Standard, the organisation *shall* fully cooperate with external auditors to determine the severity and frequency of any problems that arise in meeting the SA 8000 Standard.

9.7.2 The organisation *shall* participate in stakeholder engagement in order to attain sustainable compliance with the SA 8000 Standard.

9.8 Corrective and Preventive Actions

9.8.1 The organisation *shall* formulate policies and procedures for the prompt implementation of corrective and preventive actions and shall provide adequate resources for them. The SPT *shall* ensure that these actions are effectively implemented.

9.8.2 The SPT *shall* maintain records, including timelines, that list, at minimum, non-conformances related to SA 8000, their root causes, the corrective and preventive actions taken and implementation results.

9.9 Training and Capacity Building

9.9.1 The organisation *shall* implement a training plan for all personnel to effectively implement the SA 8000 Standard as informed by the results of risk assessments. The organisation *shall* periodically measure the effectiveness of training and record their nature and frequency.

9.10 Management of Suppliers and Contractors

9.10.1 The organisation *shall* conduct due diligence on its suppliers/subcontractors, private employment agencies and sub-suppliers' compliance with the SA 8000 Standard. The same due diligence approach *shall* be applied when selecting new suppliers/subcontractors, private employment agencies and sub-suppliers. The minimum activities for the organisation to fulfil this requirement *shall* be recorded and *shall* include:

a) effectively communicating the requirements of this Standard to senior leadership of suppliers /subcontractors, private employment agencies and sub-suppliers;

b) assessing significant risks of non-conformance by suppliers/subcontractors, private employment agencies and sub-suppliers. [Note: an explanation of "significant risk" is found in the guidance document];

c) making reasonable efforts to ensure that these significant risks are adequately addressed by suppliers/subcontractors, private employment agencies and sub-suppliers and by the organisation where and when appropriate, and prioritized according to the organization' s ability and resources to influence these entities; [Note: an explanation of "reasonable effort" is found in the guidance document]; and d) establishing monitoring activities and tracking performance of suppliers/subcontractors, private employment agencies and sub-suppliers to ensure that these significant risks are effectively addressed.

9.10.2 Where the organisation receives, handles or promotes goods and/or services from suppliers /subcontractors or sub-suppliers who are classified as home workers, the organisation *shall* take effective actions to ensure that such home workers are afforded a level of protection substantially equivalent to that afforded to the organisation' s other workers under the requirements of this Standard.

Standard as informed by the results of risk assessments. The organisation *shall* periodically measure the effectiveness of training and record their nature and frequency.

附录三 联合国全球契约十原则（The Ten Principles of the UN Global Compact）

Corporate sustainability starts with a company's value system and a principles-based approach to doing business. This means operating in ways that, at a minimum, meet fundamental responsibilities in the areas of human rights, labour, environment and anti-corruption. Responsible businesses enact the same values and principles wherever they have a presence, and know that good practices in one area do not offset harm in another. By incorporating the Ten Principles of the UN Global Compact into strategies, policies and procedures, and establishing a culture of integrity, companies are not only upholding their basic responsibilities to people and planet, but also setting the stage for long-term success.

The Ten Principles of the United Nations Global Compact are derived from: the Universal Declaration of Human Rights, the International Labour Organization's Declaration on Fundamental Principles and Rights at Work, the Rio Declaration on Environment and Development, and the United Nations Convention Against Corruption.

Human Rights

Principle 1: Businesses should support and respect the protection of internationally proclaimed human rights; and

Principle 2: make sure that they are not complicit in human rights abuses.

Labour

Principle 3: Businesses should uphold the freedom of association and the effective recognition of the right to collective bargaining;

Principle 4: the elimination of all forms of forced and compulsory labour;

Principle 5: the effective abolition of child labour; and

Principle 6: the elimination of discrimination in respect of employment and occupation.

Environment

Principle 7: Businesses should support a precautionary approach to environmental challenges;

Principle 8: undertake initiatives to promote greater environmental responsibility; and

Principle 9: encourage the development and diffusion of environmentally friendly technologies.

Anti-Corruption

Principle 10: Businesses should work against corruption in all its forms, including extortion and bribery.

附录四　食品生产许可分类目录

食品、食品添加剂类别	类别编号	类别名称	品种明细	备注
粮食加工品	0101	小麦粉	1. 通用：特制一等小麦粉、特制二等小麦粉、标准粉、普通粉、高筋小麦粉、低筋小麦粉、全麦粉、其他 2. 专用：营养强化小麦粉、面包用小麦粉、面条用小麦粉、饺子用小麦粉、馒头用小麦粉、发酵饼干用小麦粉、酥性饼干用小麦粉、蛋糕用小麦粉、糕点用小麦粉、自发小麦粉、专用全麦粉、小麦胚（胚片、胚粉）、其他	
	0102	大米	大米、糙米类产品（糙米、留胚米等）、特殊大米（免淘米、蒸谷米、发芽糙米等）、其他	
	0103	挂面	1. 普通挂面 2. 花色挂面 3. 手工面	
	0104	其他粮食加工品	1. 谷物加工品：高粱米、黍米、稷米、小米、黑米、紫米、红线米、小麦米、大麦米、裸大麦米、莜麦米（燕麦米）、荞麦米、薏仁米、八宝米类、混合杂粮类、其他 2. 谷物碾磨加工品：玉米糁、玉米粉、燕麦片、汤圆粉（糯米粉）、莜麦粉、玉米自发粉、小米粉、高粱粉、荞麦粉、大麦粉、青稞粉、杂面粉、大米粉、绿豆粉、黄豆粉、红豆粉、黑豆粉、豌豆粉、芸豆粉、蚕豆粉、黍米粉（大黄米粉）、稷米粉（糜子面）、混合杂粮粉、其他 3. 谷物粉类制成品：生湿面制品、生干面制品、米粉制品、其他	
食用油、油脂及其制品	0201	食用植物油	菜籽油、大豆油、花生油、葵花籽油、棉籽油、亚麻籽油、油茶籽油、玉米油、米糠油、芝麻油、棕榈油、橄榄油、食用植物调和油、其他	
	0202	食用油脂制品	食用氢化油、人造奶油（人造黄油）、起酥油、代可可脂、植脂奶油、粉末油脂、植脂末、其他	
	0203	食用动物油脂	猪油、牛油、羊油、鸡油、鸭油、鹅油、骨髓油、水生动物油脂、其他	
调味品	0301	酱油	酱油	
	0302	食醋	1. 食醋 2. 甜醋	
	0303	味精	1. 谷氨酸钠（99%味精） 2. 加盐味精 3. 增鲜味精	
	0304	酱类	稀甜面酱、甜面酱、大豆酱（黄酱）、蚕豆酱、豆瓣酱、大酱、其他	

续表

食品、食品添加剂类别	类别编号	类别名称	品种明细	备注
调味品	0305	调味料	1. 液体调味料：鸡汁调味料、牛肉汁调味料、烧烤汁、鲍鱼汁、香辛料调味汁、糟卤、调味料酒、液态复合调味料、其他 2. 半固体(酱)调味料：花生酱、芝麻酱、辣椒酱、番茄酱、风味酱、芥末酱、咖喱卤、油辣椒、火锅蘸料、火锅底料、排骨酱、叉烧酱、香辛料酱(泥)、复合调味酱、其他 3. 固体调味料：鸡精调味料、鸡粉调味料、畜(禽)粉调味料、风味汤料、酱油粉、食醋粉、酱粉、咖喱粉、香辛料粉、复合调味粉、其他 4. 食用调味油：香辛料调味油、复合调味油、其他 5. 水产调味品：蚝油、鱼露、虾酱、鱼子酱、虾油、其他	
	0306	食盐	1. 食用盐：普通食用盐(加碘)、普通食用盐(未加碘)、低钠食用盐(加碘)、低钠食用盐(未加碘)、风味食用盐(加碘)、风味食用盐(未加碘)、特殊工艺食用盐(加碘)、特殊工艺食用盐(未加碘) 2. 食品生产加工用盐	
肉制品	0401	热加工熟肉制品	1. 酱卤肉制品：酱卤肉类、糟肉类、白煮类、其他 2. 熏烧烤肉制品 3. 肉灌制品：灌肠类、西式火腿、其他 4. 油炸肉制品 5. 熟肉干制品：肉松类、肉干类、肉脯、其他 6. 其他熟肉制品	
	0402	发酵肉制品	1. 发酵灌制品 2. 发酵火腿制品	
	0403	预制调理肉制品	1. 冷藏预制调理肉类 2. 冷冻预制调理肉类	
	0404	腌腊肉制品	1. 肉灌制品 2. 腊肉制品 3. 火腿制品 4. 其他肉制品	
乳制品	0501	液体乳	1. 巴氏杀菌乳 2. 高温杀菌乳 3. 调制乳 4. 灭菌乳 5. 发酵乳	《食品安全国家标准 高温杀菌乳》发布前可按经备案的企业标准许可
	0502	乳粉	1. 全脂乳粉 2. 脱脂乳粉 3. 部分脱脂乳粉 4. 调制乳粉 5. 乳清粉	

续表

食品、食品添加剂类别	类别编号	类别名称	品种明细	备注
乳制品	0503	其他乳制品	1. 炼乳 2. 奶油 3. 稀奶油 4. 无水奶油 5. 干酪 6. 再制干酪 7. 特色乳制品 8. 浓缩乳	
饮料	0601	包装饮用水	1. 饮用天然矿泉水 2. 饮用纯净水 3. 饮用天然泉水 4. 饮用天然水 5. 其他饮用水	
	0602	碳酸饮料(汽水)	果汁型碳酸饮料、果味型碳酸饮料、可乐型碳酸饮料、其他型碳酸饮料	
	0603	茶类饮料	1. 原茶汁:茶汤/纯茶饮料 2. 茶浓缩液 3. 茶饮料 4. 果汁茶饮料 5. 奶茶饮料 6. 复合茶饮料 7. 混合茶饮料 8. 其他茶(类)饮料	
	0604	果蔬汁类及其饮料	1. 果蔬汁(浆):果汁、蔬菜汁、果浆、蔬菜浆、复合果蔬汁、复合果蔬浆、其他 2. 浓缩果蔬汁(浆) 3. 果蔬汁(浆)类饮料:果蔬汁饮料、果肉饮料、果浆饮料、复合果蔬汁饮料、果蔬汁饮料浓浆、发酵果蔬汁饮料、水果饮料、其他	
	0605	蛋白饮料	1. 含乳饮料 2. 植物蛋白饮料 3. 复合蛋白饮料	
	0606	固体饮料	1. 风味固体饮料 2. 蛋白固体饮料 3. 果蔬固体饮料 4. 茶固体饮料 5. 咖啡固体饮料 6. 可可粉固体饮料 7. 其他固体饮料:植物固体饮料、谷物固体饮料、食用菌固体饮料、其他	

续表

食品、食品添加剂类别	类别编号	类别名称	品种明细	备注
饮料	0607	其他饮料	1. 咖啡(类)饮料 2. 植物饮料 3. 风味饮料 4. 运动饮料 5. 营养素饮料 6. 能量饮料 7. 电解质饮料 8. 饮料浓浆 9. 其他类饮料	
方便食品	0701	方便面	1. 油炸方便面 2. 热风干燥方便面 3. 其他方便面	
	0702	其他方便食品	1. 主食类:方便米饭、方便粥、方便米粉、方便米线、方便粉丝、方便湿米粉、方便豆花、方便湿面、凉粉、其他 2. 冲调类:麦片、黑芝麻糊、红枣羹、油茶、即食谷物粉、其他	
	0703	调味面制品	调味面制品	
饼干	0801	饼干	酥性饼干、韧性饼干、发酵饼干、压缩饼干、曲奇饼干、夹心(注心)饼干、威化饼干、蛋圆饼干、蛋卷、煎饼、装饰饼干、水泡饼干、其他	
罐头	0901	畜禽水产罐头	火腿类罐头、肉类罐头、牛肉罐头、羊肉罐头、鱼类罐头、禽类罐头、肉酱类罐头、其他	
	0902	果蔬罐头	1. 水果罐头:桃罐头、橘子罐头、菠萝罐头、荔枝罐头、梨罐头、其他 2. 蔬菜罐头:食用菌罐头、竹笋罐头、莲藕罐头、番茄罐头、豆类罐头、其他	
	0903	其他罐头	其他罐头:果仁类罐头、八宝粥罐头、其他	
冷冻饮品	1001	冷冻饮品	1. 冰淇淋 2. 雪糕 3. 雪泥 4. 冰棍 5. 食用冰 6. 甜味冰 7. 其他冷冻饮品	
速冻食品	1101	速冻面米制品	1. 生制品:速冻饺子、速冻包子、速冻汤圆、速冻粽子、速冻面点、速冻其他面米制品、其他 2. 熟制品:速冻饺子、速冻包子、速冻粽子、速冻其他面米制品、其他	
	1102	速冻调制食品	1. 生制品(具体品种明细) 2. 熟制品(具体品种明细)	
	1103	速冻其他食品	速冻其他食品	

续表

食品、食品添加剂类别	类别编号	类别名称	品种明细	备注
薯类和膨化食品	1201	膨化食品	1. 焙烤型 2. 油炸型 3. 直接挤压型 4. 花色型	
	1202	薯类食品	1. 干制薯类 2. 冷冻薯类 3. 薯泥(酱)类 4. 薯粉类 5. 其他薯类	
糖果制品	1301	糖果	1. 硬质糖果 2. 奶糖糖果 3. 夹心糖果 4. 酥质糖果 5. 焦香糖果(太妃糖果) 6. 充气糖果 7. 凝胶糖果 8. 胶基糖果 9. 压片糖果 10. 流质糖果 11. 膜片糖果 12. 花式糖果 13. 其他糖果	
	1302	巧克力及巧克力制品	1. 巧克力 2. 巧克力制品	
	1303	代可可脂巧克力及代可可脂巧克力制品	1. 代可可脂巧克力 2. 代可可脂巧克力制品	
	1304	果冻	果汁型果冻、果肉型果冻、果味型果冻、含乳型果冻、其他型果冻	
茶叶及相关制品	1401	茶叶	1. 绿茶:龙井茶、珠茶、黄山毛峰、都匀毛尖、其他 2. 红茶:祁门工夫红茶、小种红茶、红碎茶、其他 3. 乌龙茶:铁观音茶、武夷岩茶、凤凰单枞茶、其他 4. 白茶:白毫银针茶、白牡丹茶、贡眉茶、其他 5. 黄茶:蒙顶黄芽茶、霍山黄芽茶、君山银针茶、其他 6. 黑茶:普洱茶(熟茶)散茶、六堡茶散茶、其他 7. 花茶:茉莉花茶、珠兰花茶、桂花茶、其他 8. 袋泡茶:绿茶袋泡茶、红茶袋泡茶、花茶袋泡茶、其他 9. 紧压茶:普洱茶(生茶)紧压茶、普洱茶(熟茶)紧压茶、六堡茶紧压茶、白茶紧压茶、花砖茶、黑砖茶、茯砖茶、康砖茶、沱茶、紧茶、金尖茶、米砖茶、青砖茶、其他紧压茶	

续表

食品、食品添加剂类别	类别编号	类别名称	品种明细	备注
茶叶及相关制品	1402	茶制品	1. 茶粉：绿茶粉、红茶粉、其他 2. 固态速溶茶：速溶红茶、速溶绿茶、其他 3. 茶浓缩液：红茶浓缩液、绿茶浓缩液、其他 4. 茶膏：普洱茶膏、黑茶膏、其他 5. 调味茶制品：调味茶粉、调味速溶茶、调味茶浓缩液、调味茶膏、其他 6. 其他茶制品：表没食子儿茶素没食子酸酯、绿茶茶氨酸、其他	
	1403	调味茶	1. 加料调味茶：八宝茶、三炮台、枸杞绿茶、玄米绿茶、其他 2. 加香调味茶：柠檬红茶、草莓绿茶、其他 3. 混合调味茶：柠檬枸杞茶、其他 4. 袋泡调味茶：玫瑰袋泡红茶、其他 5. 紧压调味茶：荷叶茯砖茶、其他	
	1404	代用茶	1. 叶类代用茶：荷叶、桑叶、薄荷叶、苦丁茶、其他 2. 花类代用茶：杭白菊、金银花、重瓣红玫瑰、其他 3. 果实类代用茶：大麦茶、枸杞子、决明子、苦瓜片、罗汉果、柠檬片、其他 4. 根茎类代用茶：甘草、牛蒡根、人参(人工种植)、其他 5. 混合类代用茶：荷叶玫瑰茶、枸杞菊花茶、其他 6. 袋泡代用茶：荷叶袋泡茶、桑叶袋泡茶、其他 7. 紧压代用茶：紧压菊花、其他	
酒类	1501	白酒	1. 白酒 2. 白酒(液态) 3. 白酒(原酒)	
	1502	葡萄酒及果酒	1. 葡萄酒：原酒、加工灌装 2. 冰葡萄酒：原酒、加工灌装 3. 其他特种葡萄酒：原酒、加工灌装 4. 发酵型果酒：原酒、加工灌装	
	1503	啤酒	1. 熟啤酒 2. 生啤酒 3. 鲜啤酒 4. 特种啤酒	
	1504	黄酒	黄酒：原酒、加工灌装	
	1505	其他酒	1. 配制酒：露酒、枸杞酒、枇杷酒、其他 2. 其他蒸馏酒：白兰地、威士忌、俄得克、朗姆酒、水果白兰地、水果蒸馏酒、其他 3. 其他发酵酒：清酒、米酒(醪糟)、奶酒、其他	
	1506	食用酒精	食用酒精	
蔬菜制品	1601	酱腌菜	调味榨菜、腌萝卜、腌豇豆、酱渍菜、虾油渍菜、盐水渍菜、其他	

续表

食品、食品添加剂类别	类别编号	类别名称	品种明细	备注
蔬菜制品	1602	蔬菜干制品	1. 自然干制蔬菜 2. 热风干燥蔬菜 3. 冷冻干燥蔬菜 4. 蔬菜脆片 5. 蔬菜粉及制品	
	1603	食用菌制品	1. 干制食用菌 2. 腌渍食用菌	
	1604	其他蔬菜制品	其他蔬菜制品	
水果制品	1701	蜜饯	1. 蜜饯类 2. 凉果类 3. 果脯类 4. 话化类 5. 果丹(饼)类 6. 果糕类	
	1702	水果制品	1. 水果干制品：葡萄干、水果脆片、荔枝干、桂圆、椰干、大枣干制品、其他 2. 果酱：苹果酱、草莓酱、蓝莓酱、其他	
炒货食品及坚果制品	1801	炒货食品及坚果制品	1. 烘炒类：炒瓜子、炒花生、炒豌豆、其他 2. 油炸类：油炸青豆、油炸琥珀桃仁、其他 3. 其他类：水煮花生、糖炒花生、糖炒瓜子仁、裹衣花生、咸干花生、其他	
蛋制品	1901	蛋制品	1. 再制蛋类：皮蛋、咸蛋、糟蛋、卤蛋、咸蛋黄、其他 2. 干蛋类：巴氏杀菌鸡全蛋粉、鸡蛋黄粉、鸡蛋白片、其他 3. 冰蛋类：巴氏杀菌冻鸡全蛋、冻鸡蛋黄、冰鸡蛋白、其他 4. 其他类：热凝固蛋制品、其他	
可可及焙烤咖啡产品	2001	可可制品	可可粉、可可脂、可可液块、可可饼块、其他	
	2002	焙炒咖啡	焙炒咖啡豆、咖啡粉、其他	
食糖	2101	糖	1. 白砂糖 2. 绵白糖 3. 赤砂糖 4. 冰糖：单晶体冰糖、多晶体冰糖 5. 方糖 6. 冰片糖 7. 红糖 8. 其他糖：具体品种明细	
水产制品	2201	干制水产品	虾米、虾皮、干贝、鱼干、干燥裙带菜、干海带、干紫菜、干海参、其他	
	2202	盐渍水产品	盐渍藻类、盐渍海蜇、盐渍鱼、盐渍海参、其他	
	2203	鱼糜及鱼糜制品	冷冻鱼糜、冷冻鱼糜制品	

续表

食品、食品添加剂类别	类别编号	类别名称	品种明细	备注
水产制品	2204	冷冻水产制品	冷冻调理制品、冷冻挂浆制品、冻煮制品、冻油炸制品、冻烧烤制品、其他	
	2205	熟制水产品	烤鱼片、鱿鱼丝、烤虾、海苔、鱼松、鱼肠、鱼饼、调味鱼(鱿鱼)、即食海参(鲍鱼)、调味海带(裙带菜)、其他	
	2206	生食水产品	腌制生食水产品、非腌制生食水产品	
	2207	其他水产品	其他水产品	
淀粉及淀粉制品	2301	淀粉及淀粉制品	1. 淀粉:谷类淀粉(大米、玉米、高粱、麦、其他)、薯类淀粉(木薯、马铃薯、甘薯、芋头、其他)、豆类淀粉(绿豆、蚕豆、豇豆、豌豆、其他)、其他淀粉(藕、荸荠、百合、蕨根、其他) 2. 淀粉制品:粉丝、粉条、粉皮、虾味片、凉粉、其他	
	2302	淀粉糖	葡萄糖、饴糖、麦芽糖、异构化糖、低聚异麦芽糖、果葡糖浆、麦芽糊精、葡萄糖浆、其他	
糕点	2401	热加工糕点	1. 烘烤类糕点:酥类、松酥类、松脆类、酥层类、酥皮类、松酥皮类、糖浆皮类、硬皮类、水油皮类、发酵类、烤蛋糕类、烘糕类、烫面类、其他类 2. 油炸类糕点:酥皮类、水油皮类、松酥类、酥层类、水调类、发酵类、其他类 3. 蒸煮类糕点:蒸蛋糕类、印模糕类、韧糕类、发糕类、松糕类、粽子类、水油皮类、片糕类、其他类 4. 炒制类糕点 5. 其他类:发酵面制品(馒头、花卷、包子、豆包、饺子、发糕、馅饼、其他)、油炸面制品(油条、油饼、炸糕、其他)、非发酵面米制品(窝头、烙饼、其他)、其他	
	2402	冷加工糕点	1. 熟粉糕点:热调软糕类、冷调韧糕类、冷调松糕类、印模糕类、其他类 2. 西式装饰蛋糕类 3. 上糖浆类 4. 夹心(注心)类 5. 糕团类 6. 其他类	
	2403	食品馅料	月饼馅料、其他	
豆制品	2501	豆制品	1. 发酵豆制品:腐乳(红腐乳、酱腐乳、白腐乳、青腐乳)、豆豉、纳豆、豆汁、其他 2. 非发酵豆制品:豆浆、豆腐、豆腐泡、熏干、豆腐脑、豆腐干、腐竹、豆腐皮、其他 3. 其他豆制品:素肉、大豆组织蛋白、膨化豆制品、其他	
蜂产品	2601	蜂蜜	蜂蜜	
	2602	蜂王浆(含蜂王浆冻干品)	蜂王浆、蜂王浆冻干品	
	2603	蜂花粉	蜂花粉	
	2604	蜂产品制品	蜂产品制品	

续表

食品、食品添加剂类别	类别编号	类别名称	品种明细	备注
保健食品	2701	片剂	具体品种	
	2702	粉剂	具体品种	
	2703	颗粒剂	具体品种	
	2704	茶剂	具体品种	
	2705	硬胶囊剂	具体品种	
	2706	软胶囊剂	具体品种	
	2707	口服液	具体品种	
	2708	丸剂	具体品种	
	2709	膏剂	具体品种	
	2710	饮料	具体品种	
	2711	酒剂	具体品种	
	2712	饼干类	具体品种	
	2713	糖果类	具体品种	
	2714	糕点类	具体品种	
	2715	液体乳类	具体品种	
	2716	原料提取物	具体品种	
	2717	复配营养素	具体品种	
	2718	其他类别	具体品种	
特殊医学用途配方食品	2801	特殊医学用途配方食品	1. 全营养配方食品 2. 特定全营养配方食品：糖尿病全营养配方食品，呼吸系统病全营养配方食品，肾病全营养配方食品，肿瘤全营养配方食品，肝病全营养配方食品，肌肉衰减综合征全营养配方食品，创伤、感染、手术及其他应激状态全营养配方食品，炎性肠病全营养配方食品，食物蛋白过敏全营养配方食品，难治性癫痫全营养配方食品，胃肠道吸收障碍、胰腺炎全营养配方食品，脂肪酸代谢异常全营养配方食品，肥胖、减脂手术全营养配方食品，其他 3. 非全营养配方食品：营养素组件配方食品，电解质配方食品，增稠组件配方食品，流质配方食品，氨基酸代谢障碍配方食品，其他	产品（注册批准文号）
	2802	特殊医学用途婴儿配方食品	特殊医学用途婴儿配方食品：无乳糖配方或低乳糖配方食品、乳蛋白部分水解配方食品、乳蛋白深度水解配方或氨基酸配方食品、早产/低出生体重婴儿配方食品、氨基酸代谢障碍配方食品、婴儿营养补充剂、其他	产品（注册批准文号）
婴幼儿配方食品	2901	婴幼儿配方乳粉	1. 婴儿配方乳粉：湿法工艺、干法工艺、干湿法复合工艺 2. 较大婴儿配方乳粉：湿法工艺、干法工艺、干湿法复合工艺 3. 幼儿配方乳粉：湿法工艺、干法工艺、干湿法复合工艺	产品（配方注册批准文号）

续表

食品、食品添加剂类别	类别编号	类别名称	品种明细	备注
特殊膳食食品	3001	婴幼儿谷类辅助食品	1. 婴幼儿谷物辅助食品：婴幼儿米粉、婴幼儿小米米粉、其他 2. 婴幼儿高蛋白谷物辅助食品：高蛋白婴幼儿米粉、高蛋白婴幼儿小米米粉、其他 3. 婴幼儿生制类谷物辅助食品：婴幼儿面条、婴幼儿颗粒面、其他 4. 婴幼儿饼干或其他婴幼儿谷物辅助食品：婴幼儿饼干、婴幼儿米饼、婴幼儿磨牙棒、其他	
	3002	婴幼儿罐装辅助食品	1. 泥(糊)状罐装食品：婴幼儿果蔬泥、婴幼儿肉泥、婴幼儿鱼泥、其他 2. 颗粒状罐装食品：婴幼儿颗粒果蔬泥、婴幼儿颗粒肉泥、婴幼儿颗粒鱼泥、其他 3. 汁类罐装食品：婴幼儿水果汁、婴幼儿蔬菜汁、其他	
	3003	其他特殊膳食食品	其他特殊膳食食品：辅助营养补充品、运动营养补充品、孕妇及乳母营养补充食品、其他	
其他食品	3101	其他食品	其他食品：具体品种明细	
食品添加剂	3201	食品添加剂	食品添加剂产品名称：使用 GB 2760、GB 14880 或卫生健康委(原卫生计生委)公告规定的食品添加剂名称；标准中对不同工艺有明确规定的应当在括号中标明；不包括食品用香精和复配食品添加剂	
	3202	食品用香精	食品用香精：液体、乳化、浆(膏)状、粉末(拌和、胶囊)	
	3203	复配食品添加剂	复配食品添加剂明细(使用 GB 26687 规定的名称)	

注：①“备注”栏填写其他需要载明的事项，生产保健食品、特殊医学用途配方食品、婴幼儿配方食品的需载明产品注册批准文号或者备案登记号；接受委托生产保健食品的，还应当载明委托企业名称及住所等相关信息。

② 新修订发布的审查细则与目录表中分类不一致的，以新发布的审查细则规定为准。

③ 按照“其他食品”类别申请生产新食品原料的，其标注名称应与国家卫生和健康委员会公布的可以用于普通食品的新食品原料名称一致。

(http：//gkml. samr. gov. cn/nsjg/spscs/202002/t20200226 _ 312123. html)

附录五　世界工程职业联盟（World Federation of Engineering Organizations, WFEO）伦理章程

https：//www. wfeo. org/wp-content/uploads/code _ of _ ethics/WFEO _ MODEL _ CODE_OF_ETHICS. pdf

World Federation of Engineering Organizations
Fédération Mondiale des Organisations d'Ingénieurs

WFEO MODEL CODE OF ETHICS

As engineering professionals, we use our knowledge and skills for the benefit of world, in order to create engineering solutions for a sustainable future. In doing so, we strive to serve our communities ahead of any personal or sectional interests.

To do so successfully requires ethical behavior. Simply put, ethical behavior is about making choices. In line with our obligations as professionals, we wish to ensure that the choices that we make as engineers enable us to do things which are 'good'. In addition, we wish to ensure that we do these 'good things' in a manner which is 'right'.

The WFEO Model Code of Ethics is designed to assist member organizations in guiding ethical behavior by formulating their own Codes of Ethics. A Code of Ethics must do two things. First, it must provide guidance on the Values we must adhere to in professional practice if we are to make the 'good' choices referred to above. Second, a Code of Ethics must set out the Principles we must follow in applying those values, in order to do things in a manner which is right.

The exercise of professional judgment is often difficult and complex. The inherent nature of 'professionalism' is that as engineers we always have a duty to others and an obligation to 'do the right thing'. Exactly who the 'others are', and what the 'right thing' is, will be a matter of continual balance. We are expected to get the balance right. We also know that each situation may be different, requiring specific choices depending on the circumstances.

A Code of Ethics will not give us all the answers nor tell us what to do under all circumstances. Ethical behaviour reflects an individual's perceptions of right and wrong, guided by their conscience and the values they adhere to. In drafting the WFEO Model Code of Ethics, considerable care has been taken to try and get the balance of obligations right, without making statements that could be misleading (and cause problems for members) when interpreted narrowly.

Imposition of duties upon members which they cannot realistically satisfy and the inclusion of provisions which restrain commercial activity and have a negative effect is not the function of a code of ethics.

The values and principles in the WFEO Model Code of Ethics are those which are deemed to be applicable universally to the practice of engineering. The WFEO Model Code of Ethics provides a framework for analysis and decision making about the appropriateness of particular conduct or behaviour.

As engineering practitioners our (preferred) future is dependent on engagement and trust from our community. An engineer who practises in accordance with the Model Code of Ethics and the Guidelines will meet these community expectations of responsibility.

The general question of the duties engineering practitioners owe to the community are best captured in an ethics awareness program. Member organizations of WFEO are encouraged to develop a Code of Ethics for their organisation based on the values and principles set down in the Model Code and to impart the values and principles that individuals need to assist their decision making process through ethics support programs.

The Guidelines appended to the Model Code set out the principles which underpin each value and give examples of each principle in practice.
WFEO MODEL CODE OF ETHICS

In the course of engineering practice, professional engineers will:

1. DEMONSTRATE INTEGRITY

1.1 Refrain from fraudulent, corrupt or criminal practices
1.2 Be objective and truthful
1.3 Practise fairly and with good faith towards clients, colleagues and others

2. PRACTISE COMPETENTLY

2.1 Practise in a careful and diligent manner in accordance with their areas of competence
2.2 Practise in accordance with accepted engineering practices, standards and codes
2.3 Maintain and strive to enhance the body of knowledge in which they practise

3. EXERCISE LEADERSHIP

3.1 Practise so as to enhance the quality of life in society
3.2 Strive to contribute to the advancement of the body of knowledge within which they practise, and to the profession in general
3.3 Foster the public's understanding of technical issues and the role of engineering

4. PROTECT THE NATURAL AND BUILT ENVIROMENT

4.1 Create and implement engineering solutions for a sustainable future

4.2 Be mindful of the economic, societal and environmental consequences of actions or projects

4.3 Promote and protect the health, safety and well being of the community and the environment

GUIDELINES

The primary purpose of a Code of Ethics is to protect the public and to set a high standard of proprietary conduct among engineering practitioners.

Ethical practice requires judgment, interpretation and balanced decision-making in context.

These Guidelines underpin the ethical values expressed in the Code of Ethics and provide examples of the application of those values in practice. They are not exhaustive, nor should they be interpreted as a full or exhaustive list of the ethical situations and circumstances that engineers might face. Rather, the Guidelines provide a framework for ethical decision making in the practice of engineering.

1. DEMONSTRATE INTEGRITY

1.1 Refrain from fraudulent, corrupt or criminal practices

Corruption is "the abuse of power to obtain personal gain" . Corruption is not limited to money or goods. It might be to gain fame or popularity or boost an ego. Combating the disastrous effects of corruption in the global engineering and construction industry is a top priority because if corruption can be diminished, the poor of the world will be helped most.

Taking a bribe in an infrastructure contract equates to stealing a road! It means that less money is available for the provision of the infrastructure itself. Similarly, corrupt or unreasonable industrial practices are a form of corruption, as they also reduce the amount of infrastructure that can be provided for a given amount of money.

In practice, engineers must exhibit a zero tolerance attitude to fraudulent, corrupt or criminal practices. This means：

a) not engaging in misleading or deceptive conduct such as succumbing to the wrong influence.
b) neither soliciting nor accepting financial or other considerations, including free engineering designs, from material or equipment suppliers for specifying their products.
c) not accepting compensation, financial or otherwise, from the engaging party for services on the same project, nor providing free services, unless the circumstances are fully disclosed to, and agreed to, by all interested parties.
d) neither paying offering nor receiving, directly or indirectly, inducements to secure work.
e) informing an employer or client of any possible adverse consequences of proposed activities based on the accepted engineering practices of the day.
f) reporting unethical engineering activity undertaken by other engineers or non-engineers. This extends to include for example, situations in which senior officials of a firm make "executive" decisions which clearly and substantially alter the engineering aspects of the work, or protection of the public welfare or the environment arising from the work.

1.2 Be objective and truthful

Honesty, integrity, continuously updated competence, devotion to service and dedication to enhancing the life quality of society are cornerstones of professional responsibility. Within this framework, you should be objective and truthful and include all known and pertinent information on professional reports, statements and testimony.

In practice, this means：

a) endeavoring to interpret engineering issues to the public in an objective and truthful manner.
b) applying your skills and knowledge with honesty, good faith and without personal bias.
c) ensuring that your privileged and trusted position in the community is not used for personal or sectional interests to the detriment of the wider community.
d) revealing the existence of any interest, financial or otherwise, that might affect or give the appearance of affecting your judgment in any matter about which you are making a statement or giving evidence.

1.3 Practise fairly and with good faith towards clients, colleagues and others

As an engineer, you have a responsibility to provide loyal service to your clients and employers for whom you should apply your knowledge and skills with fairness, honesty and in good faith. You have an obligation to exercise fairness in dealing with others and to provide support and assistance when required. This includes engaging, or advising to engage, experts or specialists when such services are deemed to be in the client' s or employer' s best interests.

In practice, this means:

a) giving credit where it is due.
b) accepting, as well as giving, honest and fair professional criticism when commenting on another' s work or making public comment.
c) not revealing facts, data or information obtained in a professional capacity without the prior consent of its owner.
d) advising your clients or employers when you judge that a project will not be viable, whether on the basis of commercial, technical, environmental or any other such risk which you might reasonably have been expected to consider.
e) avoiding any actions or statements which can be construed as being unfairly critical of a colleague or intended to favour your own position at the expense of a colleague.

2. PRACTISE COMPETENTLY

2.1 Practise in a careful and diligent manner in accordance with their areas of competence
There are three key components to engineering practice, with the Code of Ethics being just one of those components. The other two key components are competence and performance.

The Code of Ethics defines what it means to be a professional and sets standards of behaviour, competence refers to the ability to perform the activities within an occupation to the standards expected in employment and performance is associated with how these activities ought to be carried out or accomplished in an effective manner.

You need to understand the distinction between working or providing advice in an area of competence and working competently. Working in an area of competence requires you to operate within the limits of your qualifications and experiences. Working competently requires principally the application of sound judgment.

In practice, this means:

a) exercising care and communicating clearly in accepting or interpreting assignments, and in setting expected outcomes.

b） informing employers or clients，and making appropriate recommendations on obtaining further advice，if an assignment requires qualifications and experiences outside your fields of competence.
c） presenting issues fairly，accurately and with appropriate qualifiers and disclaimers，and to avoid personal，political and other non-technical biases.
d） expressing opinions on engineering issues honestly and only in areas of your competence.
e） reporting or advising on professional matters honestly and only in areas of your competence.
f） attaining and maintaining competence in all areas of involvement including being knowledgeable with the technical and legal framework and regulations governing your work.

2.2 Practise in accordance with accepted engineering practices，standards and codes

The work you undertake will be subject to various statutory regulations and compliance issues. It is important that you identify what codes and/or standards of compliance and/or legislation you are required to adhere to in respect of a particular project. This should form part of the Brief，which should also allocate responsibility for such compliance. Where statutory codes do not exist，it may be necessary to develop appropriate standards based on internationally recognized sound practice.

In practice，this means：

a） Developing a checklist of relevant codes-before each project（and during each project）review the relevance and compliance with each code identified.
b） Examining legislative impacts-seek external assistance to identify what legislation is peculiar to this project
c） Reviewing Occupational Health & Safety issues-consider anything peculiar relating to this project；address with the client any observations of unsafe work practices noted during site visits-this may not be your responsibility yet you may be held partially liable if you fail to make such comments.
d） Ensuring Sub Consultant Compliance-obtain evidence of current compliance with OH&S legislation and other code and legislative obligations.

2.3 Maintain and strive to enhance the body of knowledge in which they practice

The requirement to practice within one' s area of competence is more than simply duty to a standard of care. Engineers have a responsibility to remain abreast of developments and knowledge in their area of expertise，that is，to maintain their own competence. Should there be a technologically driven or individually motivated shift in the area of practice，it is the engineer' s duty to attain and maintain competence in all areas of involvement including being knowledgeable with the technical and legal framework and regulations governing their work.

In practice, this means:

a) having a commitment to ongoing professional development, continuing education and training.
b) not falsifying or misrepresenting one' s own or an associates' qualifications, grades of membership, experience and responsibilities.
c) striving to contribute to the advancement of the body of knowledge within which you practice, and to the profession in general.
d) assessing and responding to the range and availability of professional knowledge, competencies and resources required to undertake the engineering project and assessing any material uncertainties in these respects.

3. EXERCISE LEADERSHIP

3.1 Practise so as to enhance the quality of life in society

Engineers are sometimes perceived by many in the community as being major contributors to many of the problems in the world, particularly environmental. Having been painted with that brush, engineers are expected to be fundamental in solving or correcting those problems.

But the major problems of the world in an overall sense are not those created by engineers or that can be solved by engineers alone. War, greed, misery, ignorance and political interference, plus natural disasters and human induced pollution and destruction of resources are in fact the main causes of the progressive impairment of the environment.

Rarely do major problems in society turn solely upon the application of engineering development. But engineers are active members of society and ought to be deeply involved in the promotion of sustainable development. They ought to use their talent, knowledge and imagination to assist society in removing those evils and improving the quality of life for all people.

In practice, this means:

a) aiming to deliver outcomes that do not compromise the ability of future life to enjoy the same or better environment, health, wellbeing and safety as currently enjoyed.

b) being sensitive to public concerns.
c) promoting the involvement of all stakeholders and the community in decisions and processes that may impact upon them and their environment.
d) in identifying sustainable outcomes considering all options in terms of their economic, environmental and social consequences.

3.2 Strive to contribute to the advancement of the body of knowledge within which they practice, and to the profession in general

A Code of Ethics is based on shared values and a shared responsibility to uphold those values.

In practice, this means:

a) exercising fairness in dealing with others and providing support and assistance when required.
b) offering services, advising on or undertaking engineering assignments in areas of your competence by virtue of your training and experience.
c) participating, within the framework of the practice of your profession, in providing opportunities to further the professional development of your colleagues.

3.3 Foster the public's understanding of technical issues and the role of engineering

As engineers we possess knowledge and skills on which others rely. Our future is ultimately dependent on engagement and trust from our community. It is important that we meet these
community expectations by practising in ways which maintain and enhance community trust in the values and expertise of the engineering profession.

When clients or others question your reasoning, or otherwise request an explanation, there is an expectation that you will be willing and able to explain why you have arrived at your particular outcome, especially as checking and justifying what we do are embedded in the way the engineering task develops.

The notion of explaining one's reasoning and seeking peer review is thought by many to be fundamental to professional integrity, but in no way denies the appropriateness of legitimate differences of reasoned opinion arrived at in a proper and professional manner.

In practice, this means:

a) endeavoring to ensure that information provided to the public is relevant and in a

readily understood form.
b) applying sound engineering judgment based on experience and relevant analysis to arrive at the appropriate balance of considerations in any given situation.
c) taking reasonable steps to understand the consequences of your actions and the actions of those working with or for you.
d) displaying restraint in the manner in which you comment on engineering matters, especially in circumstances where, by explicit reference or implication, there is a reason for the public to believe that such comments are made on the basis of relevant knowledge.

4. PROTECT THE NATURAL AND BUILT ENVIROMENT

4.1 Create and implement engineering solutions for a sustainable future

Issues regarding the environment and sustainable development know no geographical boundaries.

Sustainability is not just about the environment, but also about sustaining our social and economic future. It is not about targets, or quotas, but about strategies. It is not just about technologies, but also about transitional processes. No matter how progressive the innovations in management and technology, they can only move society so far towards sustainability. Modification of consumption behaviour, integrating political and societal aspirations and policies, and advancing the knowledge and skills to enhance the protection and restoration of natural systems all remain important issues to be addressed.

Sustainable development is the challenge of meeting current human needs for natural resources, industrial products, energy, food, transportation, shelter, and effective waster management while conserving and, if possible, enhancing the Earths' environmental quality, natural resources, ethical, intellectual and working affectionate capabilities of people and socioeconomic bases, essential for the human needs of future generations.

Growth in demand and the use of non-renewable energy resources is creating important environmental challenges around the world. These challenges range from a mixture of local or regional environmental concerns such as land degradation, water quality, waste management and urban air quality to global environmental dilemmas such as GHG emissions and the inter-connected occurrence of global warming.

In practice, this means:
a) being aware that the principles of eco-systemic interdependence, diversity maintenance,

resource recovery and inter-relational harmony form the basis of humankind's continued existence and that each of these poses a threshold of sustainability that should not be exceeded.
b) discussing in particular the consequences of proposals and actions, direct or indirect, immediate or long term, upon the health of people, social equity and the local system of values.
c) promoting a clear understanding of the actions required to restore and, if possible, to improve the environment that may be disturbed, and include them in your proposals.

4.2 Be mindful of the economic, societal and environmental consequences of actions or projects

Proper observance of the principles of sustainable development will help considerably to eradicate world poverty. Sustainability is a system or process which can be maintained indefinitely and which revolves around integrating conservation and development on a long-term basis to provide social and economic benefits, without compromising the needs of future generations. Engineers of all nations should know and respect the environmental ethics.

In practice, this means:

a) making sure that your own perception of environmental issues is as accurate as possible.
b) striving to accomplish the beneficial objectives of your work with the lowest possible consumption of raw materials and energy and the lowest production of wastes and any kind of pollution.
c) studying the environment that will be affected by your work, assessing the impacts that might arise in the structure, dynamics and aesthetics of the ecosystems involved-urbanised or natural-as well as pertinent socioeconomic systems, and selecting the best alternative for development that is both environmentally sound and sustainable.
d) rejecting any kind of commitment that involves unfair damages to human surroundings and nature and aim for the best possible technical, social and political solution.
e) being aware of and making sure that clients and employers are aware of societal and environmental consequences of actions or projects and endeavoring to interpret engineering issues to the public in an objective and truthful manner.

4.3 Promote and protect the health, safety and well being of the community and the environment

The obligation to protect the health, safety and well being of the community is often dependent on engineering judgments, risk assessments, decisions and practices incorporated into structures, machines, product, processes and devices. Engineers ought to control and make sure that what they are involved with conforms to accepted engineering practices, standards and applicable codes, and would be considered safe based on peer adjudication.

Laudable though the aim of acting in the interests of the community above all else might be, there is a danger in making simplistic statements that say categorically that our duties and responsibilities lie in only one direction, implying by such statements that we have a duty to override (and not balance) legal, fiduciary and contractual responsibilities if they conflict with that 'grand' duty. In practical terms, those legal duties and obligations will arise principally in two specific contexts. First, there will be duties and obligations of engineers to their clients. Second, there will be duties and obligations of those engineers who are employees to their employers. In some cases there may be a conflict/tension between legal duties and ethical obligations.

Engineers who have reason to believe that there is a threat to public health and safety as a result of an engineering activity, or its products, processes etc. not conforming to the above stated conditions ought to bring the matter to the attention of the relevant authority.

In practice, this means:

a) having due regard for the health, safety and wellbeing of the public and fellow employees in all work for which they are responsible.
b) trying with the best of their ability, courage, enthusiasm and dedication to obtain a superior technical achievement which will contribute to and promote a healthy and agreeable surrounding for all people, in open spaces as well as indoors.
c) informing your employer or contractor of the possible consequences if your recommendations on issues of safety, health, welfare or sustainable development are overruled or ignored.

附录六　美国土木工程师协会(The American Society of Civil Engineers，ASCE)伦理章程

https://www.asce.org/codeofethics/

ASCE
AMERICAN SOCIETY OF CIVIL ENGINEERS

Code of Ethics1

Fundamental Principles2

Engineers uphold and advance the integrity, honor and dignity of the engineering profession by：

1. using their knowledge and skill for the enhancement of human welfare and the environment；

2. being honest and impartial and serving with fidelity the public, their employers and clients；

3. striving to increase the competence and prestige of the engineering profession; and

4. supporting the professional and technical societies of their disciplines.

Fundamental Canons

1. Engineers shall hold paramount the safety, health and welfare of the public and shall strive to comply with the principles of sustainable development in the performance of their professional duties.

2. Engineers shall perform services only in areas of their competence.

3. Engineers shall issue public statements only in an objective and truthful manner.

4. Engineers shall act in professional matters for each employer or client as faithful agents or trustees, and shall avoid conflicts of interest.

5. Engineers shall build their professional reputation on the merit of their services and shall not compete unfairly with others.

6. Engineers shall act in such a manner as to uphold and enhance the honor, integrity, and dignity of the engineering profession and shall act with zero-tolerance for bribery, fraud, and corruption.

7. Engineers shall continue their professional development throughout their careers, and shall provide opportunities for the professional development of those engineers under their supervision.

8. Engineers shall, in all matters related to their profession, treat all persons fairly and encourage equitable preparation without regard to gender or gender identity, race, national origin, ethnicity, religion, age, sexual orientation, disability, political affiliation, or family, marital, or economic status.

Guidelines to Practice Under the Fundamental Canons of Ethics

Canon 1.

Engineers shall hold paramount the safety, health and welfare of the public and shall strive to comply with the principles of sustainable development in the performance of their professional duties.

a. Engineers shall recognize that the lives, safety, health and welfare of the general public are dependent upon engineering judgments, decisions and practices incorporated into structures, machines, products, processes and devices.

b. Engineers shall approve or seal only those design documents, reviewed or prepared by them, which are determined to be safe for public health and welfare in conformity with accepted engineering standards.

c. Engineers whose professional judgment is overruled under circumstances where the safety, health and welfare of the public are endangered, or the principles of sustainable development ignored, shall inform their clients or employers of the possible consequences.

d. Engineers who have knowledge or reason to believe that another person or firm may be in violation of any of the provisions of Canon 1 shall present such information to the proper authority in writing and shall cooperate with the proper authority in furnishing such further information or assistance as may be required.

e. Engineers should seek opportunities to be of constructive service in civic affairs and work for the advancement of the safety, health and well-being of their communities, and the protection of the environment through the practice of sustainable development.

f. Engineers should be committed to improving the environment by adherence to the principles of sustainable development so as to enhance the quality of life of the general public.

Canon 2.

Engineers shall perform services only in areas of their competence.

a. Engineers shall undertake to perform engineering assignments only when qualified by education or experience in the technical field of engineering involved.

b. Engineers may accept an assignment requiring education or experience outside of their own fields of competence, provided their services are restricted to those phases of the project in which they are qualified. All other phases of such project shall be performed by qualified associates, consultants, or employees.

c. Engineers shall not affix their signatures or seals to any engineering plan or document dealing with subject matter in which they lack competence by virtue of education or experience or to any such plan or document not reviewed or prepared under their supervisory control.

Canon 3.

Engineers shall issue public statements only in an objective and truthful manner.

a. Engineers should endeavor to extend the public knowledge of engineering and sustainable development, and shall not participate in the dissemination of untrue, unfair or exaggerated statements regarding engineering.

b. Engineers shall be objective and truthful in professional reports, statements, or testimony. They shall include all relevant and pertinent information in such reports, statements, or testimony.

c. Engineers, when serving as expert witnesses, shall express an engineering opinion only when it is founded upon adequate knowledge of the facts, upon a background of technical competence, and upon honest conviction.

d. Engineers shall issue no statements, criticisms, or arguments on engineering matters which are inspired or paid for by interested parties, unless they indicate on whose behalf the statements are made.

e. Engineers shall be dignified and modest in explaining their work and merit, and will avoid any act tending to promote their own interests at the expense of the integrity, honor and dignity of the profession.

Canon 4.

Engineers shall act in professional matters for each employer or client as faithful agents or trustees, and shall avoid conflicts of interest.

a. Engineers shall avoid all known or potential conflicts of interest with their employers or clients and shall promptly inform their employers or clients of any business association, interests, or circumstances which could influence their judgment or the quality of their services.

b. Engineers shall not accept compensation from more than one party for services on the same project, or for services pertaining to the same project, unless the circumstances are fully disclosed to and agreed to, by all interested parties.

c. Engineers shall not solicit or accept gratuities, directly or indirectly, from contractors, their agents, or other parties dealing with their clients or employers in connection with work for which they are responsible.

d. Engineers in public service as members, advisors, or employees of a governmental body or department shall not participate in considerations or actions with respect to services solicited or provided by them or their organization in private or public engineering practice.

e. Engineers shall advise their employers or clients when, as a result of their studies, they believe a project will not be successful.

f. Engineers shall not use confidential information coming to them in the course of their assignments as a means of making personal profit if such action is adversed to the interests of their clients, employers or the public.

g. Engineers shall not accept professional employment outside of their regular work or interest without the knowledge of their employers.

Canon 5.

Engineers shall build their professional reputation on the merit of their services and shall not compete unfairly with others.

a. Engineers shall not give, solicit or receive either directly or indirectly, any political contribution, gratuity, or unlawful consideration in order to secure work, exclusive of securing salaried positions through employment agencies.

b. Engineers should negotiate contracts for professional services fairly and on the basis of demonstrated competence and qualifications for the type of professional service required.

c. Engineers may request, propose or accept professional commissions on a contingent basis only under circumstances in which their professional judgments would not be compromised.

d. Engineers shall not falsify or permit misrepresentation of their academic or professional qualifications or experience.

e. Engineers shall give proper credit for engineering work to those to whom credit is due, and shall recognize the proprietary interests of others. Whenever possible, they shall name the person or persons who may be responsible for designs, inventions, writings or other accomplishments.

f. Engineers may advertise professional services in a way that does not contain misleading language or is in any other manner derogatory to the dignity of the profession. Examples of permissible advertising are as follows:

Professional cards in recognized, dignified publications, and listings in rosters or directories published by responsible organizations, provided that the cards or listings are consistent in size and content and are in a section of the publication regularly devoted to such professional cards.

Brochures which factually describe experience, facilities, personnel and capacity to render service, providing they are not misleading with respect to the engineer's participation in projects described.

Display advertising in recognized dignified business and professional publications, providing it is factual and is not misleading with respect to the engineer's extent of participation in projects described.

A statement of the engineers' names or the name of the firm and statement of the type of service posted on projects for which they render services.

Preparation or authorization of descriptive articles for the lay or technical press, which are factual and dignified. Such articles shall not imply anything more than direct participation in the project described.

Permission by engineers for their names to be used in commercial advertisements, such as may be published by contractors, material suppliers, etc., only by means of a modest, dignified notation acknowledging the engineers' participation in the project described. Such permission shall not include public endorsement of proprietary products.

g. Engineers shall not maliciously or falsely, directly or indirectly, injure the professional reputation, prospects, practice or employment of another engineer or indiscriminately criticize another's work.

h. Engineers shall not use equipment, supplies, laboratory or office facilities of their employers to carry on outside private practice without the consent of their employers.

Canon 6.

Engineers shall act in such a manner as to uphold and enhance the honor, integrity, and dignity of the engineering profession and shall act with zero-tolerance for bribery, fraud, and corruption.

a. Engineers shall not knowingly engage in business or professional practices of a fraudulent, dishonest or unethical nature.

b. Engineers shall be scrupulously honest in their control and spending of monies, and promote effective use of resources through open, honest and impartial service with fidelity to the public, employers, associates and clients.

c. Engineers shall act with zero-tolerance for bribery, fraud, and corruption in all engineering or construction activities in which they are engaged.

d. Engineers should be especially vigilant to maintain appropriate ethical behavior where payments of gratuities or bribes are institutionalized practices.

e. Engineers should strive for transparency in the procurement and execution of projects. Transparency includes disclosure of names, addresses, purposes, and fees or commissions paid for all agents facilitating projects.

f. Engineers should encourage the use of certifications specifying zero-tolerance for bribery, fraud, and corruption in all contracts.

Canon 7.

Engineers shall continue their professional development throughout their careers, and shall provide opportunities for the professional development of those engineers under their supervision.

a. Engineers should keep current in their specialty fields by engaging in professional practice, participating in continuing education courses, reading in the technical literature, and attending professional meetings and seminars.

b. Engineers should encourage their engineering employees to become registered at the earliest possible date.

c. Engineers should encourage engineering employees to attend and present papers at professional and technical society meetings.

d. Engineers shall uphold the principle of mutually satisfying relationships between employers and employees with respect to terms of employment including professional grade descriptions, salary ranges, and fringe benefits.

Canon 8.

Engineers shall, in all matters related to their profession, treat all persons fairly and encourage equitable participation without regard to gender or gender identity, race, national origin, ethnicity, religion, age, sexual orientation, disability, political affiliation, or family, marital, or economic status.

a. Engineers shall conduct themselves in a manner in which all persons are treated with dignity, respect, and fairness.

b. Engineers shall not engage in discrimination or harassment in connection with their professional activities.

c. Engineers shall consider the diversity of the community, and shall endeavor in good faith to include diverse perspectives, in the planning and performance of their professional services.

1The Society's Code of Ethics was adopted on September 2, 1914 and was most recently amended on July 29, 2017. Pursuant to the Society's Bylaws, it is the duty of every Society member to report promptly to the Committee on Professional Conduct any observed violation of the Code of Ethics.

2In April 1975, the ASCE Board of Direction adopted the fundamental principles of the Code of Ethics of Engineers as accepted by the Accreditation Board for Engineering and Technology, Inc. (ABET).

3 In October 2009, the ASCE Board of Direction adopted the following definition of Sustainable Development: "Sustainable Development is the process of applying natural, human, and economic resources to enhance the safety, welfare, and quality of life for all of the society while maintaining the availability of the remaining natural resources."

附录七　电气与电子工程师协会 (Institute of Electrical and Electronic Engineers, IEEE) 伦理章程

IEEE Code of Ethics

We, the members of the IEEE, in recognition of the importance of our technologies in We, the members of the IEEE, in recognition of the importance of our technologies in obligation to our profession, its members and the communities we serve, do hereby commit ourselves to the highest ethical and professional conduct and agree:

1. to accept responsibility in making decisions consistent with the safety, health, and welfare of the public, and to disclose promptly factors that might endanger the public or the environment;

2. to avoid real or perceived conflicts of interest whenever possible, and to disclose them to affected parties when they do exist;

3. to be honest and realistic in stating claims or estimates based on available data;

4. to reject bribery in all its forms;

5. to improve the understanding of technology; its appropriate application, and potential consequences;

6. to maintain and improve our technical competence and to undertake technological tasks for others only if qualified by training or experience, or after full disclosure of pertinent limitations;

7. to seek, accept, and offer honest criticism of technical work, to acknowledge and correct errors, and to credit properly the contributions of others;

8. to treat fairly all persons and to not engage in acts of discrimination based on race, religion, gender, disability, age, national origin, sexual orientation, gender identity. Or gender expression;

9. to avoid injuring others, their property, reputation, or employment by false or malicious action;

10. to assist colleagues and co-workers in their professional development and to support them in following this code of ethics.

附录八　美国机械工程师协会工程师（The American Society of Mechanical Engineers, ASME）伦理章程

https://www.asme.org/

P-15.7

SOCIETY POLICY ETHICS

ASME requires ethical practice by each of its members and has adopted the following Code of Ethics of Engineers as referenced in the ASME Constitution, Article C2.1.1. **CODE OF ETHICS OF ENGINEERS**

The Fundamental Principles Engineers uphold and advance the integrity, honor and dignity of the engineering profession by:

Ⅰ. using their knowledge and skill for the enhancement of human welfare;

Ⅱ. being honest and impartial, and serving with fidelity their clients (including their employers) and the public; and

Ⅲ. striving to increase the competence and prestige of the engineering profession.

The Fundamental Canons

1. Engineers shall hold paramount the safety, health and welfare of the public in the performance of their professional duties.

2. Engineers shall perform services only in the areas of their competence; they shall build their professional reputation on the merit of their services and shall not compete unfairly with others.

3. Engineers shall continue their professional development throughout their careers and shall provide opportunities for the professional and ethical development of those engineers under their supervision.

4. Engineers shall act in professional matters for each employer or client as faithful agents or trustees, and shall avoid conflicts of interest or the appearance of conflicts of interest.

5. Engineers shall respect the proprietary information and intellectual property rights of others, including charitable organizations and professional societies in the engineering field.

6. Engineers shall associate only with reputable persons or organizations.

7. Engineers shall issue public statements only in an objective and truthful manner and shall avoid any conduct which brings discredit upon the profession.

8. Engineers shall consider environmental impact and performance of their professional duties.

9. Engineers shall not seek ethical sanction against another engineer unless there is good reason to do so under the relevant codes, policies and procedures governing that engineer's ethical conduct.

10. Engineers who are members of the Society shall endeavor to abide by the Constitution, By-Laws and Policies of the Society, and they shall disclose knowledge of any matter involving another member's alleged violation of this Code of Ethics or the Society's Conflicts of Interest Policy in a prompt, complete and truthful manner to the chair of the Ethics Committee.

参考文献

［1］ 西拉·贾萨诺夫著，尚智丛，田喜腾，田甲乐译. 发明的伦理：技术与人类的未来［M］. 北京：中国人民大学出版社，2018.

［2］ 于立君，郝利光. 刘长滨主审. 工程经济学［M］（第2版）. 北京：机械工业出版社，2010.

［3］ 成虎，宁延，等著. 工程管理导论［M］. 北京：机械工业出版社，2018.

［4］ 李正风，丛杭青，王前，等. 工程伦理［M］. 北京：清华大学出版社，2016.

［5］ 陈万求. 工程技术伦理研究［M］. 北京：社会科学文献出版社，2012.

［6］ 陈宗道，赵国华. 食品物流安全的管理与技术［M］. 北京：化学工业出版社，2007.

［7］ Dale S. Rogers，Ronald S. Tibben-Lembke. Going Backwards：Reverse Logistics Trends and Practices，Reverse Logistics Executive Council，1999.

［8］ 朱步楼. 食品安全伦理构建［M］. 南京：江苏凤凰科学技术出版社，2016.

［9］ Upendra Baxi，Amita Dhanda and Indian Law Institute，"Valiant Victims and Lethal Litigation：the Bhopal Case"，N. M. Tripathi：1990.

［10］ Michiel Korthals. Before Dinner：Philosophy and Ethics of Food. Dordrecht，Springer，2004.

［11］ Frank Yiannas. Food Safety＝Behavior：30 Proven Techniques to Enhance Employee Compliance，Springer，2016.

［12］ 罗织，白萍. 中国伦理学［M］. 武汉：湖北人民出版社，2002.

［13］ 王鹏. 食品从业人员伦理学［M］. 哈尔滨：哈尔滨大学出版社，2012.

［14］ 本·杜普蕾著，杨雯译. 你不可不知的50个伦理学知识［M］. 北京：人民邮电出版社，2019.

［15］ 费尔巴哈哲学著作选集. 北京：商务印书馆，1984.

［16］ 亚当·斯密. 国富论（The Wealth of Nations）［PDF］. 北京：外语教学与研究出版社.

［17］ 亚当·斯密. 道德情操论（The Theory of Moral Sentiments）［PDF］. 北京：外语教学与研究出版社.

［18］ 周祖城，编著. 企业伦理学［M］. 北京：清华大学出版社，2009.

［19］ 王前，主编. 技术伦理通论［M］. 北京：中国人民大学出版社，2011.

［20］ 朱越利，主编. 当代中国宗教禁忌［M］. 北京：民族出版社，2001.